山东大学双一流建设『中国古典学术』专项资助项目

山东大学中文专刊

因明通识

山东大学出版社
SHANDONG UNIVERSITY PRESS

姜宝昌　撰

图书在版编目(CIP)数据

因明通识 / 姜宝昌撰—济南：山东大学出版社，
2021.11
ISBN 978-7-5607-7240-0

Ⅰ．①因…　Ⅱ．①姜…　Ⅲ．①因明（印度逻辑）－研究
Ⅳ．①B81-093.51

中国版本图书馆 CIP 数据核字(2021)第 241959 号

责任编辑　秦大忠　杜永波
封面设计　泽坤广告
封面题字　姜宝昌

出版发行　山东大学出版社
社　　址　山东省济南市山大南路 20 号
邮政编码　250100
发行热线　(0531)88363008
经　　销　新华书店
印　　刷　济南乾丰云印刷科技有限公司
规　　格　787 毫米 ×1092 毫米　1/16
　　　　　25.5 印张　4 插页　289 千字
版　　次　2021 年 11 月第 1 版
印　　次　2021 年 11 月第 1 次印刷
定　　价　98.00 元

姜宝昌

姜宝昌教授，男，山东青岛人。本科毕业于山东师范大学物理系，研究生就读于山东大学中文系汉语史专业，师从著名语言学家殷焕先教授，毕业后留校任教。四十年来，在语言文字学方面，有《文字学教程》《甲骨学基础》《金文研究》等著述；在墨学方面，有《墨子解读》《墨论训释》《墨经训释》《墨守训释》《墨经诂林》等著述。又好诗词，有《中华古代名人诗传（500首）》《中国边地采风古体诗（500首）》《旅游古体诗（500首）》《黄河入海流古体诗（500首）》《感悟古体诗（300首）》等作。此外，有语言文字学、墨学方面的论文约50篇。现为中国墨子学会首席专家，任国家立项“墨学及其现代价值”课题主持人。

“山东大学中文专刊”
编辑工作组

组长

杜泽逊　张　帅

副组长

李剑锋　黄发有　程相占　马　兵

成员

王培源　刘晓东　萧光乾　张学军　张树铮

孙之梅　关家铮　王新华　杨振兰　岳立静

戚良德　祁海文　李开军　刘晓多　沈　文

王　萌　刘靖渊　程鸿彬　刘天宇　吉　颙

李振聚

《山东大学中文专刊》编辑出版说明

《山东大学中文专刊》，是山东大学中文学科学者著述的一套丛书。由山东大学文学院主持编辑，邀请有关专家担任编纂工作，请国内有经验的专业出版社分工出版。山东大学中文学科与山东大学的历史同步，在社会巨变中，屡经分合迁转，是国内历史悠久、名家辈出、有较大影响的中文学科之一。1901年山东大学堂创办之初，其课程设置就包括经史子集等中文课程。1926年省立山东大学在济南创办，设立了文学院，有中国哲学、国文学两系。20世纪30年代至40年代，杨振声、闻一多、老舍、洪深、梁实秋、游国恩、王献唐、张煦、丁山、姜叔明、沈从文、明义士、台静农、闻宥、栾调甫、顾颉刚、胡厚宣、黄孝纾等著名学者、作家在国立山东（青岛）大学、齐鲁大学任教，在学术界享有盛誉。新中国成立后，山东大学中文学科迎来新的发展时期，华岗、成仿吾先后担任校长，陆侃如、冯沅君先后担任副校长，黄孝纾、王统照、吕荧、高亨、高兰、萧涤非、殷孟伦、殷焕先、刘泮溪、孙昌熙、关德栋、蒋维崧等语言文学名家在山东大学任教，是国内中文学科实力雄厚的学术重镇。改革开放以来，新中国培养的一代学术名家周来祥、袁世硕、董治安、牟世金、张可礼、龚克昌、刘乃昌、朱德才、郭延礼、葛本仪、钱曾怡、曾繁仁、张忠纲等，以深厚的学术功力和开拓创新精神，谱写了山东大学中文学科新的辉煌。总结历史成就，整理出版几代人用心血和智慧凝结而成的著述，是对学术前辈最大的尊敬，也是开拓未来，创造新知，更上一层楼的最好起点。2018年4月16日，山东大学文学院新一届领导班子奉命成立，20日履任。如何在新的阶段为学科发展做一些有益的工作，是摆在面前的首要课题。编辑出版《山东大学中文专刊》是新举措之一。经过一年的紧张工作，一批成果即将问世。这其中既有历史成就的总结，也有新时期的新著。相信这是一项长期的任务，而且长江后浪推前浪，在未来的学术界，山东大学中文学科的学人一定能够创造出无愧于前哲，无愧于当代，无愧于后劲的更加辉煌的业绩。

山东大学文学院
2019年10月11日

前　言

逻辑学早先称“论理学”，孙中山先生称“理则学”。理则，说理之规则。“理则”较之“论理”，似乎更合乎情实。译音词“逻辑”通行于世，于是“理则”便淡出人们的视线。有以下三方面的事实，使我较早对逻辑产生兴趣。其一是我早年读物理学，数学分析、数学物理方法、统计物理与热力学等课程，充满着数理逻辑（数理逻辑可以说是形式逻辑的数学化，或可径称“现代形式逻辑”）的推理论证，使我与逻辑有了不解之缘。其二是我有志于墨学尤其是墨辩的弘扬与阐发，而中国墨辩逻辑与印度因明逻辑、希腊演绎逻辑并称“世界三大形式逻辑渊源”。我在研读《墨经》时发现，梁启超、胡适、章太炎、栾调甫、张纯一、谭戒甫、周云之、冯友兰诸先生诠释墨辩的相关问题时，每多与印度因明逻辑、希腊演绎逻辑参验比照，就是一个明证。可以这样说，不治因明逻辑和演绎逻辑，无由通晓墨辩。其三是友人王恒之兄王浩先生，先在北京大学师从金岳霖教授，攻形式逻辑，后赴美国留学，专治数理逻辑。他回国时曾将其所著《数理逻辑论》赠给山东大学图书馆。王恒先生向我转述其兄所论之大要，益发激励我用力于此道。在日后专治墨辩期间，我既复习大学本科阶段学过的形式逻辑要籍，又开始研习往时未曾晤面的因明著述，由于不谙古代印度的历史事实、宗教派别、风俗习惯以及佛学经典，所以读来极为吃力，经常是为查证一则事实、一个人物或一种思想主张，要用去比阅读本籍多出几倍乃至几十倍的时间和精力，每每意欲罢手而他务，纸短情苦，只有自己明白。细细想来，倒也难怪。作为一个中国人，未悉古代印度的历史与文化，却要彻悟印度学校教育内容“五明”之一的“因明”，岂不是异想天开！困惑缘由既明，遂暂放因明本籍，从读印度历史文化典籍开始，意在补齐短板。诸凡中国高僧大德所著《大唐西域记》《大唐西域求法高僧传》《南海寄归内法传》《法苑珠林》等到包括佛教十三经①在内的佛教经、律、论典籍，总数不下一百种，历经五年，通读一过。正巧，从 2005 年起，中华书局陆续出版“真如·因明学丛书”十数种，一一购得接读。其时重读因明本籍，较之昔日，自然要顺畅得多。在大体了悟“因明”相关知识之后，结合形式逻辑，再回看墨辩，站位更高了，视野也更宽了，更有利于墨辩的深度开掘和允当估价，自不必说。我之所以不吝篇幅，向诸位倾述上述衷曲，是为了交代我撰写《因明通识》有如下两个出发点：一是结合墨辩研究宣讲因明；二是使诸位尽量规避本人读因明所走的弯路。基于这两点，我把该书全部内容划分为“辅篇”和“主篇”两大块儿，其中，“辅篇”多是读“主篇”必须具备的古代印度历史文化知识，以及对墨辩与

①指《金刚经》《心经》《无量寿经》《圆觉经》《梵网经》《坛经》《楞严经》《解深密经》《维摩诘经》《楞伽经》《金光明经》《法华经》和《四十二章经》。

因明作比较研究的相关材料。至于“因明术语简释”，便于诸位查证，以为粗知因明体系及其实践的学术支撑点。

既然是一本“通识”，一要注意选取当前学界较为通行的论点及其阐述，二要顾及内容（包括“辅篇”和“主篇”）的相对全面性。在撰写过程中，我尽量多地搜集相关资料，且将取材于众多因明研究大家以及后起俊彦的意见融汇于文字表述之中。其中，尤对吕澂先生《因明入正理论讲解》、虞愚先生《因明学》、陈大齐先生《因明入正理论悟他门浅释》、熊十力先生《因明大疏删注》、郑伟宏先生《因明正理门论直解》、沈剑英先生《因明正理门论译解》、陈望道先生《因明学概论》、石村先生《因明述要》、姚南强先生《因明学说史纲要》、梅德愚先生《因明大疏校释》、傅季重先生主编《哲学大辞典·逻辑学卷》等多所采摘。可以说，诸位著名专家的论点及其阐述，撑起了“通读”的基本框架。

当然，同所有正在不断发展的学术一样，因明作为一门学术也不可避免地存在某些不足乃至错讹之处。如有些术语不定指（如“宗”多指宗体，即所立命题，但有时又指宗的前陈“有法”）、有时立过有“强拉”之嫌（如“不定”因中立有“相违决定”一过，实际上这种“不定”在思维中是不存在的，这属于“强立”）、从某种角度来说，因明体系尚有不圆满之弊［如陈那唯立“现量”和“比量”二量（“量”作“知识”解），废弃“圣教量”，但在“宗”过中有“自教相违”一过，“自教”指自己教派的主张，说明他还没将“圣教量”全部剔出］，有些所立之宗（命题），只是对印度或印度的某一哲学派别而言，缺少必需的普世性［如宗过中“世间相违”一过的举例是“怀兔非月”（应理解为“月非怀兔”），其实相信“月是怀兔”这一神话传说的，只是印度民间，不能据以确定“月非怀兔”为过］，等等。这些都是在深层次上究明因明底蕴时应该发现和重新评估的。不过，这并不在此作的讨论范围之内，因为这是一部《通识》。

因明由印度输入我国，一般认为有两次。第一次是约在东晋时代，输入了龙树所著《方便心论》和世亲所著《如实论》等古因明论著。不过影响甚小，除在少数僧人和居士中秘传外，似乎并未播诸整个社会。第二次是在唐代，这是以高僧玄奘法师汉译陈那的新因明著作《因明正理门论》、商羯罗主的疏解《因明入正理论》以及弥勒宣说、无著辑记的有古因明内容的著作《瑜伽师地论》等为标志的深度输入。于是，汉传因明①传播和研讨兴盛起来。虞愚说：“世亲虽改五分作法为三支论式，《如实论》中仍用旧法，经陈那论师将古来因明组织法改订一新，在因明学上，重开一新纪元，遂成新因明之开山祖师。”② 所惜法称而后，又归入冷寂，而几成绝学。直至清末，著名学者杨仁山先生由东瀛迎回唐玄奘法师弟子窥基所著《因明入正理论疏》，刻版流通，中土研习因明之风渐苏。几十年后，斯学再度式微。20 世纪 80 年代初，北京学界提出“抢救因明”口号，国家和相关学术机构采取切实有效的实际行动，因明研究的深度与广度较前有了长足

①汉传因明与藏传因明对称。藏传因明主要用藏文译传陈那以后的法称因明。

②参见虞愚：《因明学·因明学历史沿革大概》，中华书局 2007 年版，第 116 页。

的进步。在这样的社会氛围之中，我利用因新冠肺炎疫情“封闭”在家的机会将旧日研习因明的札记董理为这本《通识》，希冀能对有志于墨辩和因明对比研究的学人有所帮助。

草创之论，不妥甚或错误在所难免，敬请批评指正。

作者

2021 年 6 月

目　录

壹　辅篇

贰　主篇

叁　附录篇

壹 辅篇

第一章　古代印度哲学学派简述

正如研讨中国先秦墨家辩学，不能不涉及惠施、庄周、公孙龙与其他辩者提出的“天与地平，山与泽平”“方生方死，方死方生”“离坚白”“白马非马”等命题一样①，研讨因明对于推理、论证的一般形式和方法，也必须了解古印度的各个哲学学派、宗教教派的种种观点和若干有代表性的命题。例如因明家常用的命题之一“声是无常”，就是首先由正理派（尼耶夜派）提出的。而正理派之所以提出它，正是用以破斥声论派的支派声生论者所谓“声常（住）”之说。印度古代社会极为重视祈祷之事。声论派认为，祈祷能产生巨大能量，以致能够左右神明。于是，对于作为传达祈祷内容的物质外壳——语言，便被认为有无限常住的神秘力量。此之谓“声常（住）”论。但别派如正理派、数论派、胜论派等则主张“声无常”论，与声论派相抗衡。不容讳言，当时的印度社会，其所以有

①例如，《墨子·经说下》“见不见不离，一二相盈，广修坚白”和《小取》“白马，马也；乘白马，乘马也”，显然是墨家对公孙龙“离坚白”论和“白马非马”论的驳辩。

这样的争论，也与人们对自然及其现象的认识水平还较低下相关。如依近现代的声学理论，声不过是一种机械波，是一种物质运动形式。声的发生，如由人的声带振动通过媒质而传播的波动，自然是别的什么能量转换为声能的结果。不同的声音，其声波频率不同。其中，声波频率在 20 赫兹至 20000 赫兹之间，叫“可听声”。重要的是声波在传播的过程中，因有阻抗而能量渐次衰减，因为它不断转换为另一种能量，如热能量等。照此看来，争论“声是常住”还是“无常”，实在没有什么意义。但在当时社会确乎存在这种在现代科学看来是无意义的论争。这可以看作因明发展史研究（包括共时的和历时的）绕不过去的意识形态背景材料。总而言之，因明研究，需要对古印度哲学思想发展历程有一个基本的认知。

应该说，印度最早的逻辑学派是“顺世论”。这一派别起源于公元前 10 世纪，是沙门思潮的流派之一。顺世论者是印度古代唯物主义的逻辑学家。他们时常与当时奴隶社会的精神支柱婆罗门教进行激烈的斗争。所谓“顺世”，其意义有两种说法：其一，在学派上属于自然科学或自然主义（以研究自然为宗旨），是一个唯物学派。与正命论相反，它主张完全自由，即绝对的自由意志，是生活的自然之道。其二，在语源学上表示“流行于人民中的”而且“基本上属于此世的东西[①]，汉译

①参见［印］德·恰托巴底亚耶：《顺世论——古印度唯物主义研究》，王世安译，商务印书馆 1992 年版，导言。

为“顺世外道”“世间行”①、《现在涅槃论》、《无后世论》等，或按梵文音译为“路迦耶陀”。早期佛经记载，与佛陀同时代的“六师”之一阿耆多·翅舍钦婆罗及其继承者弊宿就是著名的“顺世论”者，他们都在人民群众中有着巨大的影响。公元前4世纪孔雀王朝大臣憍提利耶的《政事论》连同数论和瑜珈一起提到“顺世论”，而且称它为“逻辑科学”②。“顺世论”者曾受到统治者残酷的迫害，有的甚至被婆罗门活活烧死，其著作则全部销毁。今人对“顺世论”的了解主要依赖其敌对派别对它所作的批判。佛教和正理派的著作中，都记载着顺世论主张有两种推理：正确的推理和假设性推理（即谬误的推理）。前者用于论证建设性的目的，后者用于论证梵、神、来世等错误认识。德·恰托巴底亚耶《顺世论——古印度唯物主义研究》指出，《印度哲学史》的作者达斯古普塔搜集了公元7世纪时一位自称为“顺世论者”的作家富兰陀罗解释的“顺世论”的传统立场，说：“承识逻辑推理在决定感性经验有数范围内一切世间事物的性质是有用的；但是不能用以建立关于超验世界死后生活、业报规律等的任何教条，那些东西一般感性经验中是找不到的。”③ 又说：“顺世论派是这个国家第一批逻

①参见［印］德·恰托巴底亚耶：《顺世论——古印度唯物主义研究》，第32页。

②参见［印］德·恰托巴底亚耶：《顺世论——古印度唯物主义研究》，第32页。

③参见［印］德·恰托巴底亚耶：《顺世论——古印度唯物主义研究》，第36页。

辑学家，我们势必会进一步承认，印度逻辑的诞生与保卫公众利益、对抗宗教欺骗是有联系的。”① 在《杂阿含经》卷三十四里可以看到“顺世论”与佛陀不同，他们对当时的思想斗争中有关哲学的焦点问题作了正面回答：“一切世间常，是则真实，余者虚妄。……世有边，此是真实，余是虚妄……命是身……如来死后无。”大约与佛陀同时代的一位“顺世论”派思想家巴亚希否定来世、再生和业的观念，并提出一系列逻辑论证。德·恰托巴底亚耶摘录《巴亚希经义》中保存的一系列论证。复旦大学郑伟宏教授简要整理如次：

（一）如果道德败坏的人一旦死亡便获得再生，进入荒野、死地等，那么他们会来告诉我，（但）他们没来告诉我，所以，并非道德败坏的人一旦死亡便会获得再生，进入荒野、死地等。

（二）如果修善积德的人获得再生，进入光明和快乐的境界，那么他们会来向我报告，（但）没有人来向我报告。所以，他们并不获得再生，即不“进入光明和快乐的境界”。

（三）（如果）“一旦我们死去，我们将生活得更好”，（但）他们不相信“一旦死去能生活得更好”。所以，他们才不愿死去（不愿服毒，不愿戮死自己，不愿悬梁自尽，不愿跳崖摔死）。

以上三个推理都属于命题逻辑，具体而言是充分条件假言

①参见［印］德·恰托巴底亚耶：《顺世论——古印度唯物主义研究》，第 38 页。

推理否定后件式，单从推理看，是正确的。这表明“顺世派”能熟练地运用某种命题逻辑推理形式，来破斥论敌的主张。这与后来的正理逻辑、陈那所称的新因明都大异其趣。类似的命题在后来的《政事论》中也出现过，但与古希腊斯多葛学派创建的命题逻辑理论不同，在印度逻辑史上没有得到进一步的研究和发展。①

古代印度哲学除了直至中世纪还流传于平民阶层的唯物主义流派——与婆罗门教进行尖锐斗争的“顺世派”以外，都不可避免地同神学，即同婆罗门教教义有着这样或那样的联系。该教以充满神话、离奇幻想和宗教条规的《吠陀经》为绝对权威。“吠陀”（Vedas），按其字根“知”（Vid），意为“知识之总汇”。《吠陀经》分为四部：第一部《梨俱吠陀》，是祭祀时用作朗读的赞颂神祇的诗；第二部《沙摩吠陀》，多是按音韵歌咏的诗；第三部《耶柔吠陀》，多是祭祀时低声祈祷的文辞；第四部《阿闼婆吠陀》，是有关疾病祈祷时所用咒语。其中，第一部大约成文于公元前2世纪末，第二、三、四部大约成文于公元前1世纪上半叶。此外，论述宗教哲学的《奥义书》亦附属于《吠陀经》。《吠陀经》的基础，是信仰“梵天”或大神是第一性的本体。它在自我发展中创造了神和世界，由此建立其“梵我同一”的理论。这成为以后婆罗门教各个哲学流派的共同出发点。从公元前6世纪开始，由于世尊释迦牟尼的全力

①参见郑伟宏：《汉传佛教因明研究》，中华书局2007年版，第13～14页。

弘扬，佛教与婆罗门教平行发展。佛教以“四谛”① “八正道”（即“四谛”的“道谛”）和十二因缘②为其核心的哲学体系，而否认《吠陀经》的权威。自命为正统的婆罗门教，从公元前4世纪开始，不断演变分化，逐渐形成六个哲学派别。这些派别同唯物主义者“顺世派”之间，同佛教、耆那教③之间，以及它们内部相互之间，进行了持久的激烈论争，各个派别乃至

①苦谛（三界六趣之苦报）、集谛（贪嗔等烦恼及善恶之诸业）、灭谛（即涅槃。涅槃灭惑业而离生死之苦）、道谛（即“八正道”，此能通于涅槃，一曰正见，见苦集灭道四谛之理而明之也。二曰正思维，既见四谛之理，尚思维而使真智增长也。三曰正语，以真智修口业，不作一切非理之语也。四曰正业，以真智除身之一切邪业住于清净之身业也。五曰正命，清净身口意之三业，顺于正法而活命，离五种之邪活法也。六曰精进，发用真智而强修涅槃之道也。七曰正念，以真智忆念正道而无邪念也。八曰正定，以真智入于无漏清净之禅定也。）

②一为无明，即愚痴无知；二为行，为由无明而产生的善不善行为；三为识，即托胎之时的心识；四为名色，为胎中的精神和物质状态；五为六入，即眼、耳、鼻、舌、身、意生长完备等；六为触，为出胎后开始接触事物；七为受，即感受苦乐等；八为爱，为贪等欲望；九为取，即追求取着；十为有，由贪等欲望引起有善不善等行为；十一为生，即来世之生；十二为老死。其中，一、二是过去因，感现在果；三、四、五、六、七是现在果；八、九、十是现在因感未来果；十一、十二为未来果。

③“耆那”，又为“胜者”。“耆那教”即“胜者的教”。其经典文献是“十一支”，其中包含五分论证式的雏形。当佛教在印度衰落时，耆那教徒保存了天主《因明入正理论》的梵文原本。耆那教的哲学思想称为“非一端论”，指在两端对立的观点之间采取既不完全肯定、又不完全否定任何一端的调和态度。例如，奥义书学说主张最高真实，如泥土是永恒的，佛教学说则主张事物如泥土制成的罐，是永恒变动的，而耆那教却要达成一种妥协，认为泥土作为实体可以是永恒的，但泥罐的形状或色泽可以生而又灭。

支派相互批评又互相影响。这个过程前后经历千年之久，直到公元9世纪初吠檀多派的商羯罗以自己的“不二论”战胜、融合了各派的学说。其间，6世纪时的陈那正处于这场大论争的后期，为了捍卫瑜伽行宗唯识理论，以影响较大的婆罗门教各派为主要对手，进行击破各种异说的思想斗争。这在陈那及其门弟子商羯罗主（即天主）的著作以及为其著作所作的注疏中，到处可见。总括言之，婆罗门教有六个哲学派别，兹简介如次。

第一节　数论派

数论派，或作“僧佉派”（Sāmkhya），因为僧佉就是数。数论派起源最早，它在早期曾是唯物主义的。传说中的迦毗罗，远在释迦牟尼之前便已提出数论派的主张，以“自性”（自然、物质）为出发点。他们认为，“自性”是宇宙起源的阴性因素，它组成可感知的世界，并成为一切最终的“因”。但数论派在发展过程中，逐渐经由二元论而滑向唯心主义。其经典《数论颂》（汉译为《金七十论》），大约成文于大乘佛教兴起之后，在《数论颂》中，原来具有最终的原因的作用的阴性因素“自性”让位给阳性因素“神我”（灵魂、不朽的精神）。数论派在哲学基本问题上，是心、物平行论，所以它的哲学主张是二元论的，把“自性”（能生万物之物质本体）和“神我”（永恒的能动的精神本体）作为两个常住的元素，由二者和合而成现实世界。现实世界又可分别为五唯、五大、五知根、五作业根、心根等二十三谛，它们是：一觉：原来归属于神我的多种心理知觉，后分化出来。二慢：进一步分化为心、物。三～七是五唯：即香、味、色、声、触等精细物质。八～十二是五大：即地、水、火、风、空等粗重物质。十二～十七是五知根：即耳、鼻、眼、舌、皮五种感官。十八～二十二是五作业根：即舌、手、足、生殖器官和排泄器官。二十三是心根：即心脏。连同“自性”“神我”本身，合称“二十五谛”。“自性”为了供“神我”受用，从而使二十三谛经常变易。数论派认为，构成现实世界的二十三谛，虽然不是常住的而是变易无常的，但这种变易只是转变而不是生灭。这在数论派哲学观点上是很关重要的，而这一点正同主张万物生灭轮回的佛教教义相对立。正因为如此，他们彼此之间进行了长期的争辩。不用说，陈那、天主著作中时常引用数论派的一些概念、命题，可以说是这种争辩的真实反映。

在知识方面，数论主张三种量：一为证量（即现量）；二为比量（即推理知识），是依据证量来推知事物间的相应而非相离之关系；三为圣言量。关于现量，数论派说：“耳、皮、眼、舌、鼻等，由意加持，能于境转，位于现在之声、触、色、味、香等如次缘取，是为现量。”关于比量，数论派说：“且从一系属现量增上成就者，是为比量。”“从现量之总中，由显其未决定之别义，而生起差别了解，一切皆是比量。”关于圣言量，数论派认为，圣言即圣典或权威意见。

第二节　胜论派

胜论派之“胜”，是义理殊胜、诸论罕匹的意思，此派或作“卫世师迦派”（Vaisesika）。胜论派亦颇古老，而较之数论派则稍后，相传为羯那陀所创立。传说湿婆天（印度神话中的最高天神）因其人苦行精进，而化为鸺鹠宣说其教义，故又称“鸺鹠”。主要经典为《胜论经》，而其基本学说则为“六句义”，即六个基本的哲学范畴。早期亦有明显的唯物主义倾向，主张世界是由永恒的极微（物质微粒）组成的。将“万有”（现实世界的一切现象）分为六个范畴（句义），即第一“实”（实体）、第二“德”（属性）、第三“业”（运动、行动、动力因）、第四“同”（万有的相同关系）、第五“异”（万有的相异关系）、第六“和合”（上述五个句义在一个对象上的不可分离性，使该对象成为该对象的共同关系的原理）。胜论对这六范畴曾加以细化，将“实”细化为“地”“水”“火”“风”“空”“时”“方”（方位）“我”“意”等九种。将“德”细化为“色”“味”“香”“触”“数”“量”等二十四种，将“业”细化为“取业”“舍业”“屈业”“伸业”“行业”等五种。至于所谓“同”，所谓“异”，因其具有相对性，不具有绝对性，自不可以数计。逻辑上常依从属关系，分概念为上位概念与下位概念，前者即类，后者即种。极此关系的上下而言，上位的极端是存在，即所谓“有”，下位的极端是个体，即所谓“极微”。

于是，“有”（“有性”）可以作为同句义的代表。而“极微”可以作为异句义的定例。慧月将第五句“异”，别为“异”“有能”“无能”“俱分”，又别立“无说”，成为“十句义”。玄奘曾将其学说，译成《胜宗十句义论》。总之，胜论派以“实句义”所包含的事项为体，以“德句义”所包含的事项为相，于是，事物现象的形成，亦即上述若干事项的聚集。这些事项本身并没有增加；而事物现象的败坏，不过是上述事项散为极微，而并非灭绝。这学说的有些地方与佛教相同，由此互相征引；有些地方又对立，由此不时争辩。在陈那《因明正理门论》和天主《因明入正理论》两书中，多见利用胜论派所立命题来探讨立破规则的用例。

在知识方面，胜论只承认现量、比量两种，而把圣言量、譬喻量、义准量等都归入比量，这与陈那的主张相同。关于现量，《集量论略解》云：“由我、根（感官）、意（意识）、义和合所成，彼是余法。”关于比量，胜论认为是由现量经过推理而得。《集量论略解》云：“此是此之果、因、系属，集于一义，及相违者，彼等皆从因生。”这是说，或以现景为因推出果，或以现量为果追溯因，或与现量构成一种系属关系，这些都是比量。

第三节　尼耶夜派

尼耶夜派（Nyāya），或作“正理派”，“正理”原意为引导，即达到真理的方法。它亦为起源很早的哲学流派，认为人是灵魂与躯壳的结合，现实是灵魂与自然的结合，在哲学理论上也是二元论的。它以尼耶夜经（Nyāya sutra）或称《正理经》为基本经典，其内容十分注重推理、论证中的正误以及方法的严密性。传为足目（乔达摩）所作，实际上完成于公元3～4世纪。共分五卷，第一卷第一章开宗明义，提出十六谛义，即十六句义，其余各卷各章则是对十六句义的阐发。十六句义分别是：（1）量：即认识和知识本身，分为现量、比量、譬喻量、声量四种，大致相当于知觉、推理、例证和可以信赖的言论这四种知识。（2）所量：即认识的对象，包括自我（灵魂）、身、根（感官）、境（外部世界）、觉（广义的认识活动）、意（心）、业（行为）、失（贪嗔等烦恼）、转生（轮回再生）、果（果报）、苦（种种束缚）、出离（从苦中解脱）。（3）疑惑，由于疏略了事物间质的区别而产生的疑虑，如远看一物，无法断定是一个人还是一个树桩。（4）用：即指人们的目的、动机。（5）譬喻：以人们所共许的事例来作例证。（6）宗义：立论者的主张。（7）论式：由宗、因、喻、合、结构成的五支式。（8）思择：使用归谬法进行间接论证。（9）决定：在两种对立论点中进行选择断定。（10）议论：按照逻辑要求，正确地进行论辩。(11) 论诤：指诡辩。(12) 坏义：指仅仅攻击敌论，而提不出自己的主张。(13) 似因：有过失的因，又分不确定、相违、相似等五种。(14) 曲解：故意歪曲对方的观点。(15) 倒难：无中生有地指责敌论有误，其实是自身有错。(16) 堕系：造成论辩失败的原因。显见，这十六句义包含了三个方面的内容：其一，量与所量是讲认识及其对象，属于认识论；其二，宗义、论式、譬喻等是讲逻辑推理的论式、论证中的举例以及对论题的要求；思择、议论等，属于辩论术。此外，第五卷中侧重讨论了倒误和堕负，原于逻辑谬误论和论辩过失论。所有这些，都为佛家因明所吸收。① 窥基《因明正理门论疏》云："劫初足目，创标真似。"推崇足目《正理经》为因明的初始。此后乌地阿塔克拉著《正理经释论疏》、婆恰斯巴提密斯拉著《正理经释论疏记》，一方面与佛教激烈论诤，一方面又吸收佛教因明的若干思想主张。12 世纪后，孟加拉的密提拉学派、高达学派将旧正理和胜论学说合为一体。正理派认识论的宗旨在于求得解脱。《正理经》云："由认识(1) 量 (2) 所量 (3) 疑惑(4) 动机 (5) 实例 (6) 宗义 (7) 论式 (8) 思择 (9) 决定 (10) 论议 (11) 论诤(12) 论诘 (13) 似因 (14) 曲解(15) 倒难 (16) 堕负等真理，可以得到至高的幸福。"又云："苦、生、行为、过失、虚妄的认

①参见姚南强：《因明学说史纲要》，上海三联书店 2000 年版，第 16～17 页。

识，如果自下向上依次断灭的话，由这样的一一断灭，就可以得到解脱。”很明显，正理派认为，十六句义就是认识真理的必由之路，有了正确的认识，就可以断灭“过失、虚妄的认识”，进而断灭“苦、生、行为”，于是得到解脱。不消说，这种认识论的宗旨与佛教是一致的。第二卷疑惑（对于事物确切性质的矛盾判断），四量（认识事物的方法，指观量、比量、譬喻量、圣言量）；第三卷我（灵魂）、身、根、觉、心；第四卷勤勇、轮回、业报、苦、解脱、似（谬误）、全及分（全体与部分）等；第五卷倒难（错误的非难），堕负（失败的原因）。其内容包括认识论、逻辑学和辩论术等。其十六句义所确定的“论式”，即古因明宗、因、喻、合、结“五支作法”即见于第七句义，并为尼耶夜派所始终坚守。公元 4 世纪时，富差耶那（Vātsyāyana）作《正理注》（Nyāyabhāṣya），是现存最早、最权威的注本。此书连同足目《正理经》，史称“古正理派”。17 世纪时阿难跋陀著《思择集论》，史称“后期正理派”，该书为印度近代正理学说纲要。尼耶夜派积累的材料及研究的成果，在许多方面为其他各宗派所利用。

在知识论方面，正理派主张四种量。《正理经》云：“量分为现量、比量、譬喻量和声量。”关于现量，《正理经》云：“现量是感官与对象接触而产生的认识，它是不可言说的，没有谬误的，且是以实在性为其本质的。”关于比量，《正理经》云：“比量是基于现量而来的，比量分三种：（1）有前比量；（2）有余比量；（3）平等比量。”关于譬喻量，《正理经》云：

“譬喻量，就是以共许极成的同喻去论证所立宗”，“由所立同法，通达彼法之喻，是为说喻。”关于声量，《正理经》云：“声量，就是令人信赖的人的教言。”①

第四节 瑜伽派

瑜伽派（Yoga）以传说中《瑜伽经》（Yogasutra）的作者波丹阇利为创始人。此宗与数论接近，故时或被称为“僧佉瑜伽”。不过，数论侧重于阐明学理，瑜伽则专注于修行方法。瑜伽派信奉“自在天”，故亦称为“有神数论”，而数论则不予承认。Yoga一作“瑜诫”。男声呼作“瑜伽”，女声呼作“瑜祇”，取相应之义。《唯识述记》云：“言瑜伽者，名为相应。此有五义，故不别翻。一与境相应，不违一切法自性故。二与行相应，谓定慧等行相应也。三与理相应，安非安立二谛理也。四与果相应，能得无上菩提果也。五得果既圆，利生救物。赴机应感，药病相应也。此言瑜伽，法相应称，取与理相应。多说唯以禅定为相应。”说到底，瑜伽意谓为了集中心灵而实行种种控制意志的方法。此派将修行方法看作重点，而淡看预先拟定的对于现实或宇宙的哲学理论。具体说来，瑜伽派注重如下两方面的修炼：其一，内心修炼，认为心受物欲影响而活动，偏离了“神我”（精神实体），故修心须离欲，不仅要泯灭对饮食人欲的追求，且要根绝对人间欢乐的向往。其二，

①参见姚南强：《因明学说史纲要》，上海三联书店2000年版，第7～8页。

身体修炼，认为身体与内心相互影响，修炼当然也要调整身体。于是，提出八支行法，即夜摩、尼夜摩、坐法、调息、制感、执持、静虑、等持八种修身炼心途径，强调通过戒律、静坐、调整呼吸、抑制情感、节制饮食甚至制造肉体痛苦来排除人间纷扰，使心注一处，悟解神我独存。瑜伽的修行方法，主要是盘膝端坐，注视鼻尖或脐穴，借以集中意念，引起种种幻觉，归于神秘的境界。瑜伽派认为通过苦行可以获得神通（超自然的特异功能），而进一步的苦行可以使人得到道德修养。佛陀最初也修苦行，后才修禅定，而禅定方法颇似气功，讲究坐法、调息、意守等。这些方法也为有些哲学、宗教派别所利用，瑜伽行宗的静修方法，正是它的发展。不过，在陈那和天主的著作中，几乎未曾涉及他们与瑜伽派的理论争执。①

在知识论方面，瑜伽派也提出三种量，即现量、比量和圣教量，但这三种量在此派理论体系中的地位与数论派等有所不同。这三种量包括在所谓五种“心作用”（正知、不正知、分别知、睡眠、记忆）的第一种“正知”之中，尽管是“正知”，但毕竟属于“心作用”，被视为“三昧”，是达到解脱的障碍，当与其他四种“心作用”一起被灭除。

---

①参见石村：《因明述要》（与陈望道《因明学概略》合订一册），中华书局2006年版，第118页。

第五节　声论派

声论派，或作“弥曼那”（Mimāṁsā），是瑜伽行宗的主要理论对手之一。弥曼差，意为考察、探索。该派是为对抗佛教、耆那教，为维护《吠陀经》的权威和传统的祭祀仪式而发展起来的，可以说是婆罗门教各哲学派别中的正统派。声论派以《弥曼差经》（Mimāṁsāsutra）为经典，该经传为阇米尼所作，而由公元纪元前后的萨巴拉作注。该派的特点是，作为宗教，它关心仪式；作为哲学流派，它注重方法。早在公元纪元以前，声论派已经提出了某些关于文法、逻辑的术语。到 6 世纪时声论派中有声生派、声显派之分。声生派主张声音是随着机缘而发生的，且一经发生，便常住不变。声显派则认为，声的本性是常住的，并非凭着机缘从无到有地发生，只是凭着机缘显露出来。不过两派主张虽有不同，但都断定“声是常住”，并由此维护构成祈祷的声音的神秘力则是一致的。[①] 他声不契实义，则为无常。声论派的这一观点受到了数论派、胜论派、尼耶夜派以及佛教的一致反对，他们提出反命题“声是无常”与之对抗，而他们论证这个反命题时所据的理由又不完全相同。所以，从古因明到新因明，常常见到“声（是）常”“声

①谓其论之声，为诵诸法实义之梵王声，故是常住。参见石村：《因明述要》，第 118 页。

(是）无常”两个恰成反例的命题，出现于诸多立量之中。陈那和天主正是利用这两个相反命题，对宗、因、喻之间的关系展开了史无前例的大讨论。此后，声论派教义竟被普及到社会民众中去。①

在知识论上，声论派主张六种量：(1）现量：由根境相缘而起，并且“根”必须与“我”和合，才能形成现量。“我”是指主体的意识，声论派把无意识的感知排除在现量之外。(2）比量：即依据经验，从甲必然推知乙的认识过程及其所得知识。(3）比喻量：即由未见之物，因其相似而推知所现见之物，如见野牛而想起家牛，知其相似。(4）义准量：类似于间接推理。如已知某甲未死，而且知其不在家，那么可以推知其一定外出了。(5）圣言量：通过祭祀等方法得到吠陀之言或其他圣贤的教谕，也称之为“声量”。(6）无体量：认为“无有”本身也是一种量。如此桌上无瓶，我只见桌子未见瓶，从而知道“没有瓶”。

第六节　吠檀多派

吠檀多派（Vedānta)，也称“后弥曼差派”，以《吠檀多经》(亦称《梵经》）为哲学经典。吠檀多，词义为“吠陀的终结”，原指《吠陀经》，最后附加部分《奥义书》。以商羯罗

①参见石村：《因明述要》，第118～119页。

(788～822?) 为代表的吠檀多派，也从维护吠陀的权威出发，但阻止了声论派所醉心的形式主义（重仪式），发挥了所谓“梵我同一”的神秘主义（“梵王声”），建立了影响最大的“不二论”（“梵我不二”）理论体系。吠檀多派的这个理论一直传至近代，如印度近代著名哲学家辨喜（1863～1902），其哲学思想的核心还是所谓“梵我不二”论。本来大乘佛教自接受“化身”① 的说法以后，便已开始了对婆罗门教的接近，而商羯罗索性把佛教、数论派的教义都包容于自己的体系中，从而使这些教派、思潮丧失了自己的个性，融合成为统一的印度教。所以佛教把商羯罗看作最危险的敌人，而正统的婆罗门教又把商羯罗看作乔装的佛教徒。但任何人也阻遏不了商羯罗把各宗各派融合为统一的印度教的潮流。商羯罗的活动，后于陈那两百余年。所以吠檀多的影响在陈那、天主师徒的因明学说中没能得到体现。

在知识论方面，吠檀多派的主张与声论派相类似。商羯罗提及三种量——现量、比量和圣教量。后来，派中人又加入了譬喻量、义准量和无体量。商羯罗认为认识梵（梵天）的真实本质的唯一方式（量）是借助吠陀圣典（即奥义书），而梵则是超感觉的。至于现量、比量等只是起一些辅助作用。就是

①佛之“三身”有法身（自性身）、报身（受用身）、化身（变化身）。“化身”为“三身”之一。《佛地经论》说：“变化身者，为欲利益安乐众生，示现种种变化事故。”

说，梵（上梵）才是真实的，而现象界（下梵）则是不实的，现量、比量只能用于下梵。不过，其后吠檀多派中的罗摩努阇在注释《梵经》时也讨论过量论之类的问题，与商羯罗的观点大异其趣，认为无论是最高实体的梵和作为其形式或属性的现象界，都是真实的。罗摩努阇承认现量、比量、圣教量是对实在之物的有效认识方法。

第二章 佛教派别演化简述

公元前6世纪～公元前5世纪之时，古印度迦毗罗卫国（今尼泊尔境内）王子乔达摩·悉达多（Gautama Siddhârtha），即释迦牟尼创立佛教（Baddha）。它是当时反对婆罗门的思潮之一，以无常和缘起思想与婆罗门的梵天创世说相抗，以众生平等思想抨击婆罗门的种姓制度。其基本教理有“四谛”“八正道”“十二因缘”等，主张依经、律、论三藏，修持戒、定、慧三学，以断除烦恼得道成佛为最终目的。佛教在古印度经历了几个发展阶段：最初释迦牟尼自己所说的教义为原始佛教；其后自公元前4世纪左右，佛教僧团因传承和见解不同，发生分裂，形成部派佛教（上座部和大众部等）；公元1～2世纪间，从部派佛教大众部中产生了大乘佛教（而将以前的佛教称为“小乘佛教”）；最后，其一部分派别同婆罗门教互相调和，又产生了大乘密教。公元前3世纪时，由于阿育王（Ašoka）的信奉，佛教在印度国内外得到广泛传播。公元2世纪时，在迦腻色迦王（Kaniṣka）大力支持下，佛教更加发展，流传至今斯里兰卡、缅甸、泰国、柬埔寨、老挝和中国傣族地区的巴利语经典系，通称“南传佛教”（属小乘）；而流传于中国、朝鲜、日本、越南的汉语经典系及我国藏族和蒙族地区的藏语经典系，通称“北传佛教”（属大乘）。而印度本土的佛教自公元9世纪起渐趋衰微，13世纪之初，归于消灭，19世纪后，始渐复兴。欧美各国自19世纪以来，亦多设佛教团体，从事研究和宣传活动。佛教自东汉明帝永平十年（67）传入中国，经三国、两晋到南北朝四五百年间，佛经的翻译与研究日渐兴盛，到了隋唐遂产生天台、华严、唯识、禅宗、净土、密宗等具有中国特色的许多宗派。

佛教上座部（Ārya-sthavira-nikāya 之意译），是古印度佛教的根本部派之一，与大众部相对。相传公元前4世纪，即释迦牟尼涅槃后百余年间，佛教发生分裂，其主要原因为：（1）僧团内的长老派不满跋耆族比丘对部分戒律的开禁，提出十项新说，长老耶舍认为非法，从而引起争论；（2）或认为摩伽陀国僧人大天，不满长老派的保守教义，对教义提出五条新说（即大天五事）。

当时曾举行戒律会诵，结果意见未获一致，遂分为两派。长老派称“上座部”，别一派称“大众部”。大众部不满长老派的保守作风，主张戒律应该方便开禁，思想倾向自由进步，取得大多数僧众的支持。以后大乘佛教的兴起，多少与大众部的意见有关。大乘（Mahāyāna 的意译）佛教，或简称“大乘”①。公元1～2世纪时，由佛教大众部的一些支派演变而成。

①大乘，大对小而言；乘指运载工具，比喻普度众生，从现实世界的此岸到达悟的彼岸。

强调一切众生皆可成佛，一切修行应做到自利利他并重，是“菩萨”之道，认为自己的教法最胜，故自称“大乘”，而贬称主张自我解脱的教派为“小乘”。小乘主张自利或自度，是“声闻”“缘觉”之道，非难大乘为“非佛所说”的主张，自称为“上座部”。公元3世纪时，龙树、提婆创立了“一切皆空”的大乘空宗，称作“中观宗”；后无著、世亲创立了“万法唯识”的大乘有宗，称作“瑜伽宗”；最后出现了佛教与婆罗门教互相调和结合而成的大乘密宗。中观宗、瑜伽宗、密教成为古印度大乘佛教的三大系。小乘（Hina-yāna的意译）佛教，简称“小乘”，主张自我解脱，坚守“四谛”等原有教义，称作“上座部”佛教。小乘之分派，诸说不定，计有小乘二部、四部、五部、十八部、二十部五种。其二部者，即上座部、大众部。……其十八部者，据《宗论》之说，佛灭百年，依大天分上座、大众二部，其第二百年，由大众部出一说部、说出世部、鸡胤部、多闻部、说假部之五部。又于第二百年末出制多山部、西山住部、北山住部之三部，合有八部之末家，加入本家之大众部，则为九部。又上座部于三百年之初，分为萨婆多部与雪山部（译云说一切有部，后世称为毘昙宗），后同于三百年由萨婆多部出犊子部，又由犊子部出法上、贤胄、正量、密林山之四部，次由萨婆多部更出化地部，次由化地部出法藏部，于三百年之末，由萨婆多部更出饮光部，于第四百年由萨婆多部复出经量部。萨婆多部共出九部，加入雪山部为十部。复加前大众部之八部，为十八部。其他有义净所见之十八部。以上十八部为末部之分派，加之以根本上座、大众之二部，为二十部，今表示之如图 1-1：

- 大众部 Mahā–samghikāḥ
  - 一说部 Fkavyavahārikāḥ
  - 说出世部 Lokottaravādinaḥ
  - 鸡胤部 kaukkuṭikāḥ
  - 多闻部 Bāhusrutiyāḥ
  - 说假部 Prajñaptivādinaḥ
  - 制多山部 Jetavaniyāḥ
  - 西山住部 Aparaŝailāḥ
  - 北山住部 Uttaraŝailāḥ
- 上座部 Āryasthavirāḥ
  - 雪山部 Haimavatāḥ
  - 说一切有部 Āryasarvāstivādāḥ
    - 犊子部 Vātsiputriyāḥ
      - 法上部 Dharmotarāḥ
      - 贤胄部 Bhadrayāniyāḥ
      - 正量部 Bammatiyāḥ
      - 密林山部 Sanṇagarikāḥ
    - 化地部 Mahisāsakāḥ
      - 法藏部 Dharmaguptāḥ
    - 饮光部 Kāsyapiyāḥ
    - 经量部 Saatrāntikāḥ

图 1-1　佛教大众部与上座部谱系

今将大乘小乘部分部派的哲学思想简介如下。

第一节　瑜伽行派

瑜伽行派（Yogāeāra），亦译为“唯识派”。中国传统称之为“大乘有宗”，与“中观派”并称印度大乘佛教两大派别。其理论于公元4～5世纪时为无著、世亲兄弟所创立。主要经典有《瑜伽师地论》《唯识二十论》《唯识三十颂》《辨中边论》等。该派认为心识产生以后有一种作用，能把识的一部分转变为识的对象，即所谓“内识生时，似外境现”，由此主张世界万物都是心识的变现，本身并非真实的客观存在。只是由于人们认识不到这一点，才认为它为实在的外境。该派把识分为八种：眼、耳、鼻、舌、身、意六识有了别与思虑作用，第七识末那识为潜在的自我意识，第八识阿赖耶识为前七识的根本和核心。其中阿赖耶识执藏着世界万物的各种名言（概念）种子，这些种子在业种子的作用下，从潜在状态转为现行活动时，就变现出世界万物。该派提出三性三无性说，以解释一切认识现象的有、无、真、假。用“五位百法”建立佛教名词分析系统。公元五六世纪以后，该派分为以难陀（Nanda，约450～530）、安慧（Sthiramati，约470～580）为代表的唯识古学及以陈那、护法为代表的唯识新学。瑜珈行派思想很早就传入中土。南北朝时的菩提流支的地论学派及真谛的摄论学派所传，大致来说，属于唯识古学，唐玄奘的唯识宗则主要传译唯识新学。

第二节　中观派

中观派（Mādhyamika），亦译为“中观宗”。中国传统称之为“大乘空宗”，是印度大乘佛教两大派别之一。其理论于公元2～3世纪为龙树及其弟子提婆所创立。6世纪左右因佛护、清辩的努力，在同瑜伽行派展开的“空、有之争”中正式形成宗派。主要论籍有龙树的《中论》《大智度论》《十二门论》和提婆的《百论》等。龙树发展了初期大乘般若的思想，认为一切因缘所成法依俗谛说是“有”，依真谛说则均无自性，亦即是空。但空不离有，有不遣（排斥）空。自谓其说是离“空”“有”二边之见的“中道”正规，这种中道“非有、非无、非有无、非非有非非无”，是一种不可描述的存在，是一切事物存在的最高形式，是宇宙万有的实相。提婆在推动中观学说的传播方面起了很重要的作用。中观派形成后，由于佛护、清辩两人在宣传中观学说时采用的论辩方式不同，又分成：（1）应成派，为佛护所创，主张不立正面观点，专破论敌观点，在藏传因明中据此而形成了应成论式；（2）自续派，为清辩所创，主张不论破立，均应以因明论式选立适当的“比量”（据理）积极表述。其后，中观派又吸收瑜伽行派的若干观点，形成“瑜伽中观派”，认为只有从唯识无境的立场出发，才能真正阐发中观无自性的理论。该派后渐衰落，最终融合在密教中。中观派的学说于公元5世纪初通过鸠摩罗什的翻译，被系统地介绍到中国，中国佛教的三论宗、天台宗、华严宗、禅宗皆受其较大影响。中观应成派的思想则传入中国西藏地区，成为藏传佛教的理论基础。

第三节 唯识宗

唯识宗，亦称“法相宗”“慈恩宗”，中国佛教宗派之一。其思想源于古印度大乘佛教的瑜伽行派。因主张“万法唯识”，故名，唐时玄奘及其门弟子窥基创立。因主张用三性解释诸法实相，故亦名“法相宗”。窥基常住长安慈恩寺，也称“慈恩大师”，故唯识宗又名“慈恩宗”。所依经典有《解深密经》《瑜伽师地论》等六经十一论，代表著作为《成唯识论》。主张外境非有、内识非无的“唯识无境”理论，把思想认识的转变亦即“转依”看成是由迷而悟、由染而净的修习目的，用“遍计所执性”“依他起性”和“圆成实性”的“三自性说”概括全部学说，同时介绍和运用佛家逻辑因明。玄奘视因明为“众妙之门”，先后译出《因明入正理论》和《因明正理门论》二书。其门弟子竞作注疏，尤以窥基注释疏解精详。它们合而成为中国传习因明的经典著作。又坚持“五种性”或“五乘种性”（菩萨定性、独觉定性、声闻定性、三乘不定性、无性有情）说，认为“无性有情”者不能成佛。与当时流行的“一切众生皆有佛性”的观点相抵触，因教义过于繁细，窥基之后传慧沼、智周，仅三传即告衰微。晚清以后，章太炎等人重新弘扬法相宗唯识学，再开研究和传播因明之风。唐高宗永徽四年

(653) 日僧道昭入唐，从玄奘学法相宗义。玄宗开元四年(716)，玄昉入唐，从智周学法，先后将此宗传入日本。于是，日本法相宗成为奈良时期（710～794）、平安时期（794～1192）最有势力的宗派之一。

第四节 经量部

经量部（Sautrāntika），亦称“说转部”“说经部”“经部”，小乘二十部派之一，是从有部分出的部派。在经、律、论三大类书中，有部重视论书，而经量部却主张重视经书，并将经书视为正量，故名。此派开山祖师名鸠摩罗什，为公元3世纪时北印度咀叉始罗国人，著有《喻鬘论》《痴鬘论》等，善用譬喻说法，被称为“譬喻师”。但由譬喻师转为经量部，并建立经量部学说的人，则是公元4世纪时的室利罗多。此派否定有部所主张的万物实有说，只承认地、水、火、风“四大”与心为实有。有部认为过去、现在、未来三世实有，而经量却主张现在实有，过去和未来则为无体。此派教义中含有许多大乘佛教的要素，对大乘佛教的发展有一定的影响。在因明中，法称在对待外境时取经量部教义，承认外境实有。

第五节 说一切有部

说一切有部，为梵文 Sarvāstivāda 的意译，简称“有部”“说因部”，音译则为“萨婆多部”，约在世尊释迦牟尼灭后300年从上座部分出。有自己的经律论三藏，在汉文译本中保存得最为完善。其经藏为“四阿含”（《增一阿含经》《长阿含经》《中阿含经》《杂阿含经》，为一切小乘经之总辑），而以《相应部》为根本，相当于汉译《杂阿含》，其《中阿含》亦有汉译本。其律藏有两个译本，即《十诵律》和《根本说一切有部毗奈耶》，其论著更多。公元前后，此部分为东西两种师说。西方师以犍陀罗为中心，东方师以迦湿弥罗为中心。有部的思想特点是，认为：“一切有部诸是有者，皆二所摄：一名二色。过去、未来体亦实有。一切法处皆是新知，亦是所识及所通达。”“一切随眠（烦恼）皆是心所，与心相应，有所缘境。”其大意谓：凡“有”不出“色、名（心）”二类，后扩展为“五位七十五法”，“体（性）各实有”，此“实有”，超越三世，故又是“恒有”；一切法处，既是凡俗认知的对象，亦是贤圣通达的对象。由于随眠是“心”所有，与“心”相应，故不能说“心性本净，客生所染”。有部对“一切有”的论证颇多，或说物种不变，或说单一性是常，或谓“心不缘无境”，或言“心缘无境”，但皆认为现实现象，皆为因缘所生，是复合物，属于无常、假有。此中“因缘”，谓“六因”“四缘”；生、住、异、灭，称“有为四相”，悉是“实有”，“说因部”名，即由此得，有部在中国佛教史上曾有很大影响，与般若中观、唯识瑜伽鼎立而三。有部的律本构成中国律学的重要内容。它的宗系为早期禅宗所用。

第三章　外道简述

站在佛弟子立场上，凡于佛教外立道者，是为邪法而在真理之外，故称“外道”。《资持记》云：“言外道者，不受佛化，别行邪法。”正是此义。因之，数论师、胜论师、声论（含声生、声显）师、顺世论等，皆被视为外道。外道的种数，殊多异记，如《百论》有“二天三仙”，《四宗论及入大乘论》有“四外道”，《维摩经》《涅槃经》等有“外道六师”，《唯识论》有“十三外道”，《瑜伽论》有“十六外论师”，《外道小乘涅槃论》有“二十种外道”，《大日经》有“三十种（外道）”，《僧祇律》有“九十五种（外道）”，《华严经》、《智度论》等有“九十六种（外道）”，等等。兹引《唯识论》所述“十三外道”为例：(1) 劫比罗，即数论师也。(2) 嗢露迦，即胜论师也。(3) 大自在天，以自在天为生因者。(4) 大梵外道，以梵天为生因者。(5) 时外道，计时为生因者。(6) 方外道，计方为生因者。(7) 本际外道，计过去之初有本际，从此生万物者。(8) 自然外道，计万物由自然而生者。(9) 虚空外道，以虚空为生因者。(10) 我外道，计常有一大我，从此生万物者。

（11）声显论师，计声虽由缘隐显，然为本来常有者。（12）声生论师，计声本为无，依因缘而生，生了即为常住者。（13）顺世外道，计唯有地、水、火、风“四大”，生一切有情，死后还归于“四大”者。

第四章　印度哲学经典著作简述

前述古代印度哲学学派，各有自己的哲学经典，而哲学经典是各自的言行出发点，当然也是代表本派参与辩诤的理论支撑点。今依前述学派之序，简述如下。

第一节　《数论颂》

《数论颂》(Sāṃkhyakārikā)，古典数论派哲学代表作，印度自在黑著。它是目前保存的最早和最系统的著作，共 72 颂。《数论颂》的内容包括研究数论的目的，世界构成和演变论，认识论，因中有果论，三德说，神我和自性的关系，轮回与解脱，修行的道路、方法和成就，论师的传承关系等。其基本思想是二元论世界观，认为“神我”和“自性”是各自独立存在的实体，当构成“自性”的三种成分三德失去平衡发生变异时，“神我”只起观照作用，“神我”与“自性”犹如跛者与盲人之间的合作关系。并提出布施、闻道、觉知二十五谛即可达到解脱的目的。《数论颂》有多种注疏，重要的有真谛的译注本《金七十论》以及《乔荼波陀注》，筏遮塞波底·弥室罗的注释本《明谛论》等。①

第二节 《胜论经》

《胜论经》(Vaiséṣika sātra)，相传由羯那陀著，约成书于公元 50～150 年，共 10 卷 370 颂，是古代印度胜论派哲学经典。第一卷通论五句义（实、德、业、同、异)。第 2、3 卷阐明实句义（即诸法体相，为德、业的基础，共有九实)。第 4 卷论极微及其性质。第 5 卷阐述业句义（即实体的运动形态、合离的原因，它依附实体，无属性，共分五业)。第 6 卷论法与非法，不可见力的规律。第 7 卷杂说德句义（即实体的属性，共二十四德)、极微、我及和合句义（即实、德、业结合而不分离的观念之原因)。第 8、9 卷论述现量（感觉）和比量（推理)。第 10 卷论多种范畴并涉及因中无果论。注疏本以钵罗奢思多波陀（Praśastapāda）所著《摄句义法论》最为重要。②

第三节 《正理经》

《正理经》(Nyāyasutra)，音译为《尼夜耶经》，是印度正理派的经典，相传足目所著。成书约在公元 3～4 世纪。全书分 5 卷 538 颂。主要内容是：第 1 卷十六谛义，亦称“十六句

①互参第一章古代印度哲学学派简述——数论派。
②互参第一章古代印度哲学学派简述——胜论派。

义”；第 2 卷疑惑（对于事物确切性质的矛盾判断）、四量（认识事物的方法，指现量、比量、比喻量、圣言量）；第 3 卷自我（灵魂）、身、根、觉、心；第 4 卷勤勇、轮回、业报、苦、解脱、似（谬误）、全及分（全体与部分）；第 5 卷倒难（错误的非难）、堕负（失败的原因）。其中心思想是探求知识来源，总结辩论方术，提出推论的五段式，并坚持与胜论相似的多元极微说和实在论的世界观。其对印度因明学的发展有重要作用。后来出现多种注疏。最早的释本是 4 世纪富差耶那所著的《正理论疏》，此后有 6 世纪乌地阿达克拉著《正理经释论疏》，筏遮塞波底・弥室罗著《正理释论疏论》，阿难跋陀著《思择集论》——该书为印度近代正理学说纲要。①

第四节　《瑜伽经》

《瑜伽经》（Yoga-sātra），相传为瑜伽派创始人波丹阇利作，为瑜伽派系统理论的集中阐述。现存《瑜伽经》包含了后人追加的成分，约在公元 300～500 年成型。共 194 个简短的经，分 4 章。第 1 章为三昧章，讲述三昧的性质、类别和目的；第 2 章为方法章，讲述入定的手段和方法；第 3 章为超自然力章（神通），讲述修持所获的神通及其种类；第 4 章为独存章，讲述修持最终获得的解脱。②

①互参第一章古代印度哲学学派简述——尼耶夜派。

②互参第一章古代印度哲学学派简述——瑜伽派。

第五节 《弥曼差经》

《弥曼差经》(Mimāṃsā-sūtra)，为声论派早期经典，其创始人阇弥尼作，但加入了后人的观点。现据摩陀婆（14 世纪）所列，共分 12 篇 60 章。第 1 篇：认识论。论述认识的本源基于对法（祭祀、人的道德职责）的遵行，这是讲哲学的部分。第 2 篇，祭仪的形式。论述各种祭仪的主要和次要形式，进一步阐述上篇所论认识的来源或方法，并驳斥其他教派对这一问题的观点。第 3 篇，天启经典。论述吠陀的特质，讨论天启经典与传承经典发生矛盾时应如何处理。第 4 篇，仪式之间的相互影响，论述主祭与副祭的关系。第 5 篇，天启经典的顺序、论述吠陀赞歌的顺序以及与此相应的各种仪式的顺序。第 6 篇，行祭的条件。阐述祭祀者、祭官的资格与义务，供物的内容与分类。第 7 篇，祭仪互相引用的方法。如吠陀没有明文规定时，可采取其他祭式，列举其他祭式的名称和特征。第 8 篇，引用的根据。第 9 篇，引用赞歌的方法。阐述在祭仪中如何应用祭词和赞歌。第 10 篇，祭式的废止。论述在某种场合时祭式应废弃，在某种场合下应举行。第 11 篇，祭仪根本原理说明。第 12 篇，特殊的祭祀行法。阐述为了达到特定的目的而行祭的仪式。崇奉祭祀万能，认为祭祀本身具有一种“无前”（新得力）的力量，可产生果报。并提出有真误两种，要证明真误有六种方法，即现量、比量、比喻量、义准量、圣言量、无体量。其论述注重逻辑推理，此后有多种注疏。①

第六节 《吠檀多经》

《吠檀多经》（Vedānta-sūtra），亦称《梵经》《广博经》。相传为跋多罗衍那著，约成书于公元2～5世纪。共4编16章555颂，是印度吠檀多派哲学经典。第1编阐述《奥义书》中关于梵、我、原初物质、神和元素等概念；第2编对数论、胜论、佛教、耆那教、兽主派和薄伽梵派等学说作了反驳；第3编论述宇宙和自我的发展、梵和我的关系、人的认识根源，驳斥顺世论关于灵魂是肉体属性的学说；第4编论述业、解脱和修行，认为亲证“梵我同一”是解脱的主要途径。该书指出，梵是宇宙精神，世界最高的主宰，是无限、无所不在、永恒不变的精神实体；我是个体灵魂，由梵的一部分演化而成，梵与我在本质上相同，只是在形式上不同，被称为“不一不异论”。这些思想均成为吠檀多派的理论依据，后有多种注疏，并因对《梵经》理解不同，而在吠檀多派内部分成多种派别。②

①互参第一章古代印度哲学学派简述——声论派。

②互参第一章古代印度哲学学派简述——吠檀多派。

第五章 关涉佛家因明形成的典籍简述

作为一门学问，佛家因明正式建立的标志，是弥勒所著（弥勒口授，无著笔录）的《瑜伽师地论》（简称《地论》）。在《地论》之前，已经有几种在印度逻辑史上有较大影响的著作，如憍提利耶的《政事论》（又名《利论》）、遮罗迦的《医道论集》、龙树的《方便心论》以及正理派创始人足目的《正理经》等。它们都为佛家因明的建立提供了大量极可宝贵的思想资料。这些印度早期各派哲学思想（含所谓外道六派哲学思想）在与佛学思想的接触、碰撞中，被吸收，或被改造，是孕育佛家因明胚胎的不可缺少的营养。《因明入正理论》云“如是总摄诸论要义”，正是这个意思。下面对它们的内容作一简要介绍。

一、《政事论》

《政事论》，或称《利论》，为公元前 4 世纪孔雀王朝大臣憍提利耶所著。此书不是论理学专著，而是把论究学与政治学、贸易学相提并论，称论究学是所有科学之明灯、所有行为之源泉以及所有美德永恒的庇护所。其末章提出了一个具有

32个专门术语的论辩系统程序，它们是：（1）议题；（2）准备；（3）组成文字；（4）范畴；（5）涵义；（6）阐明；（7）宣说；（8）指导；（9）详述；（10）扩大的应用；（11）假定；（12）类比；（13）推断；（14）疑惑；（15）论据；（16）重复；（17）上下文；（18）赞同；（19）种类；（20）语源；（21）例证；（22）例外；（23）使用术语；（24）问；（25）答；（26）确认；（27）预定；（28）回顾；（29）命令；（30）决择；（31）总结；（32）省略轨式。应该说，其中有关逻辑的术语所占比例较小。

二、《医道论集》

《医道论集》，或称《遮罗迦本集》，约公元2世纪上半叶为遮罗迦所著。遮罗迦是大月氏贵霜王国迦腻色迦王时代的名医。他认为医生应该懂得一些议论的原则（逻辑、知识论和论辩术），所以在论述医理时设立专章阐发论议的原则，这便是《医道论集》的第3编第8章。其所论论议原则有44目：（1）论议；（2）实；（3）德；（4）业；（5）同；（6）异；（7）和合；（8）宗；（9）立量；（10）反立量；（11）因；（12）喻；（13）合；（14）结；（15）答破；（16）宗义；（17）语言；（18）现量；（19）比量；（20）传承量；（21）譬喻量；（22）疑惑；（23）动机；（24）不确定；（25）欲知；（26）决断；（27）义准量；（28）随生量；（29）所难诘；（30）无难诘；（31）诘问；（32）反诘问；（33）语失；（34）语善；（35）诡辩；（36）非因；（37）过时；（38）显过；（39）反驳；（40）坏宗；

（41）认容；（42）异因；（43）异义；（44）负处。应该说，逻辑、知识论和论辩术在当时已经初具规模。很明显，遮罗迦以胜论派的本体论六句义（实、德、业、同、异和合）作为认识的对象，可以说完全采用了胜论的哲学体系。大致来说遮罗迦所阐发的论议原则，与大约于稍后产生的《方便心论》所阐述的逻辑学说，属于同一体系。从其中的“（8）宗；（11）因；（12）喻；（13）合；（14）结”五目可知，遮罗迦在书中已经提出了五分作法。对比此前耆那教著名思想家贤臂（约前433～前375）提出的十支论式①可以看出，十支中组成直接论证的逻辑成分是宗、因、异宗、遮异宗、喻和结，而间接论证是释宗、释因、质疑和遮疑，可以认为五分作法是对十支论式的简化。遮罗迦举例说：“例如以‘神我常住’为宗，以‘非所作性’为因，以‘空’为喻，合云‘既空非所作（而常住），神我亦然’，于是结（结论）当为‘（神我）常住’。”这是印度逻辑史现代最早的“五分作法”实例。不过，论式中只有同喻而无异喻。在第 9 目“反立量”的实例中也无异喻：“如以‘神我无常’为宗，因云‘所感觉性’，举喻‘如瓶’，合云‘瓶为所感觉而无常，此（神我）亦然，故结云‘（神我）无常’。”

①指论题（主张、宗）、对论题的说解（解宗）、理由（因）、对理由的说明（释因）、反对者的论题（异宗）、对反对者论题的否定（遮异宗）、例证（见边喻）、质疑、对疑惑的应答或否定（遮疑）、结（成就、结论）。

三、《方便心论》

《方便心论》，相传为公元二三世纪的印度大乘佛教“中观”理论的奠基者龙树所著（日本学者宇井伯寿考证，当为龙树之前的小乘论师所著）。此书的写作目的是明了辩论的方法和思维的正轨，同时兼有论理学与雄辩法的性质。虽然以反驳胜论派理论为主，同时也构造了佛家因明的第一个论辩逻辑体系，在因明的“正”“似”“立”“破”等方面都有系统的阐述，在因明学史上，其地位可与正理派的《正理经》相比。

全书共分四品（章）。第一明造论品，第二明负处品，第三辩正论品，第四相应品。其中第一品专述论辩方法，提出了“能立八义”的立论方法：

（1）譬喻。第一譬喻内容须“凡圣同解”。即以浅譬深，以近譬远，使人易于理解。第二譬喻性质是“为明正义”。即譬喻不是立论者的论点，而只是一种事实例证。第三譬喻方向是由具体来比抽象而不可相反。第四譬喻种类有两种，“一具足喻，二少分喻”，相当于同喻和异喻。

（2）随所执。所立的宗或推理的结论，其义要依靠四种量，即“现见”“比知”“喻知”和“随经书”（圣教量）。立宗不可以“一切同”，即不可“相符极成”（如果立敌双方对论题皆赞同，便不能形成辩论），只能“一切异”，即“违他顺自”。“初同后异”，指双方前提同而推出的结论异；“初异后同”，指前提异而推出的结论同。这应该是因明称之为“不极成”的情况。

（3）语善。论辩中，语言要“不违于理，不增不减，善解本句，应相说法”。“不违于理”，指不可与事理相悖。“不增不减”指在论证中要避免“三增”（因增、喻增、言增）“三减”（因减、喻减、言减），这是支分上增减的过失。

（4）言失。与语善相反的过失，共有四种：①“义无异而重分别”（义同名异），指把同义词视为不同义；②“辞无异而重分别”（名义都相同，却仍作区别）；③“但饰文辞，无有义趣”，指言之无物，空洞无实，如言“坚硬兔角”，逻辑上属于虚概念；④“有义理而无次第”，指无意义的文句组合。

（5）知因。专讲论证中的论据，即论辩中的理由、根据。论据应以现见、比知、喻知、随经书四种量为依据，并且以现见为基础。即所谓“此四知中，现见为上”，“后三种知，由现见故，名之为下”。比知即推理。根据前提和结论之间在时态上的先后关系可分为前比、后比、同比三种。

（6）应时语。强调语言在内容上、时机上都须有针对性，即所谓“分别深义，……智者乃解，凡夫若闻，迷没堕落，是则不名应时语也”。

（7）似因。理由、根据上的过失，分为八种：①随言生过。指在前提中，立敌双方在概念上未能共许极成。②同异生过。指或是把异品作为同喻依，或是宗有法本身的概念不清，故无法找到合适的同喻依。实际上是后来陈那所列的“所立法不成”的过失。如立者云：“有故名生，如泥有瓶性，故得生瓶。”这里，“有”是存在义，“生”是变化义，二者并不完全等同。用泥作为同喻依尚可，但难者云“水亦是有，应当生瓶”，立者便无言以对了。③疑似因。指疑惑未定的依据：“如有树杌，似于人故，若夜见之，便作是念；杌耶？人也？是则名为生疑似因。”④过时语。指立敌论辩中的“马后炮”，指理由未能适时提出，过时又作补充，自然不能挽回失败。⑤类同。指偷换概念的诡辩。⑥说同。指试图用同一理由推出两个不同的结论，而其中一个并不成立。如立：“虚空是常，无有触故，意识亦尔。”这里，虚空是“无有触”且为“常”，而“意识”虽无有触，却不属于常。这在逻辑上可以说是一种“类比不当”的错误。⑦言异。指因的概念范围太大，包括了相反的两种宗法范围，故可推出自相矛盾的结论。⑧相违。指有两种情况：一种是因支与喻支相违，称之为“喻相违”；一种是名称与事实相违，称之为“理相违”。前者属于判断中的过失，后者属于概念上的过失。

（8）随语难。应是随顺敌方所使用的论证形式和义理进行反驳，颇似逻辑中归谬法的反驳。很明显，在“能立八义”中，（1）（2）（5）（7）是讲宗、因、喻及似，这里没有言及合、结，实际上已使用了三支式。（3）（4）（6）（8）主要讲论辩中的语言运用，属于论辩术范围。就是说，在《方便心论》中，论辩术和逻辑仍然相共生，未见明显的分化。

“能立八义”大致与《正理经》同时代，可以认为“能立八义”是由佛家创建的一个早期的因明学体系。

第二明负处品（负，指论辩中出现的过失）专述论辩过失，提出了“十负”，即十种过失：(1) 颠倒。“立因不正，引喻不同”。(2) 迟昧。指语言使用上迟钝不明，前言不对后语，如“应问不问”“应答不答”“三（言其多也）说法要，不令他解”“自三说法，而不别知”等。(3) 不知彼过。“彼义短缺，而不觉知”。(4) 生正义过。“又他正义，而为生过，亦堕负处”。(5) 不悟。“又有说者，众人悉解，而独不悟，亦堕负处。”(6) 问答违错。“一说同（语词同一）、二义同（词虽不同而指称对象同一）、三因同，若诸论者，不以此三为问答者，名为违错。此三答中，若少其一，则不具足。”(7) 言轻疾。言词过分轻细快速，“听者不悟，亦堕负处”。(8) 语少、语多、无义语、非时语、义重（意义重复，不简约）。(9) 舍本宗。指立者放弃原来的立场，即转换论题的过失。(10) 以疑为违。指把对我论的疑惑偷换成对我论的否定，属于偷换论题的过失。

第三辩正论品用举例分析的方法分别罗列“有”“无”“阿罗汉果”“涅槃”“神常”“无常”六个辩题，说明在论辩中何以为正、何以为负。

第四相应①品，指立者的论证本无过失，而敌者强加过失于对方，其结果反成为敌者本身的过失。计有二十种：(1) 增多；(2) 损减；(3) 同异；(4) 问多答少；(5) 问少答多；

①“相应”本义为一词多义，此处指考察宗、因、喻之间是否有着内在的联系。

(6) 因同；(7) 果同；(8) 遍同；(9) 不遍同；(10) 时同；(11) 不到；(12) 到；(13) 相违；(14) 不相违；(15) 疑；(16) 不疑；(17) 喻破；(18) 闻同；(19) 闻异；(20) 不生。很明显，这里所列“问答相应”二十种，当为最早的误难论，其后《正理经》阐发为二十四种误难。又后世亲《如实论》专立“道理难品”，把误难分为3类16种。至陈那又加修改，形成14种过类，成为因明误难论的集大成者。

四、《瑜伽师地论》

《瑜伽师地论》，亦称《十七地论》，简称《地论》，相传为弥勒口述、公元四五世纪时人无著笔录（一说无著一人所著），是印度大乘佛教瑜伽行派主要经典。唐玄奘译。计100卷，全书共分五个部分，即“本地分”“摄决择分”“摄释分”“摄异门分”和“摄事分”。在其“本地分”中，首次提出了佛家的“五明”，并用“因明”（Hetuvidya）代替了“正理”（尼耶夜，Nyāya）。何谓因明？《地论》云：“谓于观察义中诸所有事。”显见，这里“观察义”即所立法，是宗，“诸所有事”即能立法，是“因”。又从七个方面讲论因法，史称“七因明”，它分别包括了逻辑论、知识论和论辩学三方面的内容，标志着印度因明的正式建立。现将“七因明”简述如次：

其一，论体性：指论辩中所用语言的本性。它可分为六种：(1) 言论，即“一切言说、言者、言词”，语言以声音为性，言说为体。(2) 尚论，即所崇尚的议论。一方面，指大众所认可的并且加以尊崇的观点，“谓诸世间，随所应闻，所言言论”，另一方面也指各宗各派自己所尊崇的学说。（3）诤论，即不同意见。其起因有三种：①依诸欲所起的诤论：这是指利益不同引起的分歧。②依恶行所起的诤论：“重贪嗔痴所拘蔽者，因坚执故，因缚著故，因耽嗜故，因贪爱故。”这是指由于错误行为而导致的互相讥毁等。③依诸见所起的诤论：这是指由于主观执见而引生的分歧。（4）毁谤论。指怀恨在心，出言不逊，或以奇言宣说恶法，即所谓“怀愤发者，以染汙心，振发威势，更相摈毁”。（5）顺正论。指“为诸有情宣说正法”，这是指佛教的弘法。“菩萨为他说正法，依二种相：一者，依随顺说应为他说，二者，依清净说应为他说。”前者又有十五条标准，后者有五条标准。顺正论的说法态度共有二十项要求，弘法内容和方法又分别有八种和五种。（6）教导论。“谓教修习增上心学，增上慧学”，指教导修行得到真智的言论。

其二，论处所：即论辩的场所。它又可分为六种：（1）于王者；（2）于执理家；（3）于大众；（4）于圣贤；（5）于沙门、婆罗门；（6）于寻求真理者（于乐法义者）。

其三，论所依：指论辩所依据的论式，此可按所成立义与能成立义分别论之。（1）所成立义，即论题。又分“自性”与“差别”，即主辞与宾辞，由这二者构成论题，在梵文中没有谓词“是”，而是由第五啭声来表示。（2）能成立义，即论辩的方法和手段。可分为八种：①立宗。《地论》云：“立宗者，谓依二种所成立义，各别摄受自品所许，或摄受论宗，若自辩才，若轻蔑他，若从他闻……”即依据“自性”和“差别”二种所成立义，按照自己的意乐来构成一个论题。②辩因。《地论》云："辩因者，谓为成就所立宗义，依所引喻、同类、异类、现量、比量及正教量，建立顺益道理言论。"这是说，为了成就宗义，通过引喻和现、比、正教三量作为因，才能使宗成立。③引喻。喻是因所依据的具体事例，要求为世间所共许，并易于为人所理解。④同类。⑤异类。同类和异类是两种引喻。"同类者，谓随所有法，望所余法，其相展转少分相似。""所有法"，是指宗有法，"同类"即指与宗有法具有相似属性的事物。这种相似又分为相状（外形）、自体（本质属性）、业用（功用）、法门（性质）、因果（展转）五种，在外延上大都可以转换成包含关系，由此，喻才能显现宗、因间的不相离关系。与此相反，"异类"即"所有法望所余法，其相展转少不相似"。这种不相似可分为五种相违：相状、自体、业用、法门、因果。⑥现量，即纯感觉。分为三种：非不现见现量，非已思应思现量，非错乱境界现量。"非不现见现量"指五种感官各自分别去"明照"外境而得到的感觉。"非已思应思现量"指感官接触对象一刹那时的感觉，应排除"思"的干扰。"非错乱境界现量"分为七种：想错乱，如鹿见阳焰以为是水；数错乱（搞错事物的数量），如目眩，于一月处见多月；形错乱，如见旋火为轮；显错乱，如在船上见两岸树木在移动。此外，还有业错乱、心错乱和见错乱。造成这些错乱，既有主观的、病理的原因，也有客观的、外部的原因。在上述关于现量的阐述中，实际上已包含了"各各相传""无分别""无错乱"的要求。在因明发展史上，后期陈那、法称对现量和似现量的理论虽又有所丰富和发展，但其基本观点并未超越《地论》所述。⑦比量。指推理知识，又分五种：a. 相比量，即根据现见事物的相状，并依据经验中对事物“相属”关系的判定而进行的推理。如从“见幢故”，比知“有车”；如“见烟故”，比知“有火”等。b. 体比量，即“现见彼自体性故，比类彼物不现见体；或现见彼一分自体比类余分，如以现在比类过去，或以过去比类未来”。佛家认为“过去”“现在”“将来”属于同一体性，合称为“三时”，故可作比类推理。c. 业比量，即“由作用比业所依”。如见此物无有动摇，鸟居其上，由是等比是杌（树杈）。“曳身行处，比知是蛇；若闻嘶声，比知是马；若闻哮吼，比知狮子；若闻咆勃，比知牛王。”这是由事物的功能特点来推知事物的存在。d. 法比量，即“以相邻相属之法，比余相邻相属之法”。这是说，由一事物所具有的某一“相邻相属”的性质，推知另一“相邻相属”的性质。e. 因果比量，即“以因果展转相比”，这是说，可以由因推果，亦可由果溯因。由以上五种比量看来，《地论》所述仍然属于五支类比推理的性质，不过已带有浓厚的演绎推理色彩。正是在此基础上，陈那才进一步构成了演绎因明的体系。⑧正教量，即圣教量。“正教量者，谓一切智所说言教，或从彼闻，或随彼法。”正教量应具备三个条件：“不违圣言，能治杂染，不违法相。”作为佛门的正教量又有六种类型：“增益损减门”“决定非定门”“差别无别门”“因果相违门”“染净相违门”和“假实相违门”。很明显，以上八种能成立义对于论证的成立，分别具有直接或间接的作用，如图 1-2 所示：

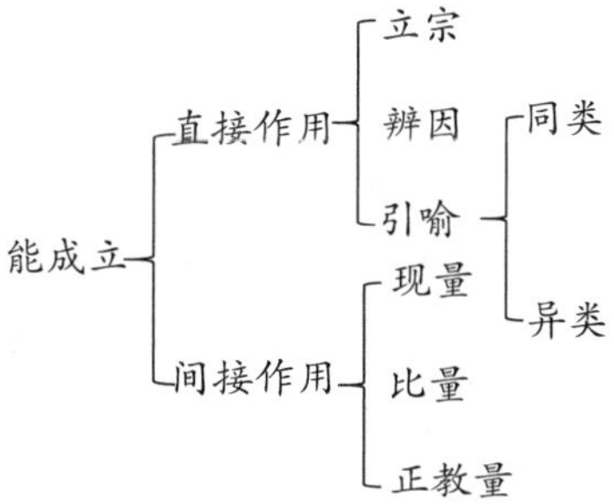

图 1-2　能成立义对于论证成立的作用

其四，论庄严：指论辩的心理与辩德方面的要求。分为五种：（1）善自他宗；（2）言具圆满；（3）无畏；（4）敦肃；（5）应供。

其五，论堕负：指论辩中的失误。分为三类：（1）舍言；（2）言屈；（3）言过。

其六，论出离：指依据论题、对象、知识等方面的条件决定是否参与辩论，即所谓“观察得知”“观察时众”“观察善巧不善巧”三种。

其七，论多所作法：指参加辩论者的资格条件，即所谓“善自他宗、勇猛无畏、辩才无竭”三种。①

①以上《方便心论》“能立八义”和《瑜伽师地论·本地分》七因明，可参见姚南强：《因明学说史纲要》第二节“《方便心论》的因明思想”和第三节“瑜伽行宗与七因明”，上海三联书店 2000 年版，第 27～34、35～43 页。

五、《如实论》

《如实论》，无著之弟世亲所著，系因明专著，所惜现仅存《如实论》残本一部，全称为《如实论·反质难品》。此书是以因明论式反驳外道论师的质难，并确认自己所论是“如实”的。残本包括《无道理难品第一》《道理难品第二》和《堕负处品第三》三个小品。在《堕负处品第三》中，世亲明确提到其论证式为“五分作法”，云：“五分者，一立义言，二因言，三譬如言，四合譬言，五决定言。例如有人言：声无常（是第一分）；何以故，依因生故（是第二分）；譬如瓦器，依因生故无常（是第三分）；若有物依因生，是物无常，声亦如是（是第四分）；是故声无常（是第五分）。是五分若不具一分，是名不具足堕负处。”“五分”之名指宗、因、喻、合、结之实。《如实论》的五分作法与《瑜伽师地论》等相比，喻支有明显的不同。后者以例证作为喻体，而前者以一个命题作为喻体（“依因生故无常”），以例证作为喻依（“譬如瓦器”）。既然在喻支中增加了命题作为喻体，那么“五分作法”结论的可靠性便更有保障。世亲之所以能够建立较前人更为精准的“五分作法”，是因为他首先吸取了外宗提出的“因三相”推理方式。《如实论》云：“我立因三种相，是根本法（此为第一相，是说因是宗主词之法），同类所摄（此为第二相，是说同品有因，即与宗谓词同类的对象有因），异类相离（此为第三相，是说异品无因，即与宗谓词异类的对象没有因）。这样，就凸显了因对证宗的作用，建立起因与宗法（宗的谓词）的不相离关系

(即遍充、回转)。可以说，世亲新的“五分作法”为陈那建立新因明三支作法作好了必要的铺垫。另外，世亲列有堕负处二十二种，其中，第二十二种是“似因”，且“似因”分为三种：①不成就，②不定，③相违。这三种似因都为陈那新因明所接受。此外，在《无道理难品第一》中，世亲对十六个概念进行辨别时，提出了“自语相违”“证智（现量）相违”“比智（比量）相违”和“世间相违”等四种相违宗过。很明显，陈那新因明的五宗过，正是对世亲四宗过增删的结果。①

①《如实论》内容简介，参见郑伟宏：《汉传佛教因明研究》第一编“古因明的传入”，中华书局 2007 年版，第 74～78 页。

第六章　古印度陈那因明(三支论)与古希腊亚里士多德形式逻辑(三段论)之同异粗议

20世纪早期，中国台湾学者谢蒙注意到了陈那三支式与亚里士多德三段论比较研究。他在《佛学大纲·佛教论理学》(1916) 中，就明确指出：“一、有体论式，同喻为大前提。无体论式，异喻为大前提。二、有体论式，为三段论的第一格。无体论式，为第二格。”“三段论法，所谓质之分类，仅就其形式分肯定否定，而不问其内容意义之如何。三支法则有形式与内容之分别，分有体和无体。”我们认为：“三支论”法与“三段论”法虽同为形式逻辑，却有同有异，今详说如下。

两者的相同处在于：

(1) 就来源而言，它们都产生于命题的论诤。因明起于古代印度诗哲学学派以及后来佛家与诸外道（含古代哲学学派）的论诤，而“三段论”起于古罗马教廷相异观点的论诤。

(2) 就论式而言，因明之“宗”，相当于三段论之“结论”(因而“宗法”“结论”谓项都称“大项”)。因明之“因”，相当于三段论之“小前提”（因而“因法”“小前提”都称“中项”）。因明之（同）喻体，相当于三段论之“大前提”（因而“宗”上“有法”“结论”主项都称“小项”）。

两者的不同处在于：

（1）相对于三段论法是思维的法式，从而以思维正当为目的而言，因明只能是辩论的法式，是在证明断案，从而，以“辩论胜利”为目的。例如《因明正理门论》所列“十四过类”（“过类”，即误难，指错误的驳难），纯乎出自敌论者争胜以自高的心理，明明立论者所立之宗无过，却反诬其有过。强辞夺理，指正为非，最终只能证明敌论者自身有过。

（2）相对于三段论法是纯演绎法推理而言，因明在喻支（喻体）上混杂归纳法。因明的喻支有喻体与喻依之分。例如“声是无常（宗），所作性故（因），若是所作，见彼无常（同喻体），犹如瓶等（同喻依）”。其中，同喻体“若是所作，见彼无常”，是从“犹如瓶等”若干同类具体事例归纳而得的。

（3）相对于三段论法不太强调过失（思维正当而无过失）而言，因明十分强调过失及其产生原因。例如，因明宗过之一的“相符极成”，就三段论法来说，并无错误，但由于失掉争辩之本意，就因明来说便成为过失。

（4）相对于三段论法之小前提必列命题全文而言，因明之因往往仅出现谓项而非命题全文。例如“声是无常，所作性故……”之因“所作性”，如说出命题全文，应为“由于声有所作性”。

下面，我们对于以上不同加以必要的解释。

首先，所谓三段论，乃依据两个已知的判断（即“大前提”与“小前提”）来推得一个新判断（即“结论”）的法式，亦即凭借一切同类事物都是如此的普遍性原理和某一事物属同类的事实，而推定这一事物无例外地亦必为此的法式。其着眼点自然在思维的运用，无疑是一种推理的思维过程，追求的是义理的正确性。但三支论法的着眼点却注重口头的捷给辩论，以驳倒对方，赢得胜利为最终目的。这只能说是一种辩论的方式，有时会偏离义理的真谛。如果从思维与语言的不可分割的密切关系而言，可以认为，思维是语言的内存，语言是思维的外现。具体到三段论法与三支论法，不妨说三段论法偏重的是思维，这是“自悟”的需要；而三支论法偏重的是语言，这是“悟他”的需要。

其次，正因为三段论式是思维的法式，其论式的排列也就依照运用思维推理的顺序，先自列出大、小二前提，后则得出演绎出来的结论。而三支论式是辩论的法式，其论式的排列也就依照参加论题辩论的顺序。先自列出辩论的论题，后则凭借既有的理由，证明自己真（或对方假）。这种论式结构的不同，可用连线表示如图 1-3。

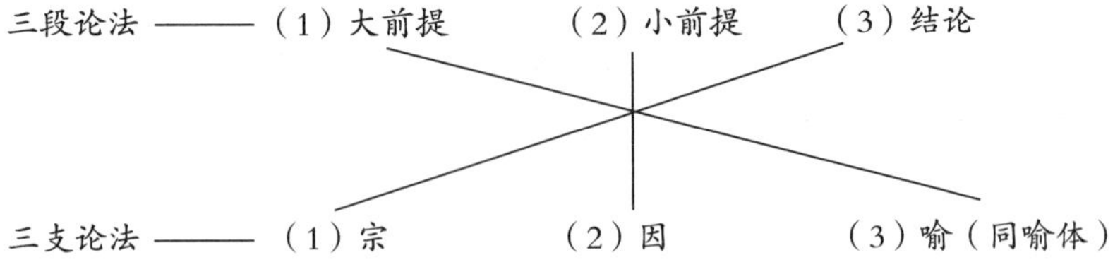

图 1-3　三段论法与三支论法之论式结构的比较

又次，正因为三段论法重在推得思维成果的是非，而三支论法重在决定辩论的胜败，所以，在因明中，关于过失谬误问题，不像三段论法那样期于无误而说，而是十分看重、刻意追求，于“能立”中分为“真能立”和“似能立”两门，把“似能立”即过失谬误的各种各样的情形，去和“真能立”即正当的论式组织一样，加以条分缕析的叙述，这便是所谓“三十三过”［其中，宗过（似宗）9 过、因过（似因）14 过、喻过（似喻）10 过］的来由。

最后，正因为三段论法实际上是思维上的演绎，目的只在于从二前提演绎得出结论，所以前提事例上的根据毋须顾及。而三支论法，实际上是言语上的辩论，所以在因明中，为使敌论者信服，既需要给出“喻体”作为普遍原理，又需要给出“喻依”作为实际例证，用以助“因”证成“宗”义。一句话，三段论法论式不需要事例出现，而三支论法论式有时需要有事例出现。

第七章　因明与形式逻辑关联举例[①]

因明有“全分”“一分”这种对称的术语。“全分”指立论者或敌论者对于宗依[②]和因法全部认许或全部不认许；“一分”指立论者或敌论者对于宗依和因法，认许或不认许多分中的一分（如联合词组的一部分）。显然“全分”“一分”与形式逻辑的“全称”“特称”相关，但并非相同。因为“全称”“特称”仅指判断主词的外延，而“全分”“一分”既与前陈[③]有关，又与后陈[④]有关，而且仅指立论者或敌论者主观上的认可程度。

因明又有“表诠”“遮诠”对称的术语。“表诠”[⑤] 是从正

①本章参考金岳霖《形式逻辑》（人民出版社 2005 年版），第三章第三节“判断的种类”（第 79 页）、第四节“性质判断及其相互关系”（第 87～89 页），第四章第三节“性质判断的推理”（一）直接推理（第 144～149 页）。

②即前陈和后陈，是用来组成宗的材料凭依。见下文。全分、一分、前陈、后陈、表铨、遮诠等因明术语，详第十一章因明术语简释。

③即“所别”，亦即主词。

④即“能别”，亦即谓词。

⑤“表”，表述，阐述；“诠”，阐明事理。

面作肯定的表述，显示对象自身的属性；“遮诠”[①] 是从反面作否定的表述，排除对象不具有的属性。显然，“表诠”“遮诠”与形式逻辑的“肯定”“否定”相关，但并不相同。因为“肯定”“否定”只是对判断而言，而“表诠”“遮诠”既包括判断[②]，又包括概念（肯定概念与否定概念）。

因明也牵扯周延（遍）与否的问题。因三相第一相“遍是宗法性”，即指因法（中项）的外延须包含宗上有法（小项）。如：“此山有火（常），以有烟故（因）”。宗的主词“此山”应该包含于因法（中项）“有烟”之中。第二相“同品定有性”，即指因法（中项）应该与具有宗法（大项）所示属性的事物有全部或部分的联系。如：“此山有火，以有烟故，如灶。”这“灶”具有“有烟”的性质，因此，它同时具有“有火”的性质。换言之，因法（中项）的外延须小于（或等于）宗法（大项），而不能大于宗法（大项）。

因明还牵扯换质位的问题。如：“声是无常（宗），所作性故（因），若是所作，见彼无常（同喻体），犹如瓶等（同喻依）；若是其常，见非所作（异喻体），犹如空等（异喻依）。”其中“同喻体”“若是所作，见彼无常”与“异喻体”“若是其常，见非所作”换质位的运用，即“能”“所”在质上的变换，“能”在同喻体中是“所作”，设以 S 表示，在异喻体中就应是

①“遮”，遮蔽，排除。

②“表诠”相当于肯定判断，“遮诠”相当于否定判断。

$\overline{S}$，也即“非所作”。“所”，在同喻体中是“无常”，设以 P 表示，在异喻体中就应是$\overline{P}$，也即“常”。于是，同喻体表示“S 是 P”，异喻体表示$\overline{P}$是$\overline{S}$。二者的“能”和“所”，不但在先后上是相反的，而且在“质”上也是相反的。异喻体与同喻体之间的这种“能”“所”的质（肯定否定）的变换以及位置（先后）的颠倒，同形式逻辑中所说一个命题与其逆否命题之间的关系是相通的。一个命题，经过完全的换质位，如下所示：

$$\text{同喻体}SAP \xrightarrow{\text{换质}} SE\overline{P} \xrightarrow{\text{换位}} \overline{P}ES \xrightarrow{\text{再换质}} \overline{P}A\overline{S}\text{异喻体}$$

在形式逻辑中，SAP 与$\overline{P}A\overline{S}$的真假是等值的。在因明中，同喻体和异喻体，也正是从正反两个方面来助立同一个宗义。所以，在立异喻体时，只要注意了“能”“所”的颠倒及质的变换，如果同喻体能够成立，异喻体也必然成立。

为便于比对参照，今将与上述因明术语和某些原理所涉及的形式逻辑的判断的分类、关系和性质判断推理的换质位法等相关论述胪列于下：

1. 判断的分类

判断是对事物情况有所肯定或否定的思维状态。其分类见图 1-4。

- 判断
  - 非模态判断
    - 简单判断
      - 性质判断
        - 单称肯定判断
        - 单称否定判断
        - 特称肯定判断 SIP（I）
        - 特称否定判断 SOP（O）
        - 全称肯定判断 SAP（A）
        - 全称否定判断 SEP（E）
      - 关系判断
    - 复合判断
      - 假言判断
      - 选言判断
      - 联言判断
      - 负判断
  - 模态判断
    - 必然判断
    - 可能判断

图 1-4　判断的分类

2. A、E、I、O 之间的真假关系

SAP（A）、SEP（E）、SIP（I）和 SOP（O）四种判断是断定 S 这类事物与 P 这个性质之间的关系。由于事物与属性是不可分的，P 这个性质就规定了一类事物。因此，我们也可以把 A、E、I、O 看成 S 这类事物与 P 这类事物之间的关系。在客观世界中，S 类与 P 类之间的关系，可能有以下五种（见图 1-5）：

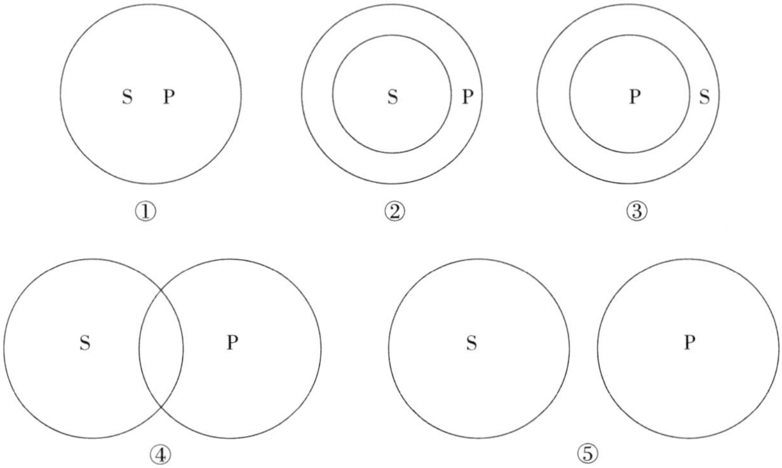

图 1-5　S 类与 P 类之间的五种关系

SAP 判断，即“所有 S 都是 P”，断定了 S 类的所有分子都是 P 类的分子。所以，如果在客观世界中，S 类和 P 类有图 1-5 中①或图②的情形，也就是说，S 类与 P 类有全同关系或下属关系，那么 SAP 判断都是真的。

SEP 判断，即“所有 S 都不是 P”，断定了 S 类的任何分子都不是 P 类的分子；也就是说，断定了 S 类与 P 类没有任何一个共同的分子。因此，在客观世界中，只有当 S 类与 P 类有图⑤的关系时，SEP 是真的，而当 S 类与 P 类有图 1-5 中①②③或④的关系时，SEP 是假的。

SIP 判断，即“有的 S 是 P”，断定了 S 类中有的分子同时是 P 类的分子。但究竟 S 类中有多少分子同时也是 P 类的分子，SIP 判断是没有明确断定的。因此，不论是多到 S 类的全部分子都同时是 P 类的分子，还是少到 S 类中只有一个分子同时是 P 类的分子，SIP 都是真的。因此，在客观世界中，当 S 类与 P 类有图 1-5 中①②③或④的关系时，SIP 都是真的；只有当 S 类与 P 类有⑤的关系时，SIP 才是假的。

SOP 判断，即有“有 S 不是 P”，断定了 S 类中有的分子不是 P 类的分子。但究竟 S 类中有多少分子不是 P 类的分子，SOP 判断是没有明确断定的。因此，不论是多到 S 类中全部分子都不是 P 类的分子，还是少到 S 类中只有一个分子不是 P 类的分子，SOP 都是真的。因此，在客观世界中，当 S 类与 P 类有图 1-5 中③、④或⑤的关系时，SOP 都是真的；只有当 S 类与 P 类有图 1-5 中①或②的关系时，SOP 才是假的。

于是，SAP、SEP、SIP、SOP 这四种判断之间的真假关系，是根据这四种判断本身的真假情形来决定的。归纳如下：

（1）SAP 与 SOP 之间的真假关系是这样：其中一个真则另一个假，一个假则另一个真。这种关系，叫作“矛盾关系”。

（2）SAP 与 SIP 之间的真假关系是这样：当 SAP 真时，SIP 一定真；但是，当 SAP 假时，SIP 真假不定（即可以真也可以假）。当 SIP 假时，SAP 一定假；但是，当 SIP 真时，SAP 真假不定。SAP 与 SIP 之间的这种真假关系，叫作“差等关系”。

（3）SAP 与 SEP 之间的真假关系是这样：其中一个真，则另一个假。但是，其中一个假，则另一个的真假不定。这种关系，叫作“反对关系”。

（4）SIP 与 SOP 之间的真假关系是这样：其中一个真，则另一个的真假不定；但是，其中一个假，则另一个一定真。这种关系，叫作“下反对关系”。

（5）SEP 与 SIP 之间的真假关系，同 SAP 与 SOP 之间的真假关系一样，也是矛盾关系。

（6）SEP 与 SOP 之间的真假关系，同 SAP 与 SIP 之间的真假关系一样，也是差等关系。

以上四种判断的六种关系，可以用以下的四方图形（见图 1-6）来表示，人们习惯地称其为“逻辑方阵”或“对当关系”。

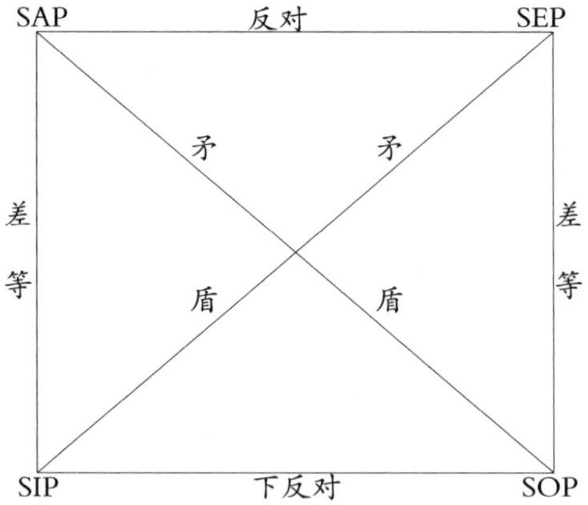

图 1-6 逻辑方阵

3. A、E、I、O 的主项与谓项周延问题

周延的定义是，如果一个判断中的主项（或谓项）是周延的，就是说，这个判断断定了主项（或谓项）的全部外延。如

果一个判断的主项（或谓项）是不周延的，就是说，这个判断没有断定主项（或谓项）的全部外延。根据上述的定义，可以看出：

（1）全称判断的主项都是周延的。由于 SAP 是断定了 S 类的全部分子（即全部外延）都是 P 类的分子，因而，主项 S 在 SAP 中是周延的。

同理，在 SEP 中，主项 S 也是周延的。

（2）特称判断的主项都是不周延的。由于 SIP 只断定了有 S 是 P，并没有断定有多少 S 类的分子是 P 类分子，更没有断定 S 类的全部分子都是 P 类的分子。因此，在 SIP 中主项 S 是不周延的。

同理，在 SOP 中，主项 S 也是不周延的。

（3）否定判断的谓项都是周延的。由于 SEP 断定了 S 的任何分子都不是 P 类的任何分子，也就是断定了 S 类的全部外延，都排除在 P 的全部外延之外。因此，SEP 是断定了 P 的全部外延的，换言之，在 SEP 中，P 是周延的。

同理，SOP 是断定了有的 S 类分子不是 P 类中的任何分子，也就是说，S 类有的分子被排除在 P 类的全部外延之外。因此，SOP 是断定了 P 的全部外延的，换言之，在 SOP 中，P 是周延的。

（4）肯定判断的谓项都是不周延的。由于 SAP 只断定了 S 类的所有分子都是 P 类的分子。但是，SAP 并没有断定 S 类的所有分子就是 P 类的所有分子。因此，SAP 没有断定谓项 P

的全部外延。换言之，在 SAP 中，谓项 P 是不周延的。

同理，SIP，只断定了有 S 是 P，并没有断定有的 S 类分子是 P 类的全部分子。因此，SIP 没有断定谓项的全部外延，换言之，在 SIP 中，谓项 P 是不周延的。

根据以上的讨论，我们可以把 SAP、SEP、SIP 和 SOP 的主项与谓项的周延情况，列如表 1-1：

表 1-1 四类性质判断中主项与谓项的周延情况

性质判断种类	主项	谓项
SAP	周延	不周延
SEP	周延	周延
SIP	不周延	不周延
SOP	不周延	周延

有必要说明，单称肯定判断的主项与谓项的周延情形，同全称肯定判断主项与谓项的周延情形是完全相同的。单称否定判断主项与谓项的周延情形，同全称否定判断的主项与谓项的周延情形也是完全相同的。

4. 推理的种类

根据前提与结论之间的联系特征，我们把推理分为两大类，一类是演绎推理，另一类是归纳推理，演绎推理就是前提与结论之间有必然性联系的推理，归纳推理就是前提与结论之间有或然性联系的推理。当然，演绎性推理还可以多层次地向细里分类。详见图 1-7：

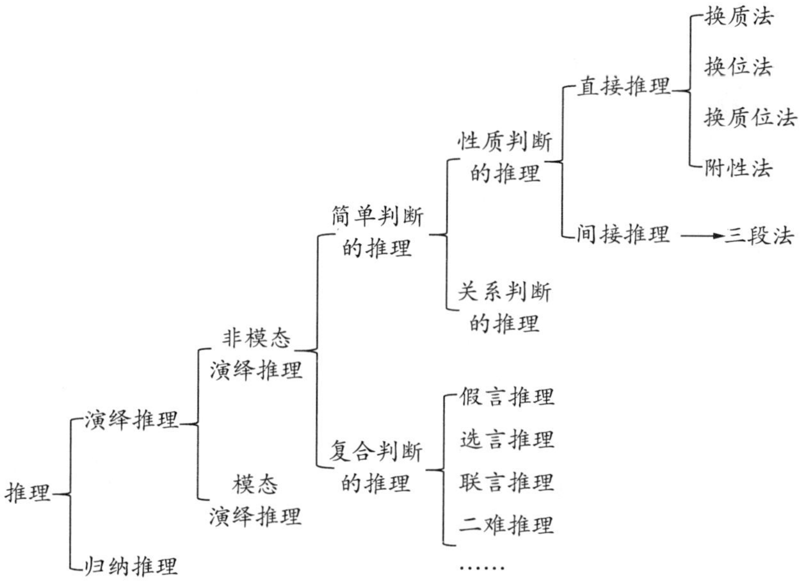

图 1-7　推理的种类

5. 换质位法

由上表可知，性质判断的推理，包含直接推理和间接推理。只有一个前提的性质判断的推理，叫作“直接推理”，而有两个或两个以上前提的性质判断的推理，叫作“间接推理”。间接推理如三段论，前已述及，兹不赘述。今只论直接推理。直接推理有换质法、换位法、换质位法等，以下分别论列。

(1) 换质法

换质法是这样一种直接推理，它的前提的主项是 S 而谓项是 P，它的结论的主项仍然是 S 而谓项却是 P 的负概念“非

P”，并且结论的质不同于前提的质。

换质法的规则是：①改换前提的质，将肯定改为否定，或者将否定改为肯定。②将前提的谓项改为它的负概念。现以“$\overline{P}$”表示“非 P”。根据以上规则，便有 SAP 换质为 SE$\overline{P}$。同样，SEP 换质为 SA$\overline{P}$，SIP 换质为 SO$\overline{P}$，SOP 换质为 SI$\overline{P}$。

（2）换位法

换位法是这样一种直接推理，它的前提的主项是 S 而谓项是 P，它的结论的主项是 P 而谓项是 S。

换位法的规则是：①结论的质必须和前提的质相同，即如果前提是肯定判断，那么结论也应是肯定判断；如果前提是否定判断，那么结论也应是否定判断。②在前提中不周延的概念在结论中不得周延。

应用换位法由 A、E、I（O 除外）几种判断能够推出的结论的情形如下：

a. SAP 的换位。由换位规则①，SAP 换位只能得出 PAS 与 PIS。再根据换位规则②，由 SAP 换位不能得出 PAS，因为 P 这个概念在 SAP 中是不周延的，但是，在结论 PAS 中却是周延的。因此，SAP 换位只能得 PIS。

b. SEP 的换位。由换位规则①，SEP 可以换位成 PES 与 POS。再根据换位规则②，由于 S 与 P 这两个概念在 SEP 中都是周延的，SEP 也可以换位成 PES 与 POS。但根据逻辑方阵，PES 可以推出 POS，所以，就可以从简说 SEP 换位成 PES。

c. SIP 的换位。根据换位规则①，SIP 可以换位成 PAS 与

PIS。但是，根据换位规则②，SIP 不能换位成 PAS，因为概念 P 在 SIP 中不周延，所以 SIP 换位成 PIS。

* d. SOP 不能换位。因为根据换位规则①，如果 SOP 要换位，就只能得出 PES 或 POS。但是，再根据换位规则②，SOP 既不能换位成 PES，也不能换位成 POS，因为概念 S 在 SOP 中是不周延的，但是，概念 S 在 PES 与 POS 中却都是周延的。

（3）换质位法

换质位法是多次交换地应用换质法与换位法（或换位法与换质法）的推理。例如：

$$SAP \xrightarrow{\text{换质}} SE\overline{P} \xrightarrow{\text{换位}} \overline{P}ES \xrightarrow{\text{换质}} \overline{P}A\overline{S}$$

第八章　因明与墨辩关联举例

《墨子》一书的《经上》《经下》《经说上》《经说下》《大取》《小取》六篇，统称《墨经》，其内容多是关于自然科学、逻辑学和知识论的。它们应是后期墨家的作品，因为其中许多批评其他名家或辩者的话，是墨子所未及见的。

一般来说，因明包括逻辑学和知识论两大部分。因明的逻辑学部分含逻辑规则和逻辑错误两方面，逻辑规则是宗、因、喻三支或五分及其相互关系的规定，而陈那新因明的主要内容有因三相、九句因、合与离等。逻辑错误称为“似宗”“似因”“似喻”，总称“过失”，包括宗九过、因十四过和喻十过等。而知识论（又称“量论”）部分含现量和比量，即直觉知识和推理知识。

如此说来，墨辩与因明发生关联的内容，包括“名”“辞”“说”的分工、全称判断与特称判断的区分、判断的周延与否、推理可能出现的错误、直言推理的换位法以及知识的来源、分类等。

为便于比对参照，今将与因明关联的墨辩的相关论述胪列于下：

1. “名”“辞”“说”的分工

《小取》：“以名举实，以辞抒意，以说出故。”这里，“名”指名词，即概念。“辞”相当于“命题”，“说”等同于“推理”。《墨经》对这三者都曾加以专门论列。例如《经说上》：“物，达也，有实必待之名也。命（名）之马，类也，若实也者必以是名也。命（名）之臧，私也，是名止于是实也。”把“名”分为“达”“类”“私”三种，举例说“物”是达名，“马”是类名，“臧”是私名（专有名词）。又如《大取》“以形貌命者必知是之某也，焉知某也，不可以形貌命者，虽不知是之某也，知某可也”，区分了具体名词和抽象名词。

2. 全称判断与特称判断的区分

关于判断，《小取》说“以辞抒意”，辞相当于命题，其意接近于判断。《墨经》中明确区分了全称判断与特称判断。全称判断中表示数量的词用“尽”字，《经上》说：“尽，莫不然也。”特称判断中表示数量的词用“或”字，《小取》说：“或也者，不尽也。”

3. 判断的周延与否

《小取》：“乘马不待周乘马然后为乘马也，有乘于马，因为乘马矣。逮至不乘马，待周不乘马，而后为不乘马。此一周而一不周也。”这里，实际上是在说明肯定判断的谓项不周延，否定判断的谓项周延。如果补上“乘马”与“不乘马”的主项，就得到“某人乘马”与“某人不乘马”。由此可以得出“某人乘的是马”与“某人乘的不是马”。这样就容易看出，前者的谓项是不周延的，而后者是周延的。

4. 推理可能出现的错误

《小取》也讨论了“譬”“侔”“援”“推”四种推理可能出现的错误，说：“夫物有以同，而不率遂同。辞之侔也，有所至而正。其然也，有所以然也。其然也同，其所以然不必同，其取之也，有所以取之。其取之也同，其所以取之不必同。是故譬、侔、援、推之辞，行而异，转而诡，远而失，流而离本，则不可不审也，不可常用也。故言多方、殊类、异故，则不可偏观也。”

这里，“夫物有以同，而不率遂同”，是说可能使“譬”陷入谬误的原因。《小取》着重指出的是，事物间有相同或相似之处，也有不同之处。因此，仅仅根据不同事物间某些表面相似之处去设譬，甚至把不同的事物当成类同的事物加以比喻和推论，都会形成谬误的“譬”。“辞之侔也，有所至而正”，是说可能使“侔”陷入谬误的原因。“侔”限于一定类属关系的范围（“有所至而正”）才是正确的。否则就陷入谬误。“其然也，有所以然也。其然也同，其所以然不必同”，是说可能使“援”陷入谬误的原因。有时，双方的论点虽然相同，但提出论点的依据不一定相同。这样，仅凭两个论点类同而推论某一论点成立，就难免陷入谬误。“其取之也，有所以取之。其取之也同，其所以取之不必同”，是说“推”可能陷入谬误的原因。有时，选取的事例虽然相同，对这些事例所属类别的认识（即选取的根据）却可以不同（“其取之也同，其所以取之不必同”）。对方“其取之也同”，而“其所以取之不必同”，由之所得结论也就不同。上述“譬”“侔”“援”“推”可能出现谬误的原因，总起来说，不外乎“言多方、殊类、异故”，即立辞必须考虑道理或方法的多样性、事物类同类异的相对性以及某种事态成因的复杂性。看来，墨家也很重视推论过失问题，当然重视程度不及因明。

5. 直言推理的换位法

《经说下》："……成绘屦过椎，与成椎过绘屦同，过仵也。"这是说，如果依据制成绘花绣鞋必须经过椎打（使帮底平易，适于穿用）这一工序，就意度完成椎打同样必须经过绘制绣鞋这一工序，显然是错误的意度。因为只是简单地将前提与结论调换位置而不考虑换位应遵守的规则，所得命题未必为真，正如《淮南子·说山训》所说："先针而后缕，可以成帷；先缕而后针，不可以成衣。"

6. 知识（认识）论方面的论列

墨家的知识（认识）论，建立在动能反映论的基础之上，大致说来是唯物主义的。《经上》："知（智，智能），材也。"《经说上》："知，知也者，所以知也，而不必知，若明。"《经上》："知，接也。"《经说上》："知。以其知遇物而能貌之，若见。"《经上》："恕（智，推知），明也。"《经说上》："恕。恕也者，以其知论物而其知之也著，若明。"这里，"知，材也"之"知"指智能，人之官能；"知，接也"之"知"指感知，感性认识；"恕，明也"之"恕"指推知，理性认识，而感知和推知，都是人脑的官能的作用。如果说，因明中的"现量""比量"① 已经提出了"感觉而知"和"比度而知"两种不同知识类别的话，那么墨家则更进一步明确指出，感性知识是认识的

①"量"，原意为标准、尺度，引申为得到知识的方法，分辨知识真伪的标准以及知识本身，进而也用来指知识的形成过程、获得知识的认识活动。

初步阶段，而理性知识是认识的深化阶段，前者是后者的基础，而后者是前者的升华。不言而喻，墨家的这种理解比因明更为接近现代认识论的相关“定义”和“划分”。

墨家的认识论既承认感觉的作用，又承认思维的作用。《经说下》：“知。以目见，而目以火见，而火不见。惟以五路知。”这是说，人对于外界的知识，都是经由感官得来的，有如五条通路，例如有目，才能见物，此即感觉的作用。《经下》：“知而不以五路，说在久。”这是说，有的知识不是经由感官得来的。“久”即时间，而人对于时间的认识，不通过五路，而是通过经验的积累，这是一种抽象的知识，而抽象则主要是思维的作用。这一点，墨家的理解似乎胜过因明。

墨家对知识从来源和内容上作了分类。《经上》：“知，闻、说、亲、名、实、合、为。”《经说上》：“知。传受之，闻也；方不障，说也；身观焉，亲也。所以谓，名也；所谓，实也；名实耦，合也；志行，为也。”这是说，从知识来源上说，墨家把知识分为闻知、说知、亲知三种；从知识内容上来说，墨家把知识分为名知、实知、合知、为知四种，强调知行合一，提倡“身观焉”的“亲知”和“志行”的“为知”，将重客观、贵实践提升到认识论的高度。很明显，实践才是检验知识真假的标准，自在不言之中，这一点，因明中似未言及。

第九章　《因明入正理论》及《疏》中所见宗因喻全支与缺支例[①]

“古因明”作五分（支）式。其全支，如图 1-8 所示：

第一分（支）　声是无常（声音是非常住的东西）。——宗

第二分（支）　所作性故（因为它是由行动所造成的）。—因

犹如瓶等，于瓶见是所作与无常。——同喻

声亦如是，是所作性。——合

故声无常。——结

第四分（支）

犹如空等，于空见是常住与非所作。——异喻

声不如是，是所作性。——合

故声无常。——结

第三分（支）

第五分（支）

图 1-8　“古因明”的全支

---

①本章参见熊十力:《因明大疏删注》(与《唯识学概论》合订),上海古籍出版社 2019 年版,第 210～211、231～262 页。

在此例中，第一分（支）“宗”“声是无常”是立论者所提出的论题。第二分（支）“所作性故”是证成论题的理由或依据。第三分（支）“喻”① 举出可以现见的同类例证，即同品，和非同类例证，即异品。于是，第四分（支）就引“合”“宗”“因”“喻”，使敌论者从“瓶”有“所作性”，“瓶”是“无常”和“空”有“非所作性”“空”是“常住”，进而悟到声有“所作性”，“声”亦“无常”。故出第五分（支）“故声无常”作“结”。

“新因明”作三分（支）式。其全支，如图 1-9 所示：

声是无常。———————————— 宗

所作性故。———————————— 因

若是所作，见彼无常，犹如瓶等。——同喻（体、依）

若是其常，见非所作，犹如空等。——异喻（体、依）

图 1-9 “新因明”的全支

可以看出，古因明论式的五分（支）法中，最为重要的是前面的“宗”“因”“喻”三分（支），因为这三分（支）已经可以说使论式完备而论题得以成立，至于后面的“合”“结”二分（支），不过是将前三分（支）已经说过的关系，重加详说而已。为此，陈那废去“合”“结”二分（支），又把“喻”分为“喻体”（从喻依中归纳出的常理）和“喻依”（事例），

①同喻“犹如瓶等”，于“瓶”见是“所作”与“无常”；异喻“犹如空等”，于“空”见是“常住”与“非所作”。宗、因、喻（同喻、异喻）等术语，详见第十一章因明术语简释。

于是完成了从"古因明"到"新因明"的过渡。

当然，新因明用例还可简化为："声是无常，所作性故，犹如瓶等。"正如最常见例："此山有火，以有烟故，如灶。"不能简单化地认为，三支论式是五支论式的简化形式，因为新因明既省去古因明的"合""结"两支，同时又将"同（异）喻"改造为"同（异）喻体"和"同（异）喻依"，而这"同（异）喻体"是由原先仅作为举例用的"同（异）喻"归纳而得的具有普遍道理性质的条件，成为与"因"一样的、能够证明"宗"义所以成立（所立）的依据（能立）。因此，简直可以将它视为与古希腊亚里士多德"三段论"逻辑通式中的"大前提"有某种对当关系，显见，这是革命性的改造，而不单单是简化。

任何理论的严整性，都具有应用的灵活性。在实际表达过程中，"三段论"也并不是都有"M—P，S—M，所以 S—P"那样完整的、标准的、单一的形式，因明"三支论"也未必都具有"宗、因、喻（同喻、异喻）"那样完整的、标准的、单一的形式。缺支或缺失支中一部分（例如缺喻支，或喻支中缺异喻，或有喻体缺喻依）的用例是举不胜举的。如《因明正理门论》："……如立：'声常，无触对故。'同法喻言：'诸无触对见彼皆常，如业。''……如极微'。'……如瓶等'。异法喻言谓：'诸无常见有触对，如极微。''……如业'。'……如虚空等'。"这里，"声常，无触对故。同法喻言：诸无触对见彼皆常"一宗缺失同法喻依、异法喻体和异法喻依。"……如极微"一宗承上省宗、因、同喻体、异喻体和异喻依。"……如瓶等”一宗承上省宗、因和同喻体。“……异法喻言：‘诸无常见有触对，如极微等’”一宗，承上省宗、因、同喻体和同喻依。“……如业”一宗，承上省宗、因、同喻体、同喻依和异喻体。“……如虚”一宗承上省宗、因、同喻体、同喻依和异喻体。虽说“应知随有所缺名能立过”，但这里“有”应理解为“可能有”“可能出现”，并非凡有缺支皆名“能立过”。在承接前论或其他形式的不会发生误解的语言环境中，允许缺支存在。一般来说，缺支现象有六种，即缺一支者有三种：宗、因、(缺喻)，宗、(缺因)、喻，(缺宗)、因、喻；缺二支者亦有三种：宗、(缺因、喻)，(缺宗)、因、(缺喻)，(缺宗、因)、喻。世亲时还列有第七种，即三支全缺例。古因明师认为，“前六种可然，第七句不可”。说到墨家“三物论”式，缺“物”(尤其是“理”。“故”“类”一般不缺)情形，更其如此！今先举全支实例如下①：《因明入正理论疏》云：

1.(同品有，异品有。)如声论师立“声为常，所量性故，喻如虚空”。(此中“常”宗，“瓶”为“异品”。“所量性”因，于“同(品)”“异品”皆遍共有。)

2.(同品有，异品非有。)如胜论师立“声无常，所作性故，喻如瓶等”。(“无常”之宗，“空”为“异品”。“所作性”因，于“同品”有，于“异品”无。)

---

①有必要说明，关于三支“全缺”之“全”，这里，我们也只能采用大家历来所依从的宽式，即“宗”“因”“喻”三支不缺(而“喻”仅要求出现同喻依)。例如，“声是无常”宗，作“声是无常(宗)，所作性故(因)，犹如瓶等(喻)”，便视为全式。

3.（同品有，异品有非有。）如胜论师立“声勤勇无间所发，无常性故，喻如瓶等”。（“勤勇”之宗，以“电”“空”等而为异喻。“无常性”因，于“同品”亦有，于“异品”喻“电”等上有，“空”等上无。）

4.（同品非有，异品有。）如声论师立“声为常，所作性故，喻若虚空”。（此中“常”宗，“瓶”为异喻。“所作性”因，于“同品”“空”上无，于“异品”“瓶”上有。）

5.（同品非有，异品非有。）如声论师对佛弟子，立“声为常，所闻性故，喻若虚空”。（此中“常”宗，“瓶”为异喻。“所闻性”因，“同（品）”“异品”中二俱非有。）

6.（同品非有，异品有非有。）如声论师立“声为常，勤勇无间所发性故，喻若虚空”。（此中“常”宗，以“电”“瓶”等为异品。“勤勇”之因，于“同品”“空”一向非有，于其“异品”“瓶”等上有，“电”等上无。）

7.（同品有非有，异品有。）如声论师立“声非勤勇无间所发，无常性故，喻若电、空”。（此“非勤”宗，“瓶”为异喻。“无常性”因，于“同品”“电”上有，“空”上非有，“异品”“瓶”中一向是有。）

8.（同品有非有，异品非有。）如胜论师立“内声无常，勤勇无间所发性故，喻若电、瓶”。（此“无常”宗，“空”为异喻。“勤勇”之因，于“同品”“瓶”等上有，“电”等上无，“异品”“空”中一向非有。）

9.（同品有非有，异品有非有。）如声论师对胜论师，立“声为常，无质碍故，喻若极微及大虚空”。（此中“常”宗，以“瓶”“乐”等为异喻。“无质碍”因，于其“同品”“虚空”上有，“极微”上无，亦于“异品”“瓶”等上无，“乐受”等有。）

又举缺支之实例如下。《因明入正理论》云：

1.（现量相违者，）如说“声非所闻”。

2.（比量相违者，）如说“瓶等是常”。

3.（自教相违者）如胜论师立“声为常”。

4.（世间相违者，）如说“怀兔非月，有故”。

5.（自语相违者，）如言“我母是其石女”。

6.（能别不极成者，）如佛弟子对数论师，立“声坏灭”。

7.（所别不极成者，）如数论师对佛弟子，说“我是思”。

8.（俱不极成者，）如胜论师对佛弟子，立“我以为和合因缘”。

9.（相符极成者，）如说“声是所闻”。

此外，《因明正理门论》云：“……如立：‘声常，无触对故。’同法喻言：诸无触对见彼皆常，如业。’‘……如极微。’‘……如瓶等。’”也属于此种情况。总之在对话省、承上省和其他不妨碍交流的情况下，缺（省）支（或支中一部分）的用例可谓随处可见。

第十章　章太炎、梁启超、栾调甫、冯友兰、谭戒甫等墨辩、因明对比研究成果举例

一、章太炎墨辩、因明对比研究举例

据今所见资料，章太炎应是近现代将因明、《墨经》和现代逻辑作对比研究的第一人。其《国故论衡·原名》有这方面的记述，说：

《墨经》曰："知，闻、说、亲，名、实、合、为。"《说》曰："知，传受之，闻也。方不障，说也。身观焉，亲也。所以谓，名也。所谓，实也。名实耦，合也。志行，为也。"亲者，因明以为现量。说者，因明以为比量。闻者，因明以为声量。（按：传受为闻，故曰声量。往古之事，则征史传；异域之状，则察地志。皆非身所亲历，亦无术可以比知，其势不能无待传受。然印度诸宗，所甄独不名理，故声量唯收圣教，亦名为圣教量。诸宗哲学，既非一轨，各持其圣教量以为辩，

则违立敌共许之律。故自陈那以后，独用现量、比量，而圣教量遂废。若夫史传地志，天下所公，则不得独废也。要之，圣教量者，特声量之一端）……今辩者所持，“说”尔，违“亲”与“闻”，其辩亦不立。（违于“亲”者，因明谓之“现量相违”。违于“闻”者，因明谓之“世间相违”。如言冰热、火寒，此“现量相违者”也。如未至天山，而言天山无有，此“世间相违”者也）。此所以为辩者也。辩说之道，先见其恉，次明其柢，取譬相成，物故可形，因明所谓宗、因、喻也。印度之辩，初宗，次因，次喻（兼喻体、喻依）。大秦（按：指希腊）之辩，初喻体（近人译为“大前提”），次因（近人译为“小前提”），次宗。其为三支比量一矣。《墨经》以因为故，其立量次第，初因，次喻体，次宗，悉异印度、大秦（如印度量：‘声是无常，所作性故。凡所作者，皆是无常，喻如瓶。’如大秦量：‘凡所作者皆无常，声是所作，故声无常。’如《墨子》量：‘声是所作，凡所作者皆无常，故声无常’）。《经》曰：‘故，所得而后成也。’《说》曰：‘故，小故，有之不必然，无之必不然。体也，若有端。大故，有之必然，若见之成见也。’夫分于兼之谓体，无序而最前之谓端。特举为体。分二为节之谓见（皆见《经上》及《经说上》。本云：‘见、体、尽。’《说》曰：‘见。特者，体也。二者，尽也。’‘尽’，读为‘节’。……）今设为量曰：声是所作（因），凡所作者皆无常（喻体），故声无常（宗）。初以因，因局，故谓之小故（犹今人译为

> "小前提"者）。无序而最前，故拟之以端。次以喻体，喻体通，故谓之大故（犹今人译为"大前提"者）。此'凡所作'，体也；彼'声所作'，节也。故拟以'见之成见'（上'见'谓'体'，下'见'谓'节'）。因不与宗相剀切，故曰'有之不必然。'无因者，宗必不立，故曰'无之必不然'。喻体次因，以相要束，其宗以成，故曰'有之必然'。验《墨子》之为量，固有喻体无喻依矣。何者？万物无虑有同品，而奇觚者或无同品，以无同品则无喻。①

不能不指出，这里，太炎先生所述有误者有三：其一，谓《墨经》之"立量次第，初因，次喻体，次宗"，实则初宗，次因，而喻体常缺。其二，谓《墨经》之"小故"，今人译为"小前提"，《墨经》之"大故"今人译为"大前提"，非也。"小故""大故"相当于"必要条件"和"充要条件"，而与逻辑之"小前提""大前提"无涉。其三，谓"验《墨子》之为量，固有喻体无喻依矣"，大误。"类"相当于"喻依"。

二、梁启超墨辩与因明对比研究举例

梁启超的对比研究，时在章太炎稍后，其《墨子学案·墨家的论理学及其他科学》有这方面的记述，说：

> 《墨经》论理学的特长，在于发明原理及法则，若论到方式，自不如西洋和印度的精密，但相同之处亦甚

① 参见章太炎：《国故论衡·原名》，商务印务馆2010年版，第170～172页。

多。印度的“因明”，是用宗、因、喻三支组织而成。其式如下：

宗——声，无常。

因——何以故？所作故。

喻——凡所作皆无常。例如瓶。

《墨经》引《说》就《经》，便得三支，其式如下：

宗——“知，材也。”

因——何以故？“所以知”故。

喻——凡材皆可以知。“若目”。

这条是宗在《经》，因、喻在《说》。《经上》《经说上》，多半是用这形式。《经下》《经说下》，则往往宗、因在《经》，喻在《说》。如：

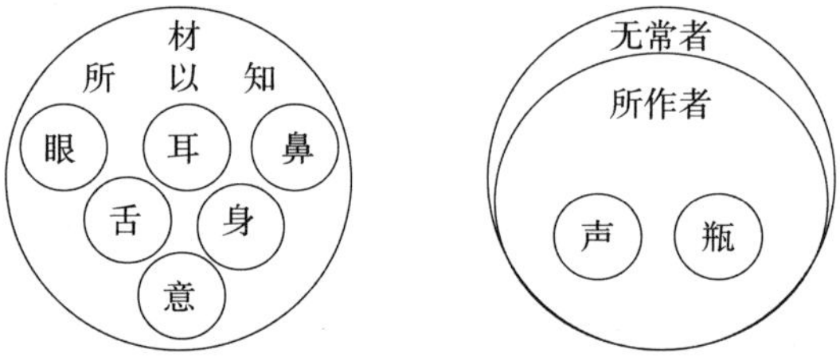

宗——“损而不害”。

因——“说在余”。

喻——“若饱者去余，若疟病人之于疟也。”

全部《墨经》，用这两种形式最多，和因明的三支极相类。内中最要紧的是因。因即“以说出故”的“故”。

西洋逻辑，亦是三支，合大前提、小前提、断案三者而成。其式如下：

大前提——凡人必有死。

小前提——墨子，人也。

断案——故墨子必死。

《墨经》中亦有用这形式的。例如，下篇中有一条：

大前提——‘假必非也而后假’。

小前提——‘狗假虎也’。

断案——‘狗，非虎也’。

这种三支法，可以积迭起来，变成五六支。其法是一个大前提，一个断案，中间夹着无数的小前提，层迭而下。《墨经》中有一条：

《经》：非诽者悖，说在弗非。《经说》：非。非之，诽也。非诽，不可诽也，不可诽也，是不可非也。

将论式演出来，应得以下各条：

一、弗非者悖。

二、何以故？无是非之心故。

三、有非者则吾从而非之，是诽也。

四、非诽者，谓不可诽人也。

五、谓不可诽人，则是虽有非亦不可非也。

六、然则非诽是教人无是非之心，故悖。

此类条数虽多，其实可以三支驭之。

墨子全书，大半都是用这些论式构成。试在《天志篇》举几段为例。

一
- 大前提——天下有义则生，无义则死；有义则富，无义则贫，有义则治，无义则乱。
- 小前提——然则天欲其生而恶其死，欲其富而恶其贫，欲其治而恶其乱。
- 断案——此我所以知天之欲义而恶不义也。

二
- 大前提——义必从贵者知者出。
- 小前提——天为知天为贵而已。
- 断案——然则义果从天出矣。

三
- 宗——天之意，尊而爱之，不欲大国之攻小国也，大家之乱小家也。……
- 因——然则何以知天之爱天下之百姓……以其兼而有之。
- 喻——且夫天之有天下也，无以异乎诸侯之有四境之内也。今诸侯四境之内，岂欲其臣民之相为不利哉？夫天之有天下也，无以异此。

试将全部《墨子》细读，到处都发现这种论式，便可见墨家的主义，都是建设在严密的论理学基础之上了。①

三、栾调甫墨辩与因明对比研究举例

栾调甫在与梁启超讨论《墨经》时，也曾引用因明材料，其《读梁任公墨经校释》说：

《经》“以言为尽悖，悖，说在其言。”《说》：“以。悖，

①参见梁启超：《墨子学案》，《墨子大全》第二十六册，北京图书馆出版社 2003 年版，第 115～120 页。

> 不可也。出入（之人）之言可，是不悖。则是有可也。之人之言不可以当，必不当。”按这条释义，不若章太炎《原名》用胜彼释之的是。……但这条确与因明说的“自语相违”无二。今引《因明入正理论疏》一段如下，以便与《说》相参。“《理门论》云：‘如立一切言皆是妄。’谓有外道立一切言皆是妄。陈那难言：‘若如汝说诸言皆妄，则汝所言称可实事（‘之人之言可’）。即非是妄，一分实故（‘是不悖，则是有可也’），便违有法‘一切’之言（以上‘说在其言’之‘可’）。若汝所言自是虚妄，馀言不妄（‘之人之言不可’）。汝今妄说，非妄作妄。汝语自妄，他语不妄，便违宗法言皆是妄。”（以上‘说在其言’之‘不可’）故名“自语相违”。①

四、冯友兰墨辩与因明对比研究举例

冯友兰在论述墨家“三物论”推理时，也曾将它与形式逻辑、因明做过对比研究。其《中国哲学史新编上卷·墨辩——后期墨家向唯物主义的发展》论道：

> 《语经》内容应该是，“三物必具，然后是以生。”“夫辞，以故生，以理长，从类行者也”。“故”“理”“类”，就是“三物”。“故”就是上面所说的“故”。凡能把结论（“辞”）证明的“故”，必根据一定的客观规律，与结论相联系，这客观规律就是“理”。“理”使我们确信，从这样的“故”一定可以得出这样的结论来。我们怎样可以得到客观规律，并且知道它是可靠的呢？

①参见栾调甫：《墨子研究论文集》，人民出版社1957年版，第28页。

这是从类推（“类”）得来的。人的知识从个别开始，对于某一类的个别有了认识，就推到同类的其他事物。这就是初步的归纳法，归纳是比较有系统的类推。在一个演绎的推论中，“理”就是“大前提”，“故”就是“小前提”，“辞”就是由“大前提”“小前提”推出来的结论。为了加强说服力，更可以举几个与结论相类似的例作为大前提的例证。结论是直接依靠“小前提”，所以“辞”是“以故生”。再加上“大前提”，结论的可靠性就增长了，所以是“以理长”。再加上附加的举例，更有说服力，这就是“以类行”。毛泽东同志在第一届全国人民代表大会第一次会议上说：“我们的事业是正义的。正义的事业是任何敌人也攻不破的。”得到的结论是“我们的事业是任何敌人也攻不破的”。照印度因明的论式列为演绎推论：

我们的事业是任何敌人攻不破的（“辞”，因明称为“宗”，形式逻辑称为“结论”）；

因为我们的事业是正义的（“以故生”，因明称为“因”，形式逻辑称为“小前提”）；

正义的事业是任何敌人攻不破的（“以理长”，因明包括在“因”之内，形式逻辑称为“大前提”）；

例如各个历史时期的革命斗争（“以类行”，因明称为“喻”）。①

①参见冯友兰：《中国哲学史新编》上卷，人民出版社1998年版，第575页。

五、谭戒甫墨辩与因明对比研究举例

谭戒甫在《墨辩发微》中，每多将墨辩与因明作对比研究。这里仅举一例。他在“墨辩轨范”中说：“按因明以宗、因、喻为悟他法门；现、比量为自悟法门。其先他后自，以示‘权衡之制，本以利人’（引《大疏》语），则所重者在悟他也。”本章首以‘摹略万物之然（说知），论求群言之比（说知）’为自悟法门；次将‘以名举实、以辞抒意、以说出故、以类取、以类予’（即辞、说、类三者）为悟他法门。其先自后他，以示‘同归之物，信有误者’（见《贵义篇》），故所急者在自悟也。对照如图 1-10：

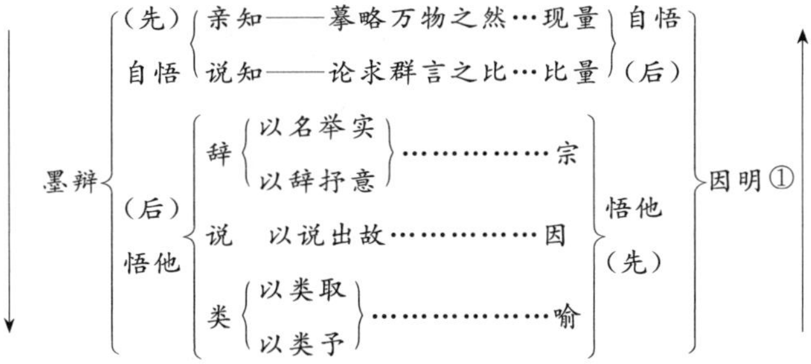

图 1-10　墨辩与因明自悟与悟他之先后比较

此外，胡适、张之锐、张纯一、吴毓江等也做过这方面的尝试，其成果同样也不可小觑。限于篇幅，不再一一列举。

①参见谭戒甫：《墨辩发微》（《墨子大全》第六十册），北京图书馆出版社 2003 年版，第 422 页。

第十一章　因明术语简释

本章以词条形式，对因明的常用术语作一简释。

① **因明**　梵文 Hetu-Vidyā 之意译，音译为“醯都费陀”。“醯都”，义为“因”；“费陀”，义为“明”。该术语最早见于《瑜伽师地论》，亦称“因明处”（Hetuvidyāsthāda），一般略称“因明”。广义泛指古印度的古典逻辑，狭义仅指佛教逻辑学。Hetu 即“因”，指原因、根据、理由；Vidyā 为“明”，其含义为知识、智慧。因明是关于推理论证的学说。大乘佛教将其与声明（语言文字之学）、工巧明（工艺、技术、历算之学）、医方明（药石、针灸、禁咒等治疗之学）、内明（专门阐明佛教自宗之学）合称“五明”。[①] 因明起源于古印度婆罗门教、佛教、耆那教以及多个哲学派别之间的激烈论争。公元前 2 世纪，朴素唯物主义派别顺世派，已被称为“因论者”（Haituka，或译“逻辑家”）。相传尼耶夜（Nyāya）派始祖足目（约公元

---

①我国唐代高僧玄奘大师记述古印度社会教育情况时，说：“七岁之后，渐授五明大论。一曰声明，释诂训字，诠目疏别。二曰工巧明，技术机关，阴阳历数。三曰医方明，禁咒闲邪，药石针艾。四曰因明，考定正邪，研核真伪。五曰内明，究畅五乘因果妙理。”（见《大唐西域记》）

50～150年间人，在印度通称“乔达摩”，中国古籍习称“足目”）创建正理派，有“劫初足目，创标真、似”（《因明入正理论疏》）之说。后正理派和佛教徒开展竞争，皆欲取得这方面研究的领先地位，正理派注重正确知识的获得及伪似知识的澄清，因而详细探究推理论证的方法和对象、形式和过程、动机和资料以及辩论术等。公元3、4世纪时，其学说已系统整理成《正理经》。正理派创立的五支论式包括宗、因、喻、合、结五个部分（习称“五支作法”）。佛教唯识宗经典《瑜伽师地论》卷十五，即讲因明论法。无著在《显扬圣教论》卷十中，详述因明议论法。公元4世纪，大乘佛教瑜伽行宗大师世亲吸收并发展了正理派的成果，（著《论轨》《论式》《论心》三部要籍，堪称因明理论规则之集大成者。）建立了向三支因明过渡的系统。到了5世纪时，陈那又对前人的“因三相”说进行了独到的发挥，将五支作法改造为只包括宗、因、喻的三支作法，可以说是对古因明作了根本性的改造。陈那撰有《因明正理门论》《集量论》等重要著作，世称陈那以后的因明为“新因明”。公元7世纪时，陈那再传弟子法称对新因明又有所发展。法称的《因明七论》素为后世所重，尤其在我国西藏有很大影响。在中国，因明的传播有汉传、藏传两个支流。早在南北朝时，佛教学者真谛等人曾将大乘空宗代表人物龙树所著《方便心论》《回净论》《广破论》等古因明著作译成汉文，但影响并不深广。唐初佛教法师玄奘于西游归国初年便译出新因明的两部代表作：陈那的《因明正理门论》和其门弟子商羯罗主（亦名“天主”）的《因明入正理论》，并为门人与僧众详为解说。此后，一班高僧大德如窥基（玄奘弟子）、神泰（玄奘弟子）、文轨、净眼、文备等依据玄奘口义引申阐发，竞作注疏，可谓极一时之盛，窥基所撰《因明入正理论疏》尤为后世所推重。另外，玄奘所传因明论亦随其门人新罗僧圆测、顺憬和日僧道昭、智通等，远传至朝鲜、日本，影响深广。[①] 元末以后，汉传因明典籍散佚殆尽，几成绝学。清末，著名近代佛学家杨仁山于日本复得窥基《因明入正理论疏》等书，携归中华，刻版流通，我国研习因明之风渐苏。民国以来，谢无量、太虚法师、吕澂、熊十力、虞愚、周叔迦、陈望道、陈大齐等硕学大儒蔚起，博采西方理则学（后译为"逻辑学"）、演绎、归纳等方法，与因明互相参稽，章太炎、梁启超等更与中土墨家名辩之说作对比研究，于是，因明应时代学风继传而不坠。藏传因明盛行于西藏及其附近地区的寺庙中。法称的《因明七论》，从 7 世纪末起，随同佛教陆续传入西藏，大约到 11 世纪时已全部译出。商羯罗主的《因明入正理论》也由汉文转译成藏文。13 世纪时，西藏萨迦派第四代祖师萨班·贡噶坚赞（1182～1251）撰《正理藏论》及自注，解释了陈那、法称学说中的许多问题，批判了西藏和印度的旧说，奠定了藏传因明的基础。14 世纪时，西藏格鲁派祖师宗喀巴（1357～1419）将因明与修持结合起来，他的八大弟子又大加阐扬，形成了带有某种神秘色彩的独特系统。由于西藏佛教学者的倡导和推行，

① 应当说明，稍后于玄奘法师的义净法师，亦译有《因明正理门论》，但除开头部分加译一段释文 338 字外，余同玄奘译本。

西藏寺院课程中遂保持了讲习因明的传统。藏传因明保存了古代印度丰富的逻辑资料，有许多重要的因明著作在印度已经亡佚，幸赖藏文译本，方使因明学问得以流传至今。如就汉传与藏传两支因明来说，藏传或许更胜一筹。

② **古因明和新因明** 学界有以世亲为下限，作为对因明发展阶段的区分。所谓“古因明”，自然是相对于“新因明”而言。它以“五支作法”为论式，其逻辑性质为类比法。佛教古因明发展至公元4世纪，世亲首先吸收了因三相（即第一相遍是宗法性、第二相同品定有性和第三相异品遍无性）说，并将论式简化为三支，可以说建立了向三支因明过渡的逻辑系统，但论其本质仍未越出“类比法”之窠臼，故仍属古因明之范围。世亲弟子陈那改革古因明，建立起新因明的体系，标志着古因明时代的终结。所谓“新因明”，它以“三支作法”为论式，其逻辑性质为“演绎带有归纳性质”。新因明的创立者陈那认为古因明的“喻支”以事例为“喻体”，没有显示出因果关系的一定不相分离，也没有什么功能。因此他改造“喻支”，以显示“能立”（中词）与“所立”（大词）不相分离的普遍命题为“喻体”，并以事例为“喻依”，精心构筑其推理论证的基础，而且为保证“三支作法”的可靠性，陈那阐述和发展了“九句因”（见下）和“因三相”的理论，使其法式与法则得到高度的统一。正因为如此，陈那被誉为印度“中世逻辑之父”。一百多年来，学界或称因明为“古印度理则（逻辑）学”，或称“佛教逻辑学”。由于因明很早就随佛教传入中土，并且分为汉传、藏传两支，又由中国传至朝鲜和日本等国，更

不必说，因明学者并不局限于佛教门阈，换言之，因明已经走出印度、走出佛教，成为整个人类社会精神文化遗产，与古希借亚里士多德“三段论”逻辑、古中国墨家“三物论”逻辑一道，同为世界三大形式逻辑之渊源。一般说来，“三支作法”的“宗”，相当于“三段论”的“结论”和“三物论”的“辞”；“三支作法”的“因”，相当于“三段论”的“小前提”和“三物论”的“故”；“三支作法”的“喻体”（也有人将“喻体”合于“因”内）相当于“三段论”的“大前提”和“三物论”的“理”；“三支作法”的“喻依”，相当于“三物论”的“类”（“三段论”则无此项）。显见，就论式而言，因明“三支作法”与墨家“三物论”似乎更近些，这尤其表现在“喻依”和“类”的设置方面。

③ **五支作法** 以“宗”（论题）、“因”（理由）、“喻”（例证）、“合”（应用）、“结”（结论）五支（部分）组成的论式，系古因明的论证形式。古印度最初曾流行过十支论式，除上述五支外，还有求知的欲望、疑惑、对论式的信赖、目的、疑惑的消除等五支，后被正理派删除，而采取“五支作法”。《正理经》第一章第八节阐述了五支论式。“五支作法”一般用例如下：“宗，此山有火；因：以有烟故；喻：如灶，于灶见是有烟与有火；合：此山亦如此；结：此山有火”。古正理的“五支作法”基本上是类比法。佛教学者的初期因明著作，亦用“五支作法”，直至陈那创立新因明，遂改用“三支作法”。但正理派及后来的新正理派为维护知觉经验在论证中的决定作用，一直坚持“五支作法”，认为只有具备五支，才能获得

“第三次知识”。[1] 然而新正理虽坚持采取“五支作法”，但其本质已与新因明的“三支作法”无异，在“喻支”中也是以普通命题为“喻体”、以事例为“喻依”，从而成为演绎而带有归纳性质的形式。

④ 三支作法 由“宗”“因”“喻”三支（部分）组成的推理论式，古因明“五支作法”中的“结”支，仅是“宗”的复述；而“合”支只是把“宗”“因”“喻”之间本已存在的关系提示出来，使人易于明了，但并无逻辑上的必要。陈那删去“合”“结”二支，从而改五支为三支，创立了新因明的论式，又用“九句因”检查“因”的正确与否，用“因三相”说来贯穿“因”与“宗”“喻”的关系。再在喻支中区分“喻体”和“喻依”，使“同喻体”和“异喻体”形成换质位的关系。“三支作法”一般用例如下：“宗：此山有火；因：以有烟故；喻：若有烟处就有火，如灶（同喻）；若没有火就没有烟，如湖（异喻）。”这是一则完整的三支论例，实际上，在具体应用中，往往只举“同喻”而省略“异喻”。

⑤ 八门二益 对因明基本内容与作用的总括。来自商羯罗主《因明入正理论》一书的卷首颂。卷首颂曰：“能立与能

---

①看到炉灶中的烟与火，从而知道烟与火的必然联系，此为第一次知识；看到眼前此山中的烟，此为第二次知识；从而推知此山有火，此为第三次知识。

破，及似唯悟他；现量与比量，及似唯自悟。”[①] 因明的作用在于“悟他”和“自悟”（当然，二者不可截然分开，“自悟”中亦包含“悟他”成分），所谓“二益”是也。“能立”“能破”“及似”，即“能立”（“真能立”）、“能破”（“真能破”）及“似（能立）”“似（能破）”，此其谓“四门”；“现量”“比量”“及似”，即“现量”（“真现量”）、“比量”（“真比量”）及“似（现量）”“似（比量）”，此又谓“四门”，合两“四门”共为“真能立”“似能立”“真能破”“似能破”“真现量”“似现量”“真比量”“似比量”等“八门”。前“四门”讲究论辩立破之则，用以鉴别立论之正与不正，难破之正与不正，其作用为“悟他”。后“四门”探讨“量”（知识）之来源与可靠性，其作用主要为“自悟”。这正是陈那、商羯罗主著书明理的初衷。现代佛学大师熊十力解释说：“有陈那菩萨者，是称命世，贤劫之一佛也。匿迹岩薮，栖虑等持，观述作之利害，审文义之繁约，于是覃思研精，作《因明正理门论》。其弟子商羯罗主，善穷三量（现、比、圣教）、妙尽二因（生、了），启以八门，通以两益，考核前哲，规模后颖，总括纲纪，为《因明入正理论》云。”[②] 诚哉斯言。

⑥ **真似** 即真与似，指论辩中论式的正确与谬误，认识

---

①此颂应读作“能立与能破及似（能立、能破），唯悟他；现量与比量及似现量、比量，唯自悟”。玄奘转译成汉语，采用五言诗形式，不得已将两“及似”移至下句。

②参见熊十力：《因明大疏删注》（与《唯识学概论》合订），上海古籍出版社 2019 年版，第 185 页。

的真实与虚假。“真”，即正确；“似”，即错误。在新因明中，正确的论证称“真能立”，错误的论证称“似能立”（实则“不能立”）；正确的驳难称“真能破”，错误的驳难称“似能破”（实则“不能破”）。

⑦ **真能立**　亦称“能立”，指正确的足以“悟他”的论证。它必须具备两个条件：其一，“支圆”，即“宗”“因”“喻”三支完备；其二，“成就”，即“宗”“因”“喻”三支的各自结构和相互关系都符合规则，不犯过失。《因明入正理论疏》云：“因喻具正，宗义圆成，显以悟他，故名‘能立’。”说的就是这个意思。

⑧ **似能立**　指错误的论证。立论者的论式，或是“宗”“因”“喻”三支有缺，或是“宗”“因”“喻”三支在结构、联系上不符合规则，貌似可以成立，而实际上不能成立，无法收到“悟他”的效果。《因明入正理论疏》云：“三支互缺，多言有过，虚功自陷，故名‘似立’。”说的就是这个意思。

⑨ **真能破**　指正确的驳论。破与立相对，一方有所破，必以另一方先有所立为前提。能够如实地显示对方论式的过失，从而摧破对方所立的宗义，并使对方舍妄起真，收到“悟他”的效果，即为“真能破”。《因明入正理论疏》云：“若正显示能立（应理解为‘似能立’）过失，……显示此言，开晓问者，故名能破（真能破）。”说的就是这个意思。学者更将“真能破”分为“出过破”和“立量破”。“出过破”指自己不另行组织论式，仅仅显示对方论式中的过失，即所谓“善斥其非”；“立量破”则须通过另行组织论式来进行破斥，即在显示

对方过失的同时，还建立起自己的宗义，做到“妙征（己）宗”。显见，“立量破”必定是“出过破”，反之，则未必然。证明自己论题真实的立论，同时就是显示对方相反论题虚假的驳论，而仅仅论证了对方相反论题虚假的驳论，还未必是对于自己论题真实性的确凿证明。于是，可以说“立量破”才是“真能破”中的较高境界。熊十力解释说：“善斥其非，或征妙宗。此有二义：一显他过，他立不成；二立量非他，他宗不立。诸论唯彰显他过破，理亦兼有立量征诘。发言申义，证敌俱明，败彼由言，故名‘能破’也。”

⑩ **似能破** 指错误的驳论。即从破斥的意图出发组织论式，但其结果却未能显示对方过失。学者更将似能破分为两种。一是“敌者量圆，妄生弹诘，所申过起”（《因明入正理论疏》），即对方论式原本圆满无过，却妄加破斥，致令自己陷入过失。二是“亦有于他有过量中不知其过，而更妄作余过类推”（《因明入正理论庄严疏》），即对方论式虽有其过，但破者竟不知过失之所在，却于无过之处妄加指责。熊十力解释说：“敌无过量，妄生弹诘，十四过类等。自量有过，谓为破他，伪言为胜。”

⑪ **现量** “量”梵 Pramāna 的意译。原义为标准、尺度。在关于认识的学说中，量就是得到知识的方法，分辨知识真伪的标准以及知识本身（如现量、比量）。有时也用以指知识的形成过程、获得知识的认识活动，所以建立论式，因明称之为“立量”。“量”有“现量”与“比量”之分。“现量”，梵文 Pratyaksa 的意译，即感觉。商羯罗主《因明入正理论》云：

“此中现量，谓无分别。”此即感觉器官对于事物个别属性的直接摹写和反映，尚未达到思维的分别活动（未形成概念）。如现见此山有烟等。可以认为，因明的“现量”相当于墨辩的“知，接也”（《墨子·经上》）之“知”，所谓“知也者，以其知（智）遇物，而能貌之”（《墨子·经说上》），即此义也。“现量”是“比量”的基础。在陈那的因明学说中，以没有达到“分别”的程度作为“现量”的界限。所谓有分别或无分别，就在于思维是否参与活动。在认识中，如果出现了关于对象的名义、种类（它们都已涉及共相），甚或和别种经验的记忆发生了联想、比较、推度，这就表明思维已经参加活动，即有了分别。正理派承认有分别现量，而佛家则只承认无分别现量。“现量”又分“真现量”“似现量”两种。佛家认为“真现量”是“离分别”和“不错乱”的，即不为假象和幻相所迷惑的直接经验。反之，感觉器官循着自相亲知事物时，有因思维参与活动而出现名义、种类等分别的；有因各方面原因而产生错觉的，如患翳眩者在视觉上发生错乱，将旋转着的火焰当作火轮等，均称“似现量”。

⑫ **比量** 梵文 Anamāna 的意译。在“现量”的基础上，由比度事物共相（一般属性）而获得的知识（即由推理获得的知识）。《因明入正理论》云：“言比量者，谓借众相而观于义。”“比量”以事物的共相为对象，以一定的理由和事例（因、喻）为根据，由记忆、联想、比较、推度等思维活动参加，因而获得的知识不是由感官直接提供，而是属于间接的知识。如：见此山有烟，而断定此山有火。可以认为，“因明的

比量”相当于墨辩的“恕（智），明也（《墨子·经上》)”之“恕”，所谓“恕也者，以其知论物，而其知之也著”（《墨子·经说上》)，即此义也。“比量”又分“真比量”和“似比量”两种。“真比量”是符合因明规则的正确推理，“似比量”是违反因明规则的错误推理，“比量”真似之判定，关键在于“因”的正或不正。《因明入正理论》云：“（因）相有三种，如前已说，由彼为因于所比义，有正智生，了知（此山）有火……是名比量。”这种比量即为“真比量”。反之，“若似因智为先，所起诸似义智，名似比量。似因多种（指似因十四过）……用彼为因，于似所比诸有智生，不能正解，名似比量。”当然，有时，“比量”亦泛指推理与论证，是为广义的“比量”，其中更分“为自比量”和“为他比量”两种。“为自比量”，梵文Svārthānumāna的意译，亦作“自身推理”，与“为他比量”相对，指目的在于自我获取知识（自悟）而进行的推理，是不形诸语言文字的内心推度活动。“为他比量”，梵文Parārthānumāna的意译，亦作“为他推理”（与“为自比量”相对），指目的在于“悟他”而作的论证（即能立）。因此，“为他比量”必须形诸语言文字。“为他比量”又分为“自比量”“他比量”“共比量”三种。

⑬ **自比量** 指其中的概念（宗依、因法、喻依）仅为立论者一方认许，而为敌论者所不许的论证。目的只在于坚持自己的观点，而不直接破斥对方的观点。自比量的功用仅为“能立”。为避免犯过，自比量必须冠以持有的简别语（见下），如“我说甲是乙（宗），许是丙故（因），自许为子丑等（喻）”，

其中的“我说”“许”“自许”，即为简别语。自比量为辩论中只想自守、不想组织进攻的一方所用（互参“简别”条）。

⑭ **他比量**　指其中的概念（宗依、因法、喻依）仅为敌论者所认许，而为立论者所不许的论证。目的在于摧破对方的论点，而不列出自己的观点。他比量的功用在于能破（反驳）。为避免犯过，是立者采取攻势时组织论式的方法。“他比量”必须冠以“汝许”（你同意）、“汝执”（你主张）等简别语（互参“简别”条）。

⑮ **共比量**　指其中的概念（宗依、因法、喻依）为立论者与敌论者共同认许的论证。既不同于“自比量”之偏于自许，也不同于“他比量”之偏于他许，而是以立敌双方之“共许”的材料组织论式。故“共比量”兼具“能立”和“能破”两方面的功用。“共比量”一般不须带简别语。但有时为了表示不是在世俗意义上来立论，也以“真故”“胜义”等简别语来标明（互参“简别”条）。

⑯ **简别**　论辩中建立论式时，为明确概念、避免过失而采取的一种手段。《因明入正理论疏》云：“凡因明法，‘所能立’中（‘宗’为‘所立’，‘因’‘喻’为‘能立’），若有简别，便无过失。”用作简别的词语，在“自比量”中有“许”“自许”“我言”等，在“他比量”中有“汝许”“汝执”等，在“共比量”中有“真故”“胜义”等。

⑰ **能立**　与“所立”相对，因明的论式中有“能立”（能使论题得以成立的论据）与“所立”（立论者所欲成立的论题）之分。古因明中，宗、因、喻皆属“能立”，而以“宗”的

“自性”、“差别”为“所立”。例如，“声是无常”宗，其中，“声”是“自性”（主词），“无常”是“差别”（谓词）。古因明以“声”和“无常”连结而成的命题为“能立”之一，而以构成此命题的要素，即作为“自性”的“声”和作为“差别”的“无常”为“所立”。新因明则以“因”“喻”二支为“能立”，因为能以“因”、“喻”使“宗”得以成立；以“宗”为“所立”，因为“宗”支所凭以成立的依据是“因”“喻”。在“因”“喻”二支中，只有“因”支才是论证“宗”之所以能得成立的依据，可称为“正能立”；至于“喻”支，照实来说，其作用仅在于助“因”成“宗”，可称为“助能立”。很明显，“新因明”对“能立”“所立”的区分更合理、更严谨。毫无疑义，此乃陈那革新因明的一项重要成果。

⑱ **所立** 见“能立”条。

⑲ **宗** 梵文 Siddhānta（宗义）或 Pratijñā（陈述命题）的意译，即论题。为五支或三支论式的第一支。例如论式“声是无常（宗），所作性故（因），诸所作者，见彼皆无常，譬如瓶等（喻）”中，“声是无常”宗作为一个命题，包含“前陈”和“后陈”两部分，“前陈”即主词“声”，指称事物，“后陈”即宾词（或称“谓词”）“无常”，则是对所指称事物“声”所作的述说。而接连主词、宾词（谓词）的联系词语“是”在因明中没有专名（因为梵文中主词与谓词之间并没有什么系词，玄奘等作转译时，从汉语习惯带出系词）。“前陈”和“后陈”，是用以组成宗的材料凭依，称为“宗依”。立敌双方对“宗依”是“共许极成”（见下“极成”条）的，但接连起来而成为一

个整体时（如“声是无常”），便成为立论者所要成立而敌论者所要破斥的对象，称为“宗体”（又称“总宗”）。一个论式内的“宗”，必须满足以下四个方面的条件：其一，“二依”齐备。就是说，前陈和后陈二宗依是组成“宗”体的材料凭依，立“宗”时，必须使二者无一缺漏。其二，“二依”共许。就是说，不能用立敌双方任何一方有疑问的材料来作“宗”的前陈和后陈。《因明入正理论》：“极成有法，极成能别。”正是这个意思。其三，体义和顺。前陈是“体”，后陈是“义”（参见下“体三名和义三名”条）。前陈、后陈的接连，也就是体、义的接连。立“宗”要求体义协和顺畅。其四，“违他顺自”，即唯立不顾论宗，亦即随自意宗，就是说，立者只是遂己所愿，立自己所欲成立之“宗”，而毋需顾及他方意愿。

⑳ **随自乐为**　《因明入正理论疏》有“随自乐为所成立性，是名为宗”之语，其中“随自乐为”，意谓宗体是“随”立宗者“自”己之“乐为”而成立，内中亦含非敌者所乐立之义。其所以既须立者所乐（立）又须敌者所不乐（立），则在于能立的目的在于悟他，在于立正破邪。

㉑ **不顾论宗**　因明有四种悉檀（Siddhānda，即宗义）之说，“不顾论宗”为其中之一。[①] 指只随自意所乐立宗，而不

---

①其他三种悉檀为：一、遍乐许宗。如“声是所闻”，为人所共许之事，毋需论辩。二、先业禀宗，如“诸法无我”，佛弟子均崇之教义，若某佛弟子以此对另一佛弟子立宗，同样无辩论价值。三、傍凭义宗，如立“声是无常”宗，而欲旁显诸法是空、无我等义。此宗极易出现所诤中心不免模糊之弊病，亦不合立宗的基本准则。总之，此三种悉檀皆非正宗。

须顾及他人意愿。与“违他顺自”“随自乐为”义同。

㉒ **因** 梵文 Hetū 的意译，即成立“宗”支的理由、根据，五支或三支论式的第二支。“因”作为一个命题，同样是有主词的，但依照惯例，陈述时却省略主词，仅列出谓词。例如“此山有火（宗）；以（此山）有烟故（因）”，“因”支中的“此山”二字省略。“因”在整个论式中具有决定性作用。在新因明的三支功能分界上，“宗”为“所立”，“因”为“（正）能立”，“喻”为“（助）能立”。一个“宗”能否成立，甚至整个论式能否成立，有赖于“因”的正确论述。一个“因”的“正”与“不正”，关键在于是否具备“三相”。凡具备的称为“正因”，凡不具备的，称为“似因”（不正因）。

㉓ **喻** 梵文 Udāharana 的意译，亦称“见边”（Drstānta）。五支或三支论式的第三支。“见边”，意为所指的终极或经验的终极。“喻”有和合已知与未知的作用，亦即常说的助“因”立“宗”，故称为“助能立”。在完整的论式中，“喻”支包括“同喻”“异喻”两部分，但一般仅举“同喻”，异喻往往省略。在古因明中，“喻”支仅是例证。陈那则明确区分“喻体”和“喻依”，从而变古因明的类比性质为演绎带有归纳性质。具体来说，就是使“同喻体”带有“普遍原理”的性质，大大提高了因明推理论证的精准度。这在逻辑上是一大改革。（参见下“喻体”“喻依”条。）

㉔ **喻体** “喻”支的组成部分之一，是作为推理论证基础的普遍命题。在“同喻”内的称“同喻体”，在“异喻”内的称“异喻体”。陈那将“喻”支区分为“喻体”“喻依”两部

分，并把这一革新与“因三相”说相联系。以“同喻体”显示第二相“同品定有性”，以“异喻体”显示第三相“异品遍无性”。“同喻体”与“异喻体”恰好构成形式逻辑中换质位的直接推理。

㉕ **喻依**　“喻”支的组成部分之一，即例证，是“喻体”所以成立的材料凭依。在“同喻”内的称“同喻依”，在“异喻”内的称“异喻依”。在古因明中，“喻”支只是给出例证，喻依与喻体没有什么区别。陈那革新因明，改造“喻”支，明确区分“喻体”与“喻依”，将包含普遍原理者（相当于“三段论”逻辑的“大前提”）推为“喻体”（意为“喻”的本体），作为“喻依”的所举具体事例只是“喻体”得以成立的材料凭依。

㉖ **同喻**　与异喻相对，二者同为喻支的一部分。用同品立喻，称为“同法喻”，简称“同喻”。用异品立喻，称为“异法喻”，简称“异喻”。新因明把同喻、异喻合为一个喻支，认为严整的论式必须同时具备同异二喻。但陈那认为，只要“悟他”目的已经达到，也容许省略异喻。因此，一般只举同喻。如“此山有火（宗），以有烟故（因），凡有烟处均有火，如灶（同喻）。”

㉗ **异喻**　见“同喻”条。

㉘ **前陈**　见“宗”条。

㉙ **后陈**　见“宗”条。

㉚ **体三名和义三名**　“宗”支的前陈（主词）、后陈（宾词）之间有三重不同的关系。在每一重关系中，前陈与后陈相

对待，各有一个不同的别称。前陈主词又可称为“自性”，后陈宾词又可称为“差别”，“自性”与“差别”相对待。就这第一重关系而言，所谓“自性”，例如在“声是无常”宗中，前陈“声”，不过指称事物（声）的自身，并不另外显示什么义理，也不涉及其他事物。而所谓后陈的“差别”，则于显示前陈的分别之处，也还贯通到别的事物。例如在“声是无常”宗中，所谓“无常”的后陈，却并不专属于“声”，而是通到别的事物“譬如瓶等”上去。正因为通他，可能有千差万别的情况出现，故而名为“差别”。同样，前陈又可称为“有法”，后陈又可称为“法”，“有法”与“法”相对待。就这第二重关系而言，可以认定，后陈对于前陈为“法”，即属性，而前陈对于后陈为“有法”，即有此属性。例如“声是无常”宗中，“无常”乃为“声”的属性，而“声”则有“无常”属性的事物。前陈又可称为“所别”，后陈又可称为“能别”，“所别”与“能别”相对待。就这第三重关系而言，我们可以说前陈和后陈，本来有互相分别的功能，细而言之，后陈为分别前陈者，而前陈则是为后陈所分别者。例如“声是无常”宗，所谓“无常”固能分别“声”，使之与“恒常”等有分别，其实，所谓“声”也未尝不可以说它能分别“无常”，表明此“无常”不是别的什么东西如味、香等。不过，从立敌诤论的主旨来看，其所诤论者毕竟不是“是声不是声”的分别，而是“是无常不是无常”的分别。所以，前陈为“所别”，即受分别者；而后陈为“能别”，即施分别者。换言之，前陈是立敌诤论的主体，后陈是立敌所诤关于主体的义理。因此，因明称前陈为“体”，而称后陈为“义”。这样，如上所说前陈的“自性”“有法”和“所别”就可称为“体三名”，后陈的“差别”“法”和“能别”就可称为“义三名”（参见下“自性”“差别”条）。

㉛ **自性**　与“差别”相对。“宗”支前陈后陈之间在“通他与否”关系上的一对别称。《因明入正理论疏》云：“局体（局限于事物的自体）名自性，狭故；通他名差别，宽故。”如在“声是无常”宗中，前陈主词“声”指称事物（“声”）的自身，既不显示另外的义理，也不涉及其他事物，故称“自性”。而与此相对，后陈宾词“无常”（不永恒存在），既显示了“声”的性状，而且这一性状并不专属于“声”，还会贯通到其他事物，如瓶、盆、碗、缶等上。由于它反映的是一类事物的属性，并且以此来区别这类事物与那类事物的不同，故称“差别”或“差别义”。如果从“言陈”与“意许”关系上来分析，“自性”“差别”与前述有所不同。照字面解释，言陈就是言语所陈，意许就是意中所许。但因明中的言（言陈）许（意许）并不单是“言语所陈”和“意中所许”那么简单，而有自已特有的解释，两者的分别，是建立在“言语所陈”和“意中所许”两相比较之上的。就是说，“言语所陈”和“意中所许”完全一致的，称为“言陈”；“言语所陈”和“意中所许”不完全一致的，称为“意许”。所以“言陈”是言中之意，“意许”则是言外之意。言陈，表里如一，故名“自性”，意许，表里不一，故名“差别”。所以，从“通他与否”关系上来分析，“自性”必定是“体”，“差别”必定是“义”，而从言陈与意许关系上来分析，“自性”可能是“体”，亦可能是“义”；“差

别”可能是“义”，亦可能是“体”。质言之，“体”中所说与其意许一致，则“体”是“自性”，若不一致，则“体”便成为“差别”。“义”中所说与其意许不一致，固然是“差别”，若一致，则“义”便成为“自性”。

㉜ **差别** 见“自性”条。

㉝ **有法** 梵文 Dharmin 的意译。与“法”相对，“宗”支前陈、后陈之间在属性依归上的一对别称。“有法”即主词，指称事物。“法”即宾词，是主词所指称事物的属性。如“声是无常”宗，后陈“无常”是前陈“声”的属性，而前陈“声”，就是具有后陈“无常”这一属性的事物。

㉞ **法** 梵文 Dharma 的意译。与“有法”相对。

㉟ **所别** 与“能别”相对。“宗”支前陈、后陈之间在不同功能上的一对别称。《因明入正理论疏》云：“立敌所许不诤先陈，诤先陈上有后所说。以后所说别彼先陈，不以先陈别于后，故先自性名为所别，后陈差别名为能别。”如“声是无常”宗，立敌双方所诤的是前陈“声”上是否有后陈宾词所说的“法”（属性）“无常”。前陈“声”乃所欲进行分别的对象，故称“所别”；后陈能分别前陈，说明前陈具有“无常”这种属性，故称“能别”。

㊱ **能别** 见“所别”条。

㊲ **表诠** 与“遮诠”相对。“诠”，阐明事理之意。“表”，肯定。“遮”，否定。“表诠”即从正面作肯定的表述，显示对象自身的属性。“遮诠”即从反面作否定性的表述，排除对象所不具有的属性。换言之，从言语形式上来看，凡宗的前端与

后端意义相合的，因明称作“表诠”，即形式逻辑的肯定命题。如“宗”的形式为“甲是乙”。凡“宗”的前端与后端意义相离的，因明称作“遮诠”，即形式逻辑的否定命题。如“宗”的形式为“甲不是乙”。“表诠”与“遮诠”在汉语中的标志，为系词“是”或“不是”。因明中的表、遮既包括判断（表诠相当于肯定判断，遮诠相当于否定判断），又包括概念（肯定概念与否定概念），但有时又不完全等同于形式逻辑的肯定与否定。其特点在于表诠中同时包含着遮诠，如肯定某物色青，就同时排除某物色非青或黄等，这种在肯定的同时又包含否定的逻辑特征，因明称为“亦遮亦表”。

㊳ **遮诠**　见“表诠”条。

㊴ **全分**　与“一分”相对。立论者或敌论者对于宗依和因法全部认许或全部不认许，称“全分”，而认许或不认许多分中的一分（如联合词组中的一部分，“一分”即“一部分”），称“一分”。就是说，从言语的分量而言，“宗”的后陈遍通于前陈的全部者，如“凡甲是乙”，就称为“全分”的“宗”；而后陈仅通于前陈一部分者，如“有甲是乙”，就称为“一分”的“宗”。“全分”和“一分”虽然也涉及量的多寡，我们可以说“全分”相当于形式逻辑的全称，而“一分”相当于“特称”，但“全分”“一分”与形式逻辑中判断的“全称”“特称”并不完全相同。全称、特称仅指作为一个“判断”的主词之外延，而全分、一分则既与其所在“宗”的前陈“所别”（主词）有关，又与其所在“宗”的后陈“能别”（宾词）有关，而且仅指立论者或敌论者主观上的认许程度。凡是“宗”“全分”

的论法，“因”“喻”也必须与“宗”“前陈”的“全分”有关，反之，“宗”“一分”的论法，“因”“喻”也必须与“宗”“前陈”的“一分”有关。可以说，因明在质上有“表诠”“遮诠”的差别，而在量上又有“全分”“一分”的差别。如果按形式逻辑成例两相穿插，那么命题可有如下四种形态：(1) 表诠全分命题（相当于肯定全称命题 A）；(2) 遮诠全分命题（否定完全称命题 E）；(3) 表诠一分命题（I）；(4) 遮诠一分命题（O）。

㊵ **一分** 见“全分”条。

㊶ **极成** 原指最高的、为一切人所共同认许的成就，也作“极成共许”。《因明入正理论疏》云：“极者，至也。成者，就也。至极成就，故名极成。……共许名为至极成就，至理有故，法本真故。”由是知极成实含“至理”和“共许”两层意义。不过至理（至极成就）必为人所共许，所谓二而一也。故一般释“极成”为“共许”。文轨《因明入正理论疏》（俗称《庄严疏》）云：“主宾俱许，名为极成。”正是这样。

㊷ **有体** 与“无体”相对。有两种含义：一是指论辩中立论者和敌论者双方所使用的概念是“共许极成”的。如果双方之中有一方不认许对方所使用的概念为真实，则此概念即为“随一有体”。当然，“随一有体”（对一方而言）亦即“随一无体”（对另一方而言）。因此，在因明研讨和实践中多称作“随一无体”而不称“随一有体”。细而言之，“自随一有体”，即“他随一无体”，“他随一有体”即“自随一无体。”二是指内容或意义的肯定与否定，凡是内容或意义为肯定的，不问形式上

是肯定（表诠）或是否定（遮诠），皆称“有体”；凡是内容或意义为否定的，不问形式上是肯定或是否定，皆称“无体”。如“真理是空想”，是形式上为表诠而内容上为否定真理，是为“无体”。又如“真理不是空想”，是形式上为遮诠而内容上为肯定真理，是为“有体”。从这种意义上来分析，因明的命题可以有如下四种形态：（1）表诠有体命题；（2）表诠无体命题；（3）遮诠有体命题；（4）遮诠无体命题。

㊸ **无体** 见“有体”条。

㊹ **似宗** 梵文 paksābhāsa 的意译，指错误的“宗”（论题）。立“宗”而不符合宗依极成（立敌双方共同认许）、体义和顺（指主词和宾词配合得当、遵从“违他顺自”等原则），定会出现这样的或那样的过失。正理派是不提宗过的，佛教和耆那教等都主张有宗过。例如小乘等古因明家认为宗过有以下六种：“现量相违”“比量相违”“世间相违”“自教相违”“自语相违”和“宗因相违”。大乘佛教的陈那则认为上列六种宗过中的“宗因相违”，不该被认为是宗过，从而坚持其余五种相违说。此后陈那弟子商羯罗主著《因明入正理论》，保留五种相违过，并补入“能别不极成”“所别不极成”“俱不极成”和“相符极成”四过，成为“似宗”九种。陈那再传弟子法称（约 600～680）删掉“自教相违”“能别不极成”“所别不极成”“俱不极成”四过，于是，似宗便只有“现量相违”“比量相违”“世间相违”“自语相违”和“相符极成”五种。

㊺ **宗九过** “宗”支上出现的九种过失。九种宗过又可分为两类：一，从宗支整体来看，有五，即“现量相违”“比

量相违”“自教相违”“世间相违”和“自语相违”；二，从宗支构成上来看，有四，即“能别不极成”“所别不极成”“俱不极成”和“相符极成”。

㊻ **现量相违** 宗过之一。是与现量（感觉器官对于事物个别属性的直接摹写和反映）相违背的宗。《因明入正理论疏》云：“此中现量相违者，如说‘声非所闻’。”声音之为所闻，是从感觉知觉方面获得的知识。人皆如此，概莫能外。今竟言“声非所闻”，明与感觉经验相违，成为过失。

㊼ **比量相违** 宗过之二。是与比量（在现量的基础上，由比度事物共相，经由推理而获得的知识）相违背的宗。《因明入正理论疏》云：“比量相违者，如说‘瓶等是常’。”我们知道，因明三支作法惯见的用例为“声是无常（宗），所作性故（因），诸所作性者，见彼皆无常，譬如瓶等（喻）”。“瓶等”明为“声是无常”“宗”的“喻”支，今竟言“瓶等是常”，正与相违，成为过失。

㊽ **自教相违** 宗过之三。是与立论者所崇奉的教义相违背的宗。《因明入正理论》云：“自教相违者，如胜论师立‘声为常’。”胜论是上古时代印度哲学的一派。据载，此派始祖名叫鸺鹠的人，著有《六句论》一书。此学派之所以称为胜论，或谓其出于胜人所创，或谓其学说在诸种学说中最为优胜。所谓“六句”者，指六大种类或六大范畴：一为实（实物），二为德（性质），三为业（运动），四为有，五为同异，六为和合。胜论派认为，世间一切现象，莫不可以括入其中。第二句“德”，又可分为二十四目，“声”为其中的一目。依胜论的义

理，“声”是“无常”的。胜论派学者若主张“声为常”，便成为（与）“自教相违”了。

㊾ **世间相违**　宗过之四。是立宗与世俗的普通见解相违背的宗。《因明入正理论疏》云：“世间相违者，如说怀兔非月，有故。又如说言顶骨净，众生分故，犹如螺贝。”这里所说的“世间”，因明学家分作两种，一为“非学世间”，即通俗社会；二为“学者世间”，即学术社会。就窥基所举两实例来看，似乎是偏就通俗社会而言的。不消说，通俗社会有着许多众人皆信的事或理，其中，或许多数是合理的，也有些是不合理的。上举第一实例中，“怀兔非月”为“宗”，“有故”为“因”，而未举“同喻依”。古印度有神话说，上古时代，某地大森林中，共处狐、兔、猿三种动物，笃行仁义，天帝欲考验他们，化作饥饿老者，乞食求生。狐则叼来一条鲤鱼，猿则采来不少山果，而兔却一无所获，遂火焚自己供天帝食用。天帝怜之，将其遗体送往月中。从此民间众生尽相信月中怀兔。今立宗竟谓“怀兔非月”，正与民间所信相反。纵使因喻俱正，亦不免有世间相违之过失。第二实例中“人顶骨净”为“宗”，“众生分故”为“因”，“犹如螺贝”为“同喻依”。传说古印度某一宗派的人，将人的顶骨串在一起，作为装饰品，人们普遍认为，人的顶骨不洁净，所以讥笑串顶骨者。而串顶骨者便立此比量，以“众生分故”为“因”，以“螺贝”为“同喻依”，来证明人顶骨的洁净。当然，此一比量究竟是否能立，亦即所用之“因”“喻”能否确证其宗，因明学家多有异见。不过，就其立宗违背民间共信而言，总不免有“世间相违”的过失。

⑩ **自语相违** 宗过之五。指立者前言不对后语，自相矛盾。如所周知，宗体成自“体”与“义”之结合，以体现“体”能有“义”，而“义”为“体”所有的理念。就是说，前陈的“体”与后陈的“义”，必须互相涵容，方能正确无误地体现宗义。倘若“体”“义”二者两相抵牾，该“体”必不能有该“义”，该“义”亦必不能为该“体”所有，如此结合“体”“义”而成的宗义必悖谬而不为人所接受，成为过失。《因明入正理论疏》云：“如言我母是其石女。”“我母”自是生我的亲母，“石女”则是不能生养的女子，决不会成为我的亲母。自己说出的话前后矛盾，非“自语相违”而何！此外，印度还有“一切语皆悉不实”实例。神泰《因明正理门论述记》云：“外道立‘一切语皆悉不实’。此所发语便自有‘自语相违’。何故？说一切语皆是妄者，汝口中语为实为妄？若言是实，何因言一切皆是妄语？若自言是妄，即应一切语皆实。若复救云：‘除我口中所语，余一切语皆是妄者。’更有第二人闻汝所说一切语皆是妄，即复发言‘汝此言谛实’。彼人发言为妄为实，若言是妄，汝语即虚；若言是实，何故便言‘除我所说’？若复救云：‘除道我语此一人是实，余一切语皆悉是妄。’若尔，更有第三者复云：‘此第二人语亦是实。’此第三人语为虚为实？若言是虚，此第二人并初人语是实应妄；若第三人语是实，何故言‘除我语及此人，余虚妄耶？’”应当说，神泰对命题“一切语皆悉不实”所犯的“自语相违”错误，批驳得可谓淋漓尽致。“自语相违”不同于“世间相违”，后者牵涉到“非学者社会”即通俗社会“共信”的事理时有不合理性从而

引发争论的问题，前者则因其具有普世性而永远成为人们应予共同警戒的逻辑错误实例。印度有“自许相违论”，希腊有“说谎者悖论”，在中国，墨家有“以言为尽悖，悖，说在其言”（《墨子·经下》）之论，这说明人类思维规律有其一致性。

㉛ **能别不极成**　宗过之六。指由后陈（能别）不共许而成的过失。《因明入正理论》云：“此中宗者，谓极成有法，极成能别。”就是说，依照因明规则，对于一个宗体来说，其两宗依（前陈“所别”和后陈“能别”）皆须共许极成。今后陈能别不共许极成，如违反此条规则，便成为似宗。《因明入正理论疏》云：“能别不极成者，如佛弟子对数论师立‘声灭坏’。”“数论”是印度哲学的一派，主张用智数来量度一切，故称。“数论”把世间一切，略分为三大类，又细分为二十五类，总称二十五谛，其三大类为：一、自性；二、变易；三、我知者。其中，第二类“变易”，共涵摄二十三谛，都不是新生的，只是“自性”所变易而已。“我知者”即所谓“神我”，能受用一切。“自性”和“神我”，虽有时不产生任何作用，但其体总是“常住”的。其间的二十三谛却是“无常”的，“声”是此二十三谛中的一谛。必须说明，“数论”所说“无常”，与佛家所说“无常”，并不相同，认为只是“变易”的“无常”，而不是“生灭”的“无常”。换言之，在“数论”看来，一切现象，从根本上说，不会“灭坏”，只是时常“变易”而已。今佛弟子对数论师立“声坏灭”宗，有法“声”立敌共许为实有，故极成，而能别“灭坏”的实有，只是立者所许而非敌者所许，是“自有他无”义，不是两俱有义，故不极成。从而成

为宗过。

㊾ **所别不极成** 宗过之七。指前陈（所别）不共许而成的过失。《因明入正理论疏》云：“所别不极成者，如数论师对佛弟子说‘我是思’。”在数论师对佛弟子所立“我是思”宗中，数论师所说的“我”，即“我知者”，亦即“神我”。其体“常住”，能受用一切。就是说“神我”欲“受用”时，“自性”便使中间的二十三谛“变易”，以供“神我”受用。欲受用，即为“思”，故说“我是思”。佛弟子虽亦常用“我”字，但通常只是指“假我”而言，而“假我”是“无常”的。很明显，数论师的“神我”，佛弟子不予认许。所以此宗的所别（有法）“我”，是“自有他无”体，不是两俱有体，故不极成。从而成为宗过。

㊿ **俱不极成** 宗过之八。指前陈（“所别”）与后陈（“能别”）俱不共许而成的过失。此过可以说是将前两过即“能别不极成”和“所别不极成”合于一处而成的。《因明入正理论疏》云：“俱不极成者，如胜论师对佛弟子立‘我以为和合因缘’。”老实说，有一个宗依（“能别”或“所别”）不共许极成，已经构成过失，若两个宗依（“能别”和“所别”）俱不共许极成，当然更是过失。前已述及，“胜论”派“六句义”的第一句是“实”(实有)。“实”分九种，“我”为九种之一。第六句是“和合”。佛弟子只认许有“假我”，不认许有“实”“我”。“胜论”所立“我以为和合因缘”宗中，有法“我”是“自有他无”体，故不极成。又，佛弟子虽认许“和合”，亦认许“因缘”，但不认许“和合因缘”。故能别“和合因缘”是

“自有他无”义，同样不极成。从而成为宗过。

㊹ **相符极成**　宗过之九。指立者所立之宗，与敌者主张正相符合，并无抵触。换言之，此宗完全没有二益之一“悟他”作用，这使初一颂所说“能立与能破及似唯悟他”，化为乌有，自然亦为宗过。《因明入正理论疏》云：“相符极成者，如说‘声是所闻’。”“声是所闻”既为民众所共同认许，敌者自不能例外。敌者早悟此理，不须立者为此立宗。而立者竟然强立，徒劳无功，不切能立目的，只能说是一种宗过。

㊺ **二因**　生因和了因之统称。《因明入正理论疏》云：“因有二种：一生，二了。如种生芽，能别起用，故名为生因；……如灯照物，能显果故，名为了因。”生因与了因相对，指广义的因，与论式中的因支即狭义的因不同。生因和了因是“立敌对扬”（相对立论与驳论）时立论者开悟他人，敌论者与证义者得以解悟的一种模型，此模型又可分析为具有因果关系的六个方面（六因）：言生因、义生因、智生因、言了因、义了因、智了因。“言生因”就是立论者用语言文字表达出来的论证，“义生因”就是整个论证所包含的意义（包括语境意义），“智生因”就是立论者建立论式进行论证的智慧；“言了因”就是敌论者和证义者从立论者那里接受到的语言信息，“义了因”就是敌论者和证义者从接受到的语言信息中体味到的意义，“智了因”就是敌论者和证义者接受语言信息，并了悟其意义的智慧。在上述六因中，“言生因”是其枢纽，“智了因”为其终端，因为说的一方要使人了悟其思想必须借语言来传递，而听的一方则需通过自己的智慧才能了悟对方的论旨和

理由。生因和了因具有因果关系，生因是因，了因是果，统观六因，构成如下六元逻辑模型（如图 1-11）：

（因）智生因→义生因→言生因
↓
（果）智了因→义了因→言了因

图 1-11　六元逻辑模型

㊻ **六因**　见“二因”条。

㊼ **九句因**　标示因与同品（见下“同品”条）、异品诸种关系情况，并从而成为检查因的正与不正（错误）的方法。因与同品、异品的关系各有三种可能的情况：有（存在）、非有（不存在）、有非有（部分存在部分不存在），或称同品三句（同品有、同品非有、同品有非有）和异品三句（异品有、异品非有、异品有非有）。它们互相配合，即得所谓九句因：（1）同品有，异品有；（2）同品有，异品非有；（3）同品有，异品有非有；（4）同品非有，异品有；（5）同品非有，异品非有；（6）同品非有，异品有非有；（7）同品有非有，异品有；（8）同品有非有，异品非有；（9）同品有非有，异品有非有。九句之中，只有第二句“同品有，异品非有”，第八句“同品有非有，异品非有”所示的关系为正因，其余七种皆为不正因（似因）。或谓九句因为正理派始祖足目所创，然而《正理经》中并无这方面的记述。另说为陈那所创，就《因明正理门论》《因明入正理论》所记，此说可信。

㊽ **同品**　梵文 Sapakṣa 的意译。同品有宗同品和因同品之分。所谓宗同品，是指具有宗法性质的事物；所谓因同品，是

指具有因法性质的事物，凡因同品必定同时亦为宗同品。如“声是无常，所作性故，如瓶”，这里，“瓶”具有“所作”的性质，是因同品；它又具有“无常”的性质，又是宗同品。反过来，宗同品却未必是因同品。如“闪电”，它是“无常”的，自是宗同品，却非“所作”，故不是因同品。

⑲ **宗同品**　见“同品”条。

⑳ **因同品**　见“同品”条。

㉑ **异品**　梵文 Vipakṣa 的意译。异品亦有宗异品和因异品之分。所谓宗异品，是指不具有宗法性质的事物；所谓因异品，是指不具有因法性质的事物。凡宗异品必定同时亦为因异品，如“声是无常，所作性故，如虚空”，这里，“虚空”不具有“无常”的性质（虚空是永恒的），故亦不具备“所作”的性质（虚空并非人工造作出来的）。但因异品却未必是宗异品，如雨露，自然界的雨露自非人工“所作”，故是因异品，却是“无常”的，故不是宗异品。

㉒ **宗异品**　见“异品”条。

㉓ **因异品**　见“异品”条。

㉔ **转**　有，被包含。如立“声非勤勇无间所发”为宗，以“无常性”为因，以“电、空等”为同品，以“瓶等”为异品。这样，“无常性”因只能在同品“电等”遍有，而在同品“空等”中则没有，就是说，仅在同品的一部分有，而在另外的部分则没有，这叫做“同品一分转”。但对异品“瓶等”来说，“无常性”因却在异品中遍有。这叫做“异品遍转”。两者合而言之，就叫做“同品一分转，异品遍转”。

⑥⑤ **回转** 亦作“遍充”、“遍通”、“遍满”。指因法（中词）与宗法（大词）所具有的包含关系。这种关系有不相分离性，确保了由因法和宗法组成的喻体，成为新因明推理论证的基石。

⑥⑥ **遍充** 见“回转”条。

⑥⑦ **因三相** 梵文 Trirāpāliṅga 或 Trairūpya 的意译。为若耶须摩（Nyāyasauma，意为正理论的学徒）所创，最早的文字记载见于无著的《顺中论》，它被作为论证的三条规则提了出来。（1）朋中之法；（2）相对朋无；（3）复自朋成（“朋”是“宗”的旧译）。不过，必须说明，无著是反对“因三相”说的。其弟世亲则首先采纳“因三相”。世亲弟子陈那在改革因明过程中，以“九句因”说为依据，从而发展了“因三相”的理论，赋予其新的解释，认识到“因三相”既是论证的规则，也是推理的规则。陈那的“因三相”，唐玄奘法师译作：（1）遍是宗法性；（2）同品定有性；（3）异品遍无性。其中，第一相“遍是宗法性”，指因法（中词）的外延必须包含宗上有法（小词），即因法（中词）于有法（小词）上转。如“此山有火（宗），以有烟故（因）”。宗的主词“此山”必须被包含在因法（中词）“有烟”之中。第二相“同品定有性”，指因法（中词）应与具有宗法（大词）所示属性的事物有全部或部分的联系，即因法（中词）的外延须小于（或等于）宗法（大词），而不能大于宗法（大词）。如“此山有火，以有烟故，同喻如灶”。这里，“灶”具有“有烟”的性质，因此它同时具有“有火”的性质。第三相“异品遍无性”，指因法（中词）应与

不具有宗法（大词）所示属性的事物全部没有联系，即异喻必须与宗法（大词）相排斥，因此亦必须与因法（中词）相排斥。如“此山有火，以有烟故，同喻如灶，异喻如湖”。这里，异喻“湖”与宗法（大词）“有火”相排斥，因此亦必与因法（中词）“有烟”相排斥。此外，我们还应该知道，受陈那的影响，胜论派的赞足也讲论“因三相”，他在《赞足疏》中把“因三相”说成是胜论派始祖迦那陀所创。赞足所说“因三相”是：（1）在某个特定的时空点，确认与推理的对象（小词）相伴；（2）在其他具有作为所证属性（大词）的事物中（全部或一部）明显存在；（3）在一切和所证矛盾的事物中，它决不存在。陈那再传弟子法称继承并发展师祖的“因三相”说，法称所说“因三相”是：（1）因是宗主词全体的属性；（2）因必须存在于同类例的一部或全部中；（3）因决不存在于一切异类例中。法称克服局限于五言表述的欠明晰性，用散言对第一相作了清晰有致的表述，应当认为，他的表述比玄奘所译“遍是宗法性”更完美、更准确。

㊳ **遍是宗法性**　梵文 Pakṣadharmatva 的意译。正因的第一相，见“因三相”条。

㊴ **同品定有性**　梵文 Sapakeṣattva 的意译。正因的第二相，见“因三相”条。

㊵ **异品遍无性**　梵文 Vipakse′sattva 的意译。正因的第三相，见“因三相”条。

㊶ **似因**　梵文 Hetvābhasa 的意译。指有过失的因。关于似因的分类，古今说法多有不同。不过，正理派和佛家都十分

看重似因的研究。正理派将似因分为五类九种。第一类称“不定”或“歧异”。包括（1）“共不定”（因于同品有，于异品亦有）；（2）“不共不定”（因于同品无，于异品亦无）；（3）“不决”（宗上有法的外延太大，以至无所不包）。第二类称“相违”（相违因所能成立的，实际上是与宗正相反对的命题）。第三类称“不成”。包括（1）“所依不成”（宗上有法不极成，因无所依）；（2）“因自身不成”（因与宗上有法无关）；（3）“回转性不成”（因与宗法无必然联系）。第四类称“实有违宗”（A 因证明宗之成立，B 因却证明相反之宗的成立，而与之相对抗）。第五类称“自违”。近代正理论依然坚守五类九种似因的分类，内容完全相同，仅于名称上有所变化。第一类差异推理（即“不定”或“歧异”）。包括（1）太广（即“共不定”）；（2）太狭（即“不共不定”）；（3）无所不包（即“不决”）。第二类称自相矛盾推理（即“相违”）。第三类称平衡推理（即“实有违宗”）。第四类称不确实推理（即“不成”）。包括（1）出事地不实（即“所依不成”）；（2）事端不实（即“因自身不成”）；（3）因果关系不确（即“回转性不成”）。第五类称背理推理（即“自违”）。佛教因明家不同意正理派对似因的这种分类，先是古因明家将似因分为三类十一种，后经陈那增订，成为三类十四种，依据缺相先后的情况排列下来。第一类称“不成”（缺因第一相的过失）。包括（1）“两俱不成”（立敌均不认许此因能证明其宗）；（2）“随一不成”（立敌有一方不认许此因能证明其宗）；（3）“犹豫不成”（立敌对于此因能否周遍于宗上有法尚有疑虑）；（4）“所依不成”（宗上有法不极成，因失去所依）。第二类称“不定”（一般是缺因第二相或因第三相的过失）。包括（1）“共不定”（因于同品有，于异品亦有）；（2）不共不定（因于同品无，于异品亦无）；（3）同品一分转、异品遍转（因于同品有非有，于异品遍有）；（4）异品一分转、同品遍转（因于异品有非有，于同品遍有）；（5）俱品一分转（因于同品有非有，于异品亦有非有）；（6）“相违决定”（即“实有违宗”）。第三类称“相违”（同时缺因第二相和因第三相的过失）。包括（1）“法自相相违”（因与宗法的字面意义相违）；（2）“法差别相违”（因与宗法暗含的意义相违）；（3）“有法自相相违”（因与有法的字面意义相违）；（4）“有法差别相违”（因与有法暗含的意义相违）。至7世纪，法称对佛家的这一分类进行删定，成为三类七种，即删去“不定”过中的第（3）（4）（5）（6）种似因，又删去“相违”过中的（2）（3）（4）种似因。

⑫ **因十四过**　论式中因支的三相（遍是宗法性、同品定有性和异品遍无性）有缺，且由于缺什么和缺多少不同而有不同的情况，会形成不同的过失，合计有三类十四种。它们是：第一类称“不成”，为因自身得不到立敌的共同认许或犹豫而无有法可依，从而不能证成宗法；或者因法（中词）与宗法（大词）在外延上无种属或同一关系，从而不能成其为因。具体来说，有四种：即（1）“两不俱成”；（2）“随一不成”；（3）“犹豫不成”；（4）“所依不成”。它们都是缺因第一相“遍是宗法性”的过误。第二类称“不定”，为因对宗来说似可断定而又不能断定。具体来说，有六种：即（5）“共不定”；

（6）“不共不定”；（7）“同品一分转、异品遍转”；（8）“异品一分转、同品遍转”；（9）“俱品一分转”；（10）“相违决定”。其中，前五种或缺因第二相“同品定有性”或缺因第三相“异品遍无性”，而成过误，后一种虽是三相具足，但出于“各自决定，成相违之宗”，即立者所举之因不仅不能悟他（敌者），反倒陷入不定，致成两败俱伤。第三类称“相违”，为因与宗相违。具体来说，有四种，即（11）法自相相违；（12）法差别相违；（13）有法自相相违；（14）有法差别相违。它们都是并缺因第二相“同品定有性”、因第三相“异品遍无性”，以致成为因在同品中遍无、异品中定有，故而不但不能成立本宗，反而成立异宗。

⑬ **不成因**　梵文 Asiddhahetuka 的意译。因过的一类，是由于违反因第一相而造成的过失，遍是宗法性规定，立论者、敌论者双方应共许因周遍宗中前陈（即中词因能包含小词有法）。如果做不到这一点，那么因就不能成立宗，从而失去了作为因的意义，这就是不成。不成有四种，亦称“四不成”。近代印度正理论则称为“不确实推理”。（参见“因十四过”条。）

⑭ **两俱不成**　因过之一，指立论者、敌论者俱不认许此因（中词）能包含宗上有法（小词）的过失。如立“声是非永恒的”之宗，以“眼所见”为因、立、敌双方都不认许因“眼所见”与有法“声”有包含关系。此过古正理论称“因自身不成”，近代正理论称“事端不实”。

⑮ **随一不成**　因过之二，指立论者或敌论者有一方不认

许此因（中词）能包含宗上有法（小词）的过失。如佛弟子对声显论立“声是非永恒的”之宗，以“人工所作”为因。佛弟子认为“人工所作”与“声”有包含关系，声显论却认为声非人工所作。此过即古正理论所谓“因自身不成”，亦即近代正理论所谓“事端不实”。

⑯ **犹豫不成** 因过之三，指立论者或敌论者对于所说的因（中词）与宗上有法（小词）是否具有包含关系有所疑惑的过失。如有人仅凭不甚可靠的目测，立“远处有火”之宗，而以“远处有烟”为因。其实，远处或尘、或雾、或烟、或蚊，还难以肯定，因而说者或听者都不免心存疑惑。

⑰ **所依不成** 因过之四，指宗上有法（小词）未得立论者和敌论者的共许，从而使因法（中词）失去所依。如立“虚空实有”之宗，以“德所依”为因。倘是胜论［胜论“六句义”第一句是“实”（实有），第二句是“德”（性质）。“实”有九种，虚空为其中之一。“德”有二十四种，每“实”各有若干“德”。“虚空”有六“德”，即数、量、别性、合、离、声。九“实”皆有“德”，各为“德所依”，故胜论举“德所依”为因，以证“虚空”之“实有”］对无空论所立，则有法“虚空”是立论者胜论认许为实有，而敌论者无空论不认许为实有，从而使因“德所依”没有所依处。

⑱ **不定因** 梵文 Anekantahetuka 的意译，因过的一类。包括违反因第二相或因第三相而造成的过失，很明显，违反第二相，会使同品中没有因，违反第三相，会使异品中有因。这两种情况的任何一种情况出现，因在成立宗时都会使人产生犹

豫而不能决断。不定有六种，亦称“六不定”。近代正理论则称之为“差异推理”。（参见“因十四过”条。）

⑲ **共不定** 亦称“共”，因过之五，指因法（中词）的外延大于宗法（大词），从而容纳了异品的过失。如立“此山有火”之宗，以“其可知”为因。以“灶”为同品，以“湖”为异品。这里，“可知”因的外延远大于宗法“有火”。“有火”的同品“灶”是“可知”的，异品“湖”亦是“可知”的，此则容纳了异品，与“九句因”第一句“同品有，异品有”所说的情况相当，自然违反因第三相“异品遍无性”之规定。近代正理论称此过为“太广”，即指因的外延过于宽泛而言。

⑳ **不共不定** 亦称“不共”，因过之六，指因法（中词）的外延与宗上有法（小词）的外延处于同一关系，从而找不到同品来作为例证的过失。如立“声是永恒的”之宗，以“所闻性”为因。这里，“所闻性”因与宗上有法“声”外延同一，从而找不到同品来作为例证，此则缺了因第二相，与“九句因”第五句“同品非有，异品非有”所说的情况相当。这类因的外延很窄，故近代正理论称之为“太狭”。在正理论的过失论中，也有本质上与“太狭”相同而形式上却趋于另一极端，即作为因法和宗上有法的概念竟然都是外延极宽的范畴，故而亦成为同一关系的概念。如立“凡物是常”之宗，以“可知”为因。这里，有法“物”和因法“可知”都包摄一切，二者外延同一，同样找不到同品来作为例证。这类过失古正理论称之为“不决”，近代正理论称之为“无所不包”，佛家则未另立过名。以其同样违反因第二相“同品定有性”的规定，故可包摄

于“不共不定”过。

⑧1 **同品一分转、异品遍转** 简称“同分异全过”，因过之七，指因法具有一部分宗同品和全部宗异品从而违反第三相的过失。《因明入正理论》云：“同品一分转、异品遍转者，如说‘声非勤勇无间所发，无常性故’。此中‘非勤勇无间所发’宗，以‘电’‘空’等为其同品。此‘无常性’，于‘电等’有，于‘空等’无。‘非勤勇无间所发’宗，以‘瓶等’为异品，于彼遍有。此因以‘电（等）’‘瓶等’为同品，故亦是‘不定’。为‘如瓶等’‘无常性故’，彼是‘勤勇无间所发’。为‘如电等’‘无常性故’，彼非‘勤勇无间所发’。”其所以成为“不定因”，是由因第三相“异品遍无性”未能完成所引起，与“九句因”第七句“同品有非有，异品有”相当。这里，“声非勤勇无间所发”为宗，“无常性故”为因。“非勤勇无间所发”为所立法，“电”与“空”“非勤勇无间所发”，故为宗同品。“电”为“无常”，“空”为“常住”。能立法“无常性”，于一部分宗同品的“电”上有，而于另一部分宗同品的“空”上非有，故成“同品有非有”之状态。“瓶等”是“勤勇无间所发”，故为宗异品。而“瓶等”却皆为“无常”，能立法“无常性”于宗异品遍有，故成“异品有”之状态。“此因以‘电’‘瓶’等为同品”，意即就因而论，“电”与“瓶”皆为“无常”，故皆为因同品。因同品之中，或为宗异品，或为宗同品。“瓶”为因同品，兼宗异品，若以此为准，则“声”以其与“瓶”同属“无常”，亦应是“勤勇无间所发”，而非如宗所说“非勤勇无间所发”。但“电”为因同品兼宗同品。若以此为

准，则“声”以其与“电”同属“无常”，又应“非勤勇无间所发”，如宗所说。于是，这里的“无常性”因，既不能证明“声”之为“勤勇无间所发”，亦不能证明“声”之为“非勤勇无间所发”，显然为“不定因”。

㉜ **异品一分转、同品遍转** 简称“异分同全过”，因过之八，指因法具有一部分宗异品和全部宗同品从而违反第三相的过失。《因明入正理论》云：“异品一分转、同品遍转者，如立宗言：‘声是勤勇无间所发，无常性故’。‘勤勇无间所发’宗，以‘瓶等’为同品，其‘无常性’于此遍有。以‘电’、‘空等’为异品，于彼一分‘电等’是有，‘空等’是无。是故如前，亦为‘不定’。”其所以成为“不定因”，亦由因第三相“异品遍无性”未能完成所引起，与“九句因”第三句“同品有，异品有非有”相当。这里，“声是勤勇无间所发”为宗，与前过中所举之宗相反，以“无常性故”为因，仍为前过中所用之因。于是前过中的宗异品反为宗同品，其宗同品反为宗异品，其因同品仍为因同品。“瓶等”为“勤勇无间所发”，为宗同品，自然尽有“无常性”，“电”与“空”非“勤勇无间所发”，为宗异品，而“无常性”为一部分宗异品“电等”所有，而为另一部分宗异品“空等”所无。因同品之中，有宗同品，亦有宗异品，于是“无常性”因不能证明“声”之必为“勤勇无间所发”或“非勤勇无间所发”。此因之所以成为“不定因”，与前过中所说道理相同，故言是“是故如前”。

㉝ **俱品一分转** 亦称“同异俱分”，因过之九，指因法与宗同品的一部分和宗异品的一部分皆有联系从而违反第三相的

过失。《因明入正理论》云："俱品一分转者，如说'声常，无质碍故'。此中常宗，以'虚空'、'极微'等为同品。'无质碍性'（因），于'虚空等'有，于'极微等'无。以瓶（等）'乐等'为异品。于'乐等'有，于'瓶等'无。是故此因，以'乐'以'空'为同法故，亦名'不定'。"其所以成为"不定因"，亦由因第三相"异品遍无性"未能完成所引起，与"九句因"第九句"同品有非有，异品有非有"相当。这里，"声常"为宗，以"无质碍故"为因，系声论对胜论所立。"常"为所立法。"虚空"和"极微"，皆为"常住"，故皆为宗同品。"无质碍性"，为"虚空等"所有，而为"极微等"所无。故"虚空等"为因同品，"极微等"为因异品。"瓶"和"乐"，皆为"无常"，故皆为宗异品。"无质碍性"，为"乐等"所有，为"瓶等"所无，故"乐等"为因同品，"瓶等"为因异品。"是故此因，以'乐'以'空'为同法故"的"同法"，指因同品而言，谓此因有宗异品的"乐"为其同品，又有宗同品的"空"为其同品。今若以"乐"为准，"声"同有"无质碍性"，应同有"无常性"。又若以"空"为准，"声"同有"无质碍性"，又应同有"常住"性。"声"究竟为"常住"抑或"无常"，实非此因所能确切证明。故此因是"不定因"。

㉞ **相违决定**　简称"违决"，因过之十，指立论者与敌论者各立一宗，两宗相背，但皆有正因。就是说，立论者论证 S 是 P，敌论者则论证 S 是$\neg$P，与之相抗衡，而立敌双方的论证各具三相，以致构成不定的过失。此过与九句因无关，于"因三相"中不曾缺失任何一相。立敌对诤时，立者所立的比量

(相对于敌者所立，称“所比量”)，因、喻俱正，以“因三相”来衡量，乃为真能立，无懈可击，敌者持相反意见，但由于立者所用的因，三相具足，无法就其比量本身施以破斥，乃亦建立一个圆满的比量（相对于立者所立，称“能比量”）与之相抗。敌者所用的因，亦三相具足，而立者亦无以难之。于是两个相违的宗，并肩成立。很明显，“相违决定”这一名称中的“相违”，是就宗而言，即立敌双方所立的两个宗，恰相反对。“决定”，是就因而言，即立敌双方所用的两个因，各为三相具足，在各该比量内部都是决定因，确能证明其所欲证明的宗。合起来说，两个相违的宗出于两个决定的因。《因明入正理论》云：“相违决定者，如立宗言：‘声是无常，所作性故，譬如瓶等。’有立‘声常，所闻性故，譬如声性’。此二皆是犹豫因故，俱名‘不定’。”这里，所违量以“声是无常”为宗，以“所作性故”为因，以“瓶等”为同喻依，必须指出，此乃胜论对声生论所立的比量。“所作性”遍是“有法”“声”的法，为宗同品的“无常”品所“定有”，为宗异品的“常品”所“遍无”。其具足三相，且为立敌所共许。“所作性故”的因，“决定”成立“声是无常”宗，毋庸置疑。声生论不接受此所违量，乃立能违量云：“声常，所闻性故，譬如声性。”不用说“所闻性”遍是有法“声”。

在通常的立敌之间，“声”的范围与“所闻性”的范围宽狭相等，故可认为能违量缺因同品，不能完成“同品定有性”。但在胜论与声生论之间则不然，别有“声性”为其宗同品与因同品。胜论所谓“声性”，系指“六句义”第五句“同异性”

而言，而“声”则是其第三句二十四“德”中的一德。“同异性”使“声音”别于非“声音”，故可称为“声性”。声生论于“声”之外，亦设有“声性”，所以使声音成为声音。两家所说的“声性”，意义虽不完全相同，但在认许其“可闻”与“常住”两点上，则具有一致性，故可取为同喻依。“所闻性故”的因，亦为立敌共许其三相具足，决定成立“声（是）常”宗，胜论找不出其过失。于是，所违量与能违量，皆为因、喻俱正，双方谁也无法推翻其相反之宗。不过，既是两个相违的宗可以同时成立，依据“两矛盾命题不能俱真”之常理，这两个相违的宗的正确性，同属可疑，于是这两个因的正确性，遂亦同属可疑，引文“此二皆是犹豫因”正是这个意思。既然立敌对诤的结果，“声”究属“常”抑或“无常”，无从决定，故“相违决定”，亦归入“不定”过类。此过不同于其他不定过之或违反因的第二相或因的第三相，“相违决定”则不缺三相。此过古正理论称之为“实有违宗”，近代正理论称之为“平衡推理”。照实说来，陷入“相违决定”的双方也许可以看作旗鼓相当，没有胜负之分。但在看待“二益”（“悟他”与“自悟”）的重要性方面，因明更重“悟他”。既然双方都不能胜出，即都不能使双方获得新知，这便是两败俱伤，立敌双方的论式都不是“真能立”，而其原因也在于因的不完全，故而也当作“不定因”过。彼此相违的二宗自然不能同真，但也未必同假。究竟如何判断对诤之胜负？对于此一问题，古因明不得已作出“如杀迟棋，后下为胜”，仅从对诤双方发言的先后来作硬性规定，后发言权胜。这显然缺乏理性的支撑。陈那的新因明不接受这种不讲是非的说法，《因明正理门论》提出“又于此中，‘现’‘教’力胜，故应依此，思求决定”的主张，认为形式无过而宗义相违的两个论式，其真理性应于“现”（指世间观实，或现量）中求得解决。但同时又依据“教”，这又明明举示自教（《因明入正理论疏》有“教谓佛教”的释语），不能不说是出于弘法的需要。

㉟ **相违因** 梵文 Viruddhahetuka 的意译。指因过的一类，是由于同时违反因第二相和因第三相而造成的四种过失，很明显，同时违反第二相与第三相，就会使因在同品中无，而在异品中有。其结果必然是与宗后陈相反的属性借助因与前陈相联系，便使与所立宗恰好相反的宗得以成立，成为相违。相违有四种，故亦称“四相违”，它们是（1）“法自相相违”；（2）“法差别相违”；（3）“有法自相相违”；（4）“有法差别相违”。近代正理论称之为“自相矛盾推理”。（互参“似因”条。）

㊱ **法自相相违** 因过之十一，指立者所用的因与立者的宗的表面意义相违的过失（所谓“自相”，即言语所直陈的表面意义）。《因明入正理论》云：“此中法自相相违因者，如说‘声常，所作性故’，或‘勤勇无间所发性故’。此因唯于异品中有，是故相违。”这里，声生论立“声常（宗），所作性故（因）”的论式，声显论立“声常（宗），勤勇无间所发性故（因）”的论式，就是说“所作性故”和“勤勇无间所发性故”这二因，本都是“声无常”的正因，现在竟然用来作“声常”宗的因，定然是同品全无而异品反有，不能成立“声常”宗，反而能成立“声无常”的宗。“所作性故”现“九句因”第四

句“同品非有异品有”相当，“勤勇无间所发性故”与九句因第六句“同品非有异品有非有”相当。它们都是俱缺因的第二相和因的第三相，故为“相违因”，不过这里把两句并作一句来说而已。

㊇ **法差别相违**　因过之十二，指立者所用的因与宗后陈的表面意义以外所意许（暗含）的意义相违的过失。所谓“差别”，即言语所暗含的意许意义。《因明入正理论》云：“法差别相违因者，如说‘眼等必为他用，积聚性故，如卧具等’。此因如能成立‘眼等必为他用’，如是亦能成立所立法差别相违积聚他用，诸卧具等为积聚他所受用故”。这里，数论派认许“我”为实在（认为“神我”常住不灭，享用一切，大者如山川大地，小者如床席卧具、眼耳鼻舌身等均为神我所受用），佛弟子却不认许实在的“我”，故数论师如对佛弟子表明主张实在的“我”，而将所谓实在的“我”明陈于言语，作为其表面意义时，则于因明上便会构成（用于前陈时）“所别不极成”或（用在后陈时）“能别不极成”的过失。于是数论师用了意许的方法，即在宗的后陈上用了“为他”（作为表面的言语），而其意许则是实在的“我”。说到底，数论师的目的正是使实在的“我”得以成立。不过，用这样的论式立论，也不能使立者所意许的实在的“我（神我）”得以成立。因为谁人不知，“积聚性”的“卧具等”，并不能为实在的“神我”所用，而只能为“假我”所用，类推之，“积聚性”的“眼等”也只能为“假我”所用，遂与立者所意许的相违。

㊈ **有法自相相违**　因过之十三，指立者所用的因和所欲

立宗的前陈言语所陈表面意义相违的过失。《因明入正理论》云："有法自相相违因者，如说'有性非实、非德、非业（宗），有一实故，有德、业故（因），如同异性（喻）'。此因如能成遮实等，如是亦能成遮有性，俱决定故。"我们知道，胜论派将自然界和人类社会一切现象分作六个范畴，即所谓"六句义"：（1）实；（2）德；（3）业；（4）同；（5）异；（6）和合。他们观察了万有，先到达了实体概念，应之而立"实句义"范畴，所谓实体概念，从心理上看，虽不过是从具体物抽去了性质、状态、运动等所剩下的纯粹概念，而胜论派却以它作为一个原理。其次，他们进而抽象了附属于实体的性质、状态，而得到属性概念，因之诱导而为"德句义"。复次，抽象了运动现象，诱导而为"业句义"。他们认为，此三句又是各自独立的静的原理。他们认为，要成为诸种具体的现象，须在三者之间附以关系的作用，并从而将关系分为三方面，即又立三句义。其一是万有之间的同的关系，即那些使吾人构成种概念或类概念的万有间的共通关系，在原理上此为"同句义"。其二是万有之间的异的关系，即那些使吾人构成单独概念的万有间的差别关系，在原理上此为"异句义"。其三，历观实体、属性、运动、同相、异相等在同一对象上所形成的不可分离的情况。他们又认为不能没有所以使之然的共同关系的原理，遂立了"和合句义"的范畴。胜论认为，如果依事物从属关系，上位概念和下位概念，即是类和种的概念。极此种关系的上下而言，上位的极端是存在，即所谓"有"，而下位的极端是个体或"极微"。这样，"有性"即存在性，可以"同句义”为代表，而“极微”可以为“异句义”的定例。这样说来，“有性”与同异性是同种类的东西，不过同异性范围小于“有性”，可以说是“有性”的下位。胜论的这种划分，应该说是理性的，但他们坚持以为“有性”是“实”“德”“业”以外的原理，这立量的的根本目的就是要确证“有性”是在“实”“德”“业”以外独立存在的一句义。因为既说“有一实”，自可以知“有性非实”；既说有“德”“业”，自可以知“有性非德、非业”。但是，问题在于，这样的因即使可以证实“有性”不是“实”“德”“业”，但它同时也不能证实“有性”的存在。正如引文所言，“此因如能成遮实等（排抑‘实’‘德’‘业’。‘遮’，排抑、否定），如是亦能成遮有性（排抑‘有性’），俱决定故“（上述的两面都可以上述的因来确立的缘故）”。显然，“有一‘实’故”、“有‘德’‘业’故”的因，只能是一种足以证至与所谓“有性”这有法的自相相违的因。

㉟ **有法差别相违** 因过之十四，指立者所用的因和所欲立宗的前陈的表面意义以外所意许（暗含）的意义相违的过失。《因明入正理论》云：“有法差别相违因者，如即此因，即于前宗有法差别作有缘性，亦能成立与此相违作非有缘性，如遮实等，俱决定故。”这里，“正因”，指上条所举“有法自相相违”的立量原文。“作有缘性”，是指使人们发生某物存在的观念（“缘”，观念、思维）。胜论派说，前举立量，可以证实“有性”的非“实”、非“德”、非“业”，使人确认“有性”的存在，而“有性”是于“实”“德”“业”使人发生它们存在的观念的，虽与“实”“德”“业”和合存在，实际当为于“实”

“德”“业”之外独立存在的东西。“作非有缘性”为“作有缘性”之反，是使人起“非有”即“无”的观念的。胜论派所以要证明“有性”非“实”、非“德”、非“业”，意欲使之成为“作有缘性”的东西。然而，“有性”的非“实”、非“德”、非“业”，即使得被证明，也得确证了“有性”的存在，才可以确立“作有缘性”的事。今如前因，“有性”的非“实”、非“德”、非“业”，固被证明，而“有性”的存在却也同时被排抑。于是此因也就成了证成“作非有缘性”的因，而与胜论派的意许正相矛盾。引文中“如遮实等”即“此因如能成遮实等，如是亦能成遮有性”之省。

⑽ **似喻**　梵文 Dṛṣṭāntābhāsa 的意译，指有过失的喻。正理论对似喻不作分析，而专注于似因的分析；佛教和耆那教则都认为对似喻亦应作单独的分析。陈那和商羯罗主以前的因明家将似喻划分为两类十种。第一类，似同法喻，包括：(1) 能立法不成；(2) 所立法不成；(3) 俱不成；(4) 无合；(5) 倒合。第二类，似异法喻，包括：(1) 所立不遣；(2) 能立不遣；(3) 俱不遣；(4) 不离；(5) 倒立。7 世纪法称在十种似喻的基础上加以增订，划分为两类十八种似喻。经法称补充加入的有似同法喻四种：能立犹豫不成、所立犹豫不成、两俱犹豫不成、缺合；似异法喻四种：所立犹豫不遣、能立犹豫不遣、两俱不遣、缺离。应当说明，法称补充加入的似同法喻四种过和似异法喻四种过，似乎未能引起因明学界的重视。似喻与似因既有联系，又有区别。凡在因上缺第二、三相者，必同时犯有喻过，但二者又有不同：似因属于“少相缺”，是从三

相门上来衡量的；而似喻属于“义少缺”，是从三支门上来检查的。

㉛ **喻十过**　指喻的十种过失，其中，同喻、异喻各有五过。同喻五过是：(1)“能立法不成”，即同喻依中没有因所示的性质。(2)“所立法不成”，即同喻依中没有宗法所示的性质。(3)“俱不成”，即同喻依中，上述两种性质都没有。(以上三种是同喻依的过失。)　(4)　“无合”，即缺失同喻体。(5)“倒合”，即在建立同喻体时先宗法后因法，颠倒了因法与宗法应有的先后关系。(以上两种是同喻体的过失。) (6)“所立不遣”(遣，排斥)，即异喻依未与宗法相排斥。(7)“能立不遣”，即异喻依未与因法相排斥。(8)“俱不遣”，即异喻依与宗法和因法均未相排斥。　(以上三种为异喻依的过失。) (9)“不离”，即缺失异喻体。(10)“倒离”，即在建立异喻体时，先离因后离宗，颠倒了离宗和离因的先后关系。(以上两种为异喻体的过失。)

㉜ **合作法**　梵文 Anvaya 的意译，系构造同喻体的方法。同喻是从正面合因于宗的主体，陈述喻体时，必须“先能后所”，即先说因法(能立、中词)后说宗法(所立、大词)，做到“说因，宗所随”，以显示因的“同品定有性”。《因明入正理论》云：“同法者，若于是处，显因同品决定有性，谓若是所作，见彼无常，譬如瓶等。”这里，宗是所立，因是能立。故于陈述同喻体时，必先能后所，亦即先因后宗，方合事理。因为同喻的目的在于合因于宗的同品，所以在陈述喻体时，只能说“若是所作，见彼无常”。如此则“说因，宗相随”，宗义

乃成；倘若次序颠倒，先宗后因，说成“若是无常，皆是所作”，则成为有过失的似喻了。“合作法”的根据是存在于因与宗间的逻辑必然性。

⑨③ **离作法** 梵文 Vyatireka 的意译，系构造异喻体的方法。异喻的作用在于反证，即以反面来确定同喻的论断，异喻要离因于宗，陈述喻体时必须“先所后能”地分离，也即先说宗法（所立、大词）无，后说因法（能立、中词）无，做到“宗无，因不有”，以显示因的“异品遍无性”。例如，“此山有火（宗），以有烟故（因），无火处均无烟（异喻体），如湖（异喻依）。”异喻的作用在于“止滥”，即防止因的滥用。异喻的目的在于离因于宗的异品，所以在陈述异喻体时，只能先所后能，只能说“无火处均无烟”，如此则“宗无，因非有”，宗义乃成；倘若次序颠倒，先因后宗，说成“若是无烟皆是无火”，则成为有过失的似喻了。离作法的根据是存在于宗和因之间的逻辑必然性。很明显，异喻体与同喻体之间的能、所的质的变换及先后次序的颠倒，与形式逻辑中一个命题与其逆否命题的关系相通，这也应该视为人类思维一致性的表现之一。一个命题，经过完全的换质又换位，可以成为其逆否命题。如同喻体 $SAP \xrightarrow{\text{换质}} SE\overline{P} \xrightarrow{\text{换位}} \overline{P}ES \xrightarrow{\text{再换质}} \overline{P}A\overline{S}$ 异喻体，我们知道，在形式逻辑中，SAP 与 $\overline{P}A\overline{S}$ 的真假等值。同样，在因明中，同喻体与异喻体，也正是从正反两个方面来助因成立同一个宗义。所以，立异喻体时，如按要求做了能、所的颠倒和质的变换，那么如果同喻体能够成立，异喻体也是能够成立的。

⑭ **能立法不成** 喻过之一，指同喻依（同喻例）未被因法（能立法）所包含的过失。《因明入正理论》云：“能立法不成者，如说‘声常，无质碍（无形无碍）故，诸无质碍，见彼是常，犹如极微’（此声论派对胜论派所立）。然彼极微，所成立法常性是有，能成立法无质碍无，以诸极微质碍性故”。这里，“极微”“常”（住）虽为声论派和胜论派共许，可以说是宗同品，但“极微”实非“无质碍”而为有质碍，所以是同喻依‘极微’未被因法（能立法）“无质碍”所包含的喻过。

⑮ **所立法不成** 喻过之二，指同喻依（同喻例）未被宗法（所立法）所包含的过失。《因明入正理论》云：“所立法不成者，谓说如觉。然一切觉，能成立法无质碍者，有所立法常住无，以一切觉皆无常故”。这里，引文只举了同法喻依“如觉”，其宗与因略而未说。观其下文，可知其宗与因，仍是前过所说的宗（“声常”）和因（“无质碍故”）。“觉”为精神现象之一，当然“无常”而不是“常住”。又“觉”既不是物质，当然是“无质碍”，这一点虽为声论、胜论两派共许，可以说是因同品，“觉”为“无常”而非“常住”，所以是同喻依“觉”未被宗法（所立法）“常”所包含的喻过。

⑯ **俱不成** 喻过之三，指同喻依（同喻例）同时未被因法（能立法）和宗法（所立法）所包含的过失。《因明入正理论》云：“俱不成者，复有二种，有及非有。若言如瓶，有（有体）俱不成；若说如空，对无空论，无（无体）俱不成。”这里，引文所举的例子，仍承上文，其宗为“声常”，其因为“无质碍故”。“俱不成”，即谓既是“能立法不成”，又是“所

立法不成”。而因明又分“俱不成”为二种，略而言之，为“有及非有”，详而言之，为“有俱不成”与“无俱不成”，“有”为“有体”或“两俱有体”的省略语，“无”为“无体”的省略语，兼摄“两俱无体”与“随一无体”。换言之，“有俱不成”，即有体的俱不成，谓所举同法喻依虽是有体，但皆不具有能立法和所立法。“无俱不成”，即无体的俱不成，谓所举同法喻依是两俱无体或随一无体，不能具有能立法与所立法。“瓶”是两俱有体，由于它是“无常”的，所以不具有所立法，又由于它是“有质碍”的，所以不具有能立法。故以“瓶”为同喻依，便成“有（体）俱不成”。无空论不认许“虚空”为实有，故在无空论看来，“虚空”为无体。若立者为有空论者，对无空论者说此同法喻依，则“虚空”为随一无体。若立者亦为无空论者，则“虚空”为两俱无体。无体不能具有任何性质，全无“常”与“无常”或“有质碍”与“无质碍”之可言，当然不会是“常住”的，也不会是“无质碍”的。因而“虚空”是“无（体）俱不成”。其实，同法喻依对于能立法与所立法，有一不成（或为“能立法不成”，或为“所立法不成”），已为过失，今两俱“不成”，当然更是过失。

⑰ **无合** 喻过之四，指同喻未能以普遍命题为喻体的过失。《因明入正理论》云：“无合者谓于是处无有配合，但于‘瓶等’双现能立所立二法；如言于‘瓶’见‘所作性’及‘无常性’。”这里，引文虽未明说其宗与因，而依其所论推之，仍以“声是无常，所作性故”为例。“无合者，谓于是处无有配合”，即言喻支中未举同法喻体。“但于‘瓶’等双现能立所

立二法，如言于‘瓶’见‘所作性’及‘无常性’”，即言只举了同法喻依“瓶等”，以见其双具能立法“所作性”和能立法“无常性”。“无合”者，无有配合之谓也。只举同法喻依，而未举同法喻体，有时不足以显示“所作性”与“无常性”之间具有属着不离的关系。应当说明，“无合”这一过失，仅就比量法式而言。其实，在实际立量时，往往省略同法喻体，这几乎成为实用因明的通例。例如上述引文隐而未现的“声是无常，所作性故，譬如瓶”之比量，正是如此。

⑱ **倒合**　喻过之五，指不按先因同后宗同的次序组织同喻体，反而颠倒过来，按先宗同后因同的次序来组织同喻体而造成的过失。《因明入正理论》云：“倒合者，谓应说言：‘诸所作者皆是无常’，而倒说言：‘诸无常者皆是所作’。”这里，引文所论，仍以“声是无常，所作性故”为例。同法喻体的任务，在于“顺成”，即以能立法成所立法，故必先因后宗，以显示因同品之后必有宗同品的随逐。假如颠倒次序，先宗后因，则反成因同品随逐宗同品，换言之，以所立法成能立法，正与同法喻体以能立法成所立法的任务相悖谬，故成过失。引文中比量的同法喻体，依照先因后宗的规定，应作“诸所作者皆是无常”，必如此说，方能顺成“声是无常”之宗。今若先宗后因，作“诸无常者皆是所作”，则其所“顺成”者当是“声是所作”，不是“声是无常”。尽人皆知，“声”之具有“所作性”，原为立敌所共许，毋须证明，这岂不成了证所不必证而不证所待证之过失？

⑲ **所立不遣（排抑、排斥）**　喻过之六，指异喻依（异

喻例）未与宗法（所立）的外延相排斥的过失。《因明入正理论》云：“似异法中，所立（‘所立法’之省）不遣者，且如有言：‘诸无常者见彼质碍，譬如极微’。由于极微所成立法‘常性’不遣，彼立极微是‘常住’故。能成立法‘无质碍’无。”这里，引文举例，虽只举了异法喻，未举其宗与因，而依其所说推之，当是“能立法不成”中所引声论对胜论所立的比量，以“声常”为宗，以“无质碍故”为因，以“诸无常者见彼质碍”为异法喻体，以“极微”为异法喻依。“由于极微所成立法‘常性’不遣，彼立极微是‘常住’故”，谓立者声论与敌者胜论共许“极微”为“常住”，故不遣“常住性”，“常住性”为所成立法，不遣“常住性”，即是不遣所成立法。于是，构成过失。“能成立法‘无质碍’无”，谓“极微”是有质碍的，不具有“无质碍性”，所以能成立法是被遣的。“极微”只遣能立法，未遣所立法，故不足为“异法喻依”。

⑩⓪ **能立不遣** 喻过之七，指异喻体（异喻例）未与因法（能立）的外延相排斥的过失。《因明入正理论》云：“能立不遣者，谓说‘如业’，但遣所立，不遣能立，彼说‘诸业无质碍故’。”这里，引文举例，依旧沿用前过中声论对胜论所立的比量。“业”、动作、运动。一切动作皆是“无常”，自不具有“常住”性，故遣所立。“彼说诸业无质碍故”，谓声、胜论皆认许一切动作是“无质碍”的，自具有能立法，故不遣能立。“业”只遣所立法，未遣能立法，故亦不足为“异法喻依”。

⑩① **俱不遣** 喻过之八，指异喻依（异喻例）同时未与宗法（所立）和因法（能立）的外延相排斥的过失。《因明入正

理论》云："俱不遣者，对彼有论，说如'虚空'。由彼'虚空'不遣'常性''无质碍故'，以说'虚空'是'常性'故、'无质碍'故。"这里，引文举例依旧沿用前二过中声论所立的比量，不过特意申明，敌者须为有论（有论为认许"虚空"为实有的学派），方可成就此过。"以说'虚空'是'常性'故、无碍性故"，谓立者与敌者共许"虚空"具有"常住性"和"无质碍性"。"由彼虚空不遣'常性'、'无质碍'故"，谓虚空既是"常住"且"无质碍"，换言之，虚空既不遣"常住性"，亦不遣"无质碍性"，这不是"俱不遣"又是什么？

⑩② **不离**　喻过之九，指异喻未能以否定的普遍命题作喻体的过失。此过专指古因明而言。《因明入正理论》云："不离者，谓说'说瓶'，见无常性、有质碍性。"这里引文所举，依旧沿用前三过中所用实例。"离"，是异法喻体的主要作用。"谓说如瓶，见无常性、有质碍性"，点明"不离"的要义所在。很明显，"瓶"是异法喻依，"见无常性、有质碍性"，谓举此异法喻依，令人见其具有"无常性"与"有质碍性"。如此举示譬喻，只能令人见"无常性"与"有质碍性"的联合，而不能令人见"无常性"与"无质碍性"的离绝，就是说，只举示异法喻依，不举示异法喻体，不能尽显"无常性"与"无质碍性"的离绝作用。当然，"不离"之作为过失，亦是专就比量法式而言，实际立量时，异法喻体与同法喻体一样，尽可省略不说。

⑩③ **倒离**　喻过之十，指不按先宗离后因离的次序组织异喻体，反而颠倒过来，以先因离后宗离的次序组织异喻体而造

成的过失。《因明入正理论》云："倒离者，谓如说言，'诸质碍者皆是无常'。"这里，引文所举实例，依旧以前过中所说的比量。异法喻体必须先宗后因。故在这一比量中，其异法喻体应如"所立不遣"所说，作"诸无常者见彼质碍"。今颠倒言之，而成"诸质碍者皆是无常"，与规定不符，构成过失。异法喻体的任务，在于返显同法喻体，必先宗而后因，方可返显先因后宗的同法喻体。"倒离"的结果，其返显所得，不是该比量所应有的同法喻体，其返显同法喻体的作用也就无从谈起了。

第十二章　陈那及其弟子商羯罗主以及再传弟子法称因明研究成果述要

前已述及因明第二次输入中国是在唐代初年，主要体现在玄奘法师传译印度陈那《因明正理门论》及其弟子商羯罗主《因明入正理论》两著作上。至于其再传弟子法称《正理滴论》等著作于公元11世纪才传入中国西藏地区，影响极为深远，但在汉传因明中影响不大。直到20世纪末，王森和杨化群两先生《正理滴论》的汉译本问世后，才引起汉地学者的关注。兹将上述三位各自的著述及其主要论点和阐述，择要说明如下。

一、陈那其人其书

陈那（Dignāga或Dinnāga，约公元440～520年），意译为域龙、大域龙、童授、方象等。古印度大乘佛教瑜伽行派重要理论家，新因明学说的奠基人，被称为印度中世纪逻辑之父。南印度香至国人，婆罗门种姓。原先信从小乘犊子部，后改习大乘，受学于大乘佛教瑜伽行派创始人世亲。相传他能言善辩，在同外道的论辩中，每多获胜。曾在当时印度佛教中心那烂陀寺讲授唯识论和因明。他批判吸收了“正理论”，改革佛家古因明“五支作法”，创立标志新因明的“三支论”，即对“能立”与“所立”重新分界，以宗体为诤论的标的；创建“九句因”作为三支因明的推理基础；分喻支为“喻体”和“喻依”，使“喻体”区别于作为例证的喻依而上升为普遍道理，大大提高了推理的可靠程度，从而使三支因明既有归纳推理性质又有演绎推理性质。又确定量只分现量和比量，并提出“遮诠”概念。所有这些，都使因明的逻辑性质得到进一步凸显。其在因明方面的重要著作，前期有《因明正理门论》，后期有《集量论》，应该说后期与前期的某些观点不尽一致，但其因明理论体系是比较严谨的。中国早在唐时，就有玄奘、义净二法师作了译介。宋元以后，藏地译介的陈那因明论著也为数颇多。据德格版“丹珠尔”所收，计有《集量论》《集量论释》《观所缘缘论》《观所缘缘论释》《观三时》《因轮抉择》等。

二、商羯罗主其人其书

商羯罗主（Saṅkarasvāmin，约 6 世纪），音译为“商羯罗塞缚弥”，又称“天主”。印度新因明论师，陈那弟子。“商羯罗”意为“骨琐”，即人之骨架，“塞缚弥”意为“主”。据说，世人称婆罗门主神湿婆（大自在天）为“骨琐天”。起先商羯罗主的双亲因为不生育，求释于骨琐天，遂生子，取名为“骨琐主”，以天为主之意，故世人亦称“天主”。作为陈那弟子，商羯罗主继承和发扬了陈那前期的因明思想，致力于立（论证）、破（反驳）方法与过失论的研究。以陈那师《因明正理门论》深奥难读，遂撰《因明入正理论》作为入门，引导读者以冀将来登堂入室。商著所述虽基本上未超越其师所论范围，但亦不乏独特性的创见，如陈那的过失论只有“现量相违”“比量相违”“自教相违”“世间相违”和“自语相违”五种，商羯罗主在此基础上又加“能别不极成”“所别不极成”“俱不极成”和“相符极成”四种，成为九种。现今，学界普遍十分看重商之“入论”，而有意无意地冷落陈那之“门论”。

三、法称其人其书

法称（Dharmakirtti，约公元600～680年），音译为“达玛诘”。古印度大乘佛教僧人，印度新因明大师，属瑜伽行派。西藏学者将其学说与陈那学说并提，称为“陈那法称之学”，与“龙树提婆之学”“无著世亲之学”并称为“六庄严”。据传，法称生于南印度睹梨摩罗耶国的婆罗门家庭，但因看出婆罗门教主的过失，反而赞扬佛陀，被婆罗门驱逐，改信佛教后，在那烂陀寺从护法出家。精通三藏，能记诵经咒五百余种。不久，从陈那另一弟子自在军（Īśvarasena）习因明。闻法一遍，见与师齐；再览之后，解等陈那；三复论义，慧超前贤。继承并发展了陈那后期的因明学说（侧重于量论）。三学《集量论》后，发现了陈那学说的不足之处，在自在军师鼓励下，著《释量论》，对陈那《集量论》作了详细的注释，同时指出不足。据统计，法称的因明著作有七种，除《释量论》外，还有《量抉择论》《正理滴论》《因一滴论》《观相属论》

《论议正理论》《成他相续论》六种。七种著作中，《释量论》《量抉择论》《正理滴论》三种正面论述法称的因明思想，相当于法称因明学说的躯干，而后四部《因一滴论》（论因）、《观相属论》（论比量中各概念之关系及过类）、《论议正理论》（集中论过类）、《成他相续论》（关于论证他人的心理以成立唯识的道理）的专题论述，相当于四肢，故统称为“七支论”。七论梵文原本多数佚失，今仅存《释量论》残本和《正理滴论》。七论均有藏译本，而无汉译本，故而可以说法称之学盛传于藏地。20世纪70年代末，法尊法师将《释量论》译为汉语。1982年，王森、杨化群两先生分别将《正理滴论》译为汉语，为汉地学者研习法称之学提供了可靠的资料。

在《正理滴论》一书中，我们可以看到，法称改造了陈那的“因三相”说，他对“因三相”的表述为：“因三相者，谓于所比，因唯有性。唯于同品有性。于异品中，决定唯无。”据王森先生所译，第一相“谓于所比，因唯有性”，意谓“谓于所推论比度之事必须具备”。“所比”即宗有法，是要推论比度的对象。“因唯有性”是说只有“因”才有“所比”，亦即“所比”之外延包含于“因”的外延之中，这与陈那“遍是宗法性”所释相同。第二相“唯于同品有性”，意谓因只在“同品”中有，法称定义“同品”为“所立法均等义品”，即与宗的谓项“所立法”有相同性质的对象。从《正理滴论》全文分析，这里的“同品”是不排除宗有法的。第三相“于异品中，决定唯无”，意谓“因”决不存在于异品之中。这里法称的“异品”也是不排除宗有法的。显见，法称的第二相和第三相为同值命题。如果说陈那的第二相、第三相不能缺少其一，那么法称的第二相、第三相可以缺一。因为他的第二、第三两相实际上是一相。《正理滴论》在讲完违反第一相的“不成”因之后，接讲违反第三相的“不定”因，不曾言及陈那“九句因”中的第五句“不共不定”因。很明显，法称取消了第五句“不定”因。应知第五句是陈那因明性质的显明标志，因为它标志着第二相“同品定有性”是独立于第三相“异品遍无性”的。此外，法称的同法论式中，喻依虽仍保留，但它已不再是三支作法的必要成分，只是起到举例以明之的作用。这样，便更加凸显了同喻体的普遍道理的性质。他甚至主张颠倒原有宗、因、喻的排列次序，将喻体部分提至最前面，作为推断的依据，有与亚里士多德“三段论”趋于一致之势。假定再降低同喻依的作用，甚至废除喻依，不就等于因喻一体来论证宗体，完全排除了类比性质，而成为纯演绎性质的推理论证工具了吗？有人说，在法称手上，完成了因明从类比到演绎的过渡，是很有道理的，此外，法称提出了“自性比量因”“果比量因”和“不可得比量因”（更将不可得比量因的运用情况从细划分为十一种），虽然为自己的论证提供了必不可少的保证条件，但对某些因（如“果比量因”）的阐述有时不免出现漏失，引起学者的诟病。

总起来说，虽然经由法称改造后的三支因明可以说达到了演绎推理的高水准，但法称因明体系的严谨性较之陈那有所逊色。当然，由于汉地对法称因明的研讨起步较晚，很多工作正等待着我们去开掘和阐发。在这方面，借鉴藏传因明已有的研究成果，就显得十分重要。

贰 主篇

第一章　因明的体系及其相关术语

第一节　因明的体系

在古代印度思想史上，因明学说的存在和发展，留下了华彩的一章，这是不容否认的事实，但其内容却异常杂沓纷繁。唐代神泰《因明正理门论述记》说："自古九十五种外道，大小诸乘，各制因明，俱申立破。"应当认为是可信的。主观上的辨事析理、立自破他与客观上的探寻知识、分清真伪，往往混沌纠缭，难以形成一个众所认许的分析思想的方法论体系。虽说尼耶夜派的《正理经》中，已经孕育着因明正理学说的胚基，但毕竟尚需一段很长的成长历程。陈那改革古因明为新因明，纯化了因明的研究对象及其基本内容，本着"简智采言，持取真实"的认识论原则，奠定了因明作为分析思想、指导论辩方法论体系的基石。他的《因明正理门论》的问世，就说明了这一点。稍后，其弟子商羯罗主为使师论得到广泛传播，著入门书《因明入正理论》，以"善尽三量（实为二量），妙尽二因，启以八门，通以两益，考核前哲，规模后颖，总括纲纪”[1] 为宗旨。窥基对该书内容的梳理，可谓十分精当。正同该书首颂所论：“能立与能破，及似、唯悟他；现量与比量，及似、唯自悟。”[2] 这里，“二量”“二因”“八门”“两益”清晰地道出了新因明学说的轮廓（如图 2-1 所示）。

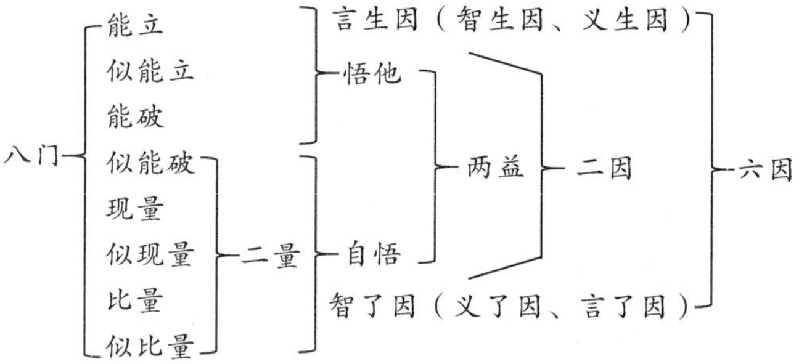

图 2-1　新因明学说的轮廓

该轮廓便是因明全部内容的骨架。很明显，因明的目的在于“悟他”与“自悟”，此所谓“两益”。欲达“悟他”之目的，必须论究立破规则，辨明立之正似与破之正似，如此便有“能立”“似能立”“能破”“似能破”四门；又欲达“自悟”之目的，必须探讨知识（“量”）的本源与可靠性，而量有现量、比量之分。如此便又有“现量”“似现量”“比量”“似比量”

①［唐］窥基撰、梅德愚校释：《因明大疏校释》卷一，中华书局 2013 年版，第 14 页。

②按：受五言句式拘束，如此句读。实则应读：能立与能破及似（能立、能破），唯悟他；现量与比量及似（现量、比量），唯自悟。参见《因明大疏校释》卷一，第 40 页。

四门，合两四门，得“八门”。必须申明，由于因明认为“悟他”重于“自悟”，所以在顺序上，立破论早于知识论（量论），分量上立破论重于知识论。在因明中，是因作为纽带将“两益”和“八门”联系在一起的。因为就立敌双方的论诤而言，立论者必须凭借言语陈述充足理由（因），以此来启迪敌论者和证者（第三方）的智力，使之了悟并认许自己所要建立的论旨，由此解决论辩的胜负。再就因明论式结构而言，宗为所立，因属能立，因是说明宗义何以能够成立的根据。因的有或无、正与似决定着整个论式的正、似问题。在“两益”和“八门”之间的沟通上，因起着关键性的作用。

第二节　因明相关术语

不同的学问，多有与自身的特殊内容相关的一系列术语。作为外来的学问，因明似乎离我们比较远，正因为如此，我们有必要将其术语的系统胪列得尽量全面和详细。有鉴于此，我们将大致按照在陈那《因明正理门论》和商羯罗主《因明入正理论》以及窥基《因明入正理论疏》几种主要因明读本中出现的先后顺序，从全从细地将以下一百多个术语及其解说，依次列出：①因明；②古因明和新因明；③五支作法；④三支作法；⑤八门二益；⑥真似；⑦真能立；⑧似能立；⑨真能破；⑩似能破；⑪现量；⑫比量；⑬自比量；⑭他比量；⑮共比量；⑯简别；⑰能立；⑱所立；⑲宗；⑳随自乐为；㉑不顾论宗；㉒因；㉓喻；㉔喻体；㉕喻依；㉖同喻；㉗异喻；㉘前陈；㉙后陈；㉚体三名和义三名；㉛自性；㉜差别；㉝有法；㉞法；㉟所别；㊱能别；㊲表诠；㊳遮诠；㊴全分；㊵一分；㊶极成；㊷有体；㊸无体；㊹似宗；㊺宗九过；㊻现量相违；㊼比量相违；㊽自教相违；㊾世间相违；㊿自语相违；51能别不极成；52所别不极成；53俱不极成；54相符极成；55二因；56六因；57九句因；58同品；59宗同品；60因同品；61异品；62宗异品；63因异品；64转；65回转；66遍充；67因三相；68遍是宗法性；69同品定有性；70异品遍无性；71似因；72因十四过；73不成因；74两俱不成；75随一不成；76犹豫不成；77所依不成；78不定因；79共不定；80不共不定；81同品一分转、异品遍转；82异品一分转、同品遍转；83俱品一分转；84相违决定；85相违因；86法自相相违；87法差别相违；88有法自相相违；89有法差别相违；90似喻；91喻十过；92合作法；93离作法；94能立法不成；95所立法不成；96俱不成；97无合；98倒合；99所立不遣；100能立不遣；101俱不遣；102不离；103倒离。

第二章　真能立与似能立

第一节　真能立与似能立“简说”

《因明入正理论疏》云：“一者能立，因喻具正，宗义圆成，显以悟他，故名能立。”① 这是说，如果一个论式的各个部分都能符合相应的规定（“因喻具正”），使立论者的主张得以确立（“宗义圆成”），显示出敌论者与中证人受到应有的启发（“显以悟他”），这种推理论证境界，叫做“真能立”。又

①陈那能立，唯取因喻，古兼宗等，因喻二义：一者具而无缺，离七等（因、同喻、异喻，缺一有三种，缺二有三种，缺三有一种，共七种）故。二者正而无邪，离十四等（没有因十四过等过失）故。宗亦二义：一者支圆，能依所依，皆满足故。二者成就，能依所依，俱无过故。由此《论》显真而无妄，义亦兼彰具而无缺，发此诚言，生他正解，宗由言显，故名能立。由此，似立决定相违，虽无缺过，非正能立，不能令他正智生故也。参见（唐）窥基撰，梅德愚校释：《因明大疏校释》卷一，第41～42页。

云："三者三支互阙，多言有过，虚功自陷，故名似立。"① 这是说，如果一个论式不完整（"三支互阙"），论式的各部分不符合相应的规定，构成宗、因、喻的诸多文字表述未当，而形成过失，致使论证陷入困境，这种推理论证的境界，叫做"似能立"。由此可知，区别真能立、似能立的关键，在于其论式是否具备作为正确论式的若干必备条件。具体来说，必须宗、因、喻三支齐全，且符合三支之间正确构造、正确联系的规则。就是说，必须凸显论式内宗、因、喻的不同功能——"宗"是立论旨所欲建立的论旨，即是"所立"；"因"和"喻"，是使"宗"所以能够成立的理由或依据，即是"能立"。

第二节　论　宗

一、宗的构成

宗者，"尊也，主也，要也，自己尊崇主张之要旨也"②。宗，既是表明立论者主张而又是敌论者反对的命题，是立、敌双方论诤之所在，如前举"声是无常"就是一"宗"。

新因明在分析宗时，区别了"宗依"与"宗体"。所谓"宗依"，是指组成宗的依凭和素材；所谓"宗体"，是指由宗

①此有二义：一者缺支，宗因喻三，随应缺减。二者有过，谓立具足，诸过随生，伪立妄陈，邪宗谬显。兴言自陷，故名似立。参见（唐）窥基撰，梅德愚校释：《因明大疏校释》卷一，第 44 页。

②参见丁福保：《佛学大辞典》，中国书店出版社 2011 年版，第 1508 页。

依组合而成的命题整体。如“声是无常”宗，“声”“无常”是“宗依”，而“声是无常”（按梵语习惯作“声无常”，系词“是”乃按汉语习惯所加）是“宗体”。“宗体”又称“总宗”，“宗依”又称“别宗”。就“宗体”结构而言，组成一个“宗体”的“宗依”有两个。由于位置、作用和性质的不同，“宗依”也有所不同。“先所陈者”位置在前，称为“前陈”（如“声”）。“后所说者”位置在后，称为“后陈”（如“无常”）。“前陈”指事物，为“体”（自体），后“陈”指属性，为“义”（义理）。“体”与“义”可能构成不同的关系，故有不同的名称。具体言之，“体”可有三个名称：“有法”“自性”“所别”；“义”也可有相对的三个名称：“法”“差别”“能别”，如表 2-1 所示：

表 2-1 宗依与宗体

<table>
<tr><td rowspan="4">宗依</td><td rowspan="2">以地位言</td><td rowspan="2">以体义言</td><td colspan="3">以相互关系言</td><td rowspan="2">举例</td></tr>
<tr><td>通他与否</td><td>属性依归</td><td>功能不同</td></tr>
<tr><td>前陈</td><td>体有三名</td><td>自性</td><td>有法</td><td>所别</td><td>声</td></tr>
<tr><td>后陈</td><td>义有三名</td><td>差别</td><td>法</td><td>能别</td><td>无常</td></tr>
<tr><td>宗体</td><td colspan="5">把前陈和后陈组合起来，成为立敌双方诤论命题</td><td>声是无常</td></tr>
</table>

其中，“自性”与“差别”相对。“前陈”（“声”）唯指事物本身，不涉及其他事物，也未能借助某一属性使之与他物相区别，故称“自性”。《因明入正理论疏》说：“诸法自相，唯局自体，不通他上，名为自性。”正是这样的意思。“后陈”

（“无常”）揭示了“声”与其他“无常”物具有的共性，使“声”与“有常”物相区别，故称“差别”。《因明入正理论疏》说：“如缕贯华，贯通他上，诸法差别义，名为差别。”正是这样的意思。

又，“有法”与“法”相对。此处的“法”，作属性或性质解。“后陈”（“无常”）指属性，故称“法”。“前陈”指具有一定属性的事物，故称“有法”。

又，“所别”与“能别”相对。“前陈”所指事物（“声”），由“后陈”揭示的属性（“无常”）加以分别。“前陈”是被（所）分别的，故称“所别”；“后陈”是对“前陈”加以分别的，故称“能别”。

二、立宗规则

因明认为，一个论式内的宗要成为真正的宗，需满足下列四个条件。其一，立宗二依无缺。“前陈”“后陈”，是组成宗的材料依凭。立宗时，应使二者齐备，缺一不可。如“声是无常”宗，前陈“声”与后陈“无常”二宗依，乃成立其宗体，显示其宗义。仅有前陈“声”或仅有后陈“无常”，皆属只有体而无义或只有义而无体，不能成立其宗体，显示其宗义。其二，立宗二依共许。所谓“共许”，就是立敌双方共同认许之意。因明有时也将这一含义称为“极成”。《因明入正理论疏》云：“极者，至也；成者，就也。至极成就，故名极成。”至极成就可谓最高成就，自是为一切人共同认许的成就。“有法”为“前陈”（“法”为“后陈”），（所别为“前陈”），“能别”为

"后陈"，所以"极成有法，极成能别"就是立敌双方共同认许的两个宗依。试想，假如宗依不共许，实际上形成立、敌各执一宗不相交锋的局面，尽失辩论的意义。正如《因明入正理论疏》所说："（宗依若不共许），成于异义，非成本宗。故宗所依，必须共许。"上条说两宗依必须齐备，此条说两宗依必须共许。因明要求，不允许使用立敌双方任何一方有疑问的材料来做宗的前陈和后陈。此话与"立案必须二依共许"同解。其三，立宗体义和顺。"前陈"为"体"，"后陈"为义，把"前陈"和"后陈"组合（联接）起来之后，"体"与"义"要求和顺通达，而非二者风马牛不相及甚或意思悖谬。如《因明入正理论》"自语相违者，如言我母是其石女"，便属体义不和顺之例。窥基《疏》云："今言我母，明知有子；复言石女，明委无儿。'我母'之体与'石女'之义，'有法'及'法'不相依顺。自言既已乖反，对敌何所申立?"所言极是。第一、第二两条是就"前陈""后陈"作分说，而本条则就将它们合而组成宗体着眼的。其四，唯立"不顾论宗"。"不顾论宗"的"不顾论"即"随自意乐""随自乐为""违他顺自"，意谓立论者不必顾及他人见解为何，只随自己意愿乐于成立，即使违背他人主张，也在所不顾。此种"随立者情所乐便立"包含两层意思：一是立论者所立之宗，必须为敌论者所反对。否则，会成为"遍许宗"，而"遍许宗"既为立敌双方遍许，辩何从起?二是立者可随己愿立宗，正则定能驳倒敌方，似则足能被敌方驳倒。总之，经由辩论而明事理。[如果追溯古因明，它认为建立宗义有四种方式：其一，遍所许宗。如此之宗，乃尽人皆明之理，固然无可辩驳，但也无法收"悟他"之效。其二，先业禀崇，如此之宗，乃以立者所属宗派先代所传主张作为论旨，对异宗异派可用，对同宗同派则不必用（不可用）。其三，傍依义宗，如此之宗，乃借词语表义的暧昧性而暗示论旨，如《因明入正理论疏》所举“立声无常，傍依显无我”，即属傍依义宗。其四，不顾论宗。以上四种建立宗义的方式，唯有“其四”符合立宗要求，“其一”“其二”皆失“顺自违他”之旨，“其三”则非明指，而需“意会”，离却言语交流之正途，皆不能视为真正意义上的宗。]

新因明对于宗的要求，还有一些会在分析宗过时显现出来，请参酌“宗过”的相关内容。

三、似宗九过

似宗，即不正之宗，错误之宗。例如尼乾子等所立的“一切草木皆有神识，为有眠故，犹如宗等”宗，就是似宗（因为有眠觉的树，只有尸利沙树即合欢树种，而不是全部）。如果立者所立之宗，有宗依不极成（不为立敌双方所共许）、所立不能收“悟他”之效或自相矛盾等方面的过失，称为“似宗”。学者们普遍认为，详析似宗的过失，不外九种。其中，前五种（现量相违、比量相违、自教相违、世间相违、自语相违）是陈那于《因明正理门论》中论究过的，后四种（能别不极成、所别不极成、俱不极成、相符极成）是商羯罗主于《因明入正理论》中补进来的。下面加以分述。

1. 陈那论究过的宗过

《因明入正理论》云：“虽乐成立，由与现量等相违，名似立宗。谓现量相违，比量相违，自教相违，世间相违，自语相违。”

（1）现量相违

《因明入正理论》云：“此中现量相违者，如说‘声非所闻’。”现量指凭官能感觉辨明其真伪的知识。所谓“现量相违”，就是指立者所立之宗，犯了与现见事实相违悖的过失。商羯罗主以“声非所闻”作为“现量相违”之似宗例。很明显，似宗“声非所闻”与现见事实相违悖。窥基《疏》诠释道：“耳为现体，彼此极成；声为现得，本来共许。今随何宗所立，但言‘声非所闻’？便违立敌证智，故名‘现量相违’。”所言极是。这里，所立之宗与现量是否相违，以立者为主，结合敌方意见，会有四种可能情况出现：①俱违；②违自不违他；③违他不违自；④俱不违。在这四种情况中，因明认为，如属①②两种情况，就成为似宗；属于③④两种情况，就成为正宗。不用说，①“俱违”，即违悖立敌双方的现量，如“声非所闻”宗，即为似宗，上文已做说明。②“违自不违他”，即违悖立者立宗意愿，且所立宗还包含下述“自教相违”的过失，亦为似宗。如胜论派立“一切四大，非眼根境”为宗，犯了这种过失。须知，原本胜论派认为，在地、水、火、风的四大（四大元素）中，风大及其他三大之极微（元素中的最小单位），不是肉眼所能见到的；三大之尘（由极微构成的较大单位）称为“三粗”，是能为肉眼所见到的。今立“一切四大，非眼根境”，显然违悖了胜论派的自现量，而成为似宗。至于③“违他不违自”宗，正符合唯立“不顾论宗”的要求，自为正宗。而④“俱不违”，立敌双方都认为所立之宗不同现见事实相违悖，亦可视为正宗（这是从现量方面说的，至于论旨本身则仍应是立敌双方诤论的命题）。

（2）比量相违

《因明入正理论》云：“比量相违者，如说‘瓶等是常’。”比量是指敌、证者由立者之言语而悟得的知识，譬如由烟比知有火。所谓“比量相违”，就是比量有误，不能使敌方由一事物比知有联系的另一事物，从一现象比知有联系的另一现象，于是形成宗过。商羯罗主以“瓶等是常”作为“比量相违”之似宗例，很明显，违悖了由“瓶是所作”而推知的“瓶是无常”。窥基《疏》诠释道：“彼此共悉‘瓶’‘所作性’，决定‘无常’。今立为‘常’，宗既违因，令义乖反。义乖反故，他智异生。由此宗过，名‘比量相违。’”所言极是。比量的违或不违，结合立敌双方考虑，也有四种可能情况。它们哪些是过、哪些是正，都与现量相同。其详见上。

（3）自教相违

《因明入正理论》云：“自教相违者，如胜论师立‘声为常’。”自教指立论者自家所秉承的教义。所谓“自教相违”，指所立之宗如果违悖自教教义，就算犯了过失。如商羯罗主所举胜论派立“声是常”宗，便是违悖自教教义（“声是无常”）的似宗。胜论派有“六句义”之说，认为声是耳根所对之境（如鼓发之音），包含在德句内，属于“无常”，今自家论者立“声是常”，当然违悖自教之内关于德句义所作的解说，成为似宗。窥基《疏》诠释道：“凡所竞理，必有据凭，义既乖于自宗，所竞何有凭据，胜论自宗，明声‘无常’，今立为‘常’，故违自教。”所言极是。必须申明，不容否认，印度古代诸多宗派的教义，有一些是非理性的，笼统地规定立宗违悖自教教义为过失，就等于把某些非理性的教义作为立宗的最高、最后标准，这不符合论诤的最终目的是追求真理的理念。

（4）世间相违

《因明入正理论》云：“世间相违者，如说怀兔非月，有故。又如说言人顶骨净，众生分故，犹如螺贝。”“世间”，即人世间，亦即人的社会。不过，因明中，“世间”有“学者世间”与“非学世间”之别。非学世间，是指除学者以外的世俗共信。所谓世间相违，指所立之宗如果同社会上一般所信的事理相违悖，便是似宗。商羯罗主所举“怀兔非月”和“人顶骨净”，皆属非学世间似宗。因为古印度人相信月球上的阴影是因有一只兔子被月所怀的传说。又，世人共知死人顶骨为不净。窥基《疏》诠释道：“《论》[①] 但有宗、因而无喻。[②]《理门论》[③] 云：‘又若于中由不共故，无有比量，为极成言相违义遣[④]，如说“怀兔非月，有故”。’彼言意显，以不共世间所共

①指商羯罗主所论。

②指“怀兔非月，有故”。

③指《因明正理门论》

④指“怀兔非月”被世间共许的“怀兔是月”的相反主张所排斥，犯“世间相违”过，因而不是真宗。

有知故[①]，无有道理可成比量，令余不信者，信怀兔非月，是故为过。[②] 又道："此《论》又言，如迦婆离外道，此名结鬘[③]，穿人髑髅，以为鬘饰。人有诮者，遂立量言："人顶骨净宗，众生分故因，犹如螺贝喻[④]。能立因、喻虽无有过，宗违世间共为不净，是故为失。"所言极是。

（5）自语相违

《因明入正理论》云："自语相违者，如言'我母是其石女'。"自语，指立者自己用以立宗的言语，所谓"自语相违"，指立论者自己所说的话前言不搭后语，自相矛盾，自我否定。此种所立之宗，当然是似宗。商羯罗主以"我母是其石女"为"自语相违"之似宗例。前已述及，兹不赘。栾调甫先生在论述《经下》"以言为尽悖，悖，说在其言"时，曾言及"自语相违"之事，说："这条确与因明说的自语相违无二。今引《因明入正理论疏》一段如下，以便与《说》相参。《理门论》云：'如立"一切言皆是妄"。谓有外道立"一切言皆是妄"。陈那难言：若如汝说诸言皆妄，则汝所言称可实事。既非是妄，一分实故。便违有法"一切"之言。若汝所言自是虚妄，馀言不妄。汝今妄说，非妄作妄。汝语自妄，他语不妄，便违

①指立论者不认许世间所共同认许的知识之故。

②指这就不可能有某种道理，形成比量，使得其他不相信的人相信怀兔非月，故而成为过失。

③这是说，"外道迦婆离"意译为"结鬘"。

④指人的顶骨是洁净的，因为是众生身体的一部分，如同螺贝之壳一样。

宗法言“皆是妄”。故名自语相违’。”

2. 商羯罗主补入的宗过（以下序号接续（5））

（6）能别不极成

《因明入正理论》云：“能别不极成者，如佛弟子对数论师立‘声灭坏’。”“能别”即宗之后陈。所谓“能别不极成”，就是后陈不共许。前已述及，立宗规则之二是“二依共许”。如立者所立之宗后陈不共许，自然违悖立宗规则而成为似宗。商羯罗主以佛弟子对数论师立“声灭坏”为“能别不极成”的似宗例。这里，“声（是）灭坏”宗中，“能别”即后陈是“灭坏”，须知数论派对此后陈是不认许的。窥基《疏》诠释道：“今佛弟子对数论师立‘声坏灭’。有法之‘声’，彼此虽许，‘灭坏’宗法，他所不成①，世间无故。总无别依②，应更须立，非真宗故，是故为失。”所言极是。因明还将“能别不极成”细分为俱能别不成③，自能别不成、非他④和他能别不成、非自⑤三种情况。其实前两种情况，即立论者以自己不认许的材料来立宗，应该认为是不会有的。故而，人们普遍确认第三种情况，既如上述。

（7）所别不极成

《因明入正理论》云：“如数论师对佛弟子，说‘我是

①指数论派不认许。因为该派认为，世间事物只有转变，而无灭坏。

②指宗体为总宗，宗依为别宗，宗依不共许，则宗体失所依。

③指对于能别，立、敌双方都不认许。

④指对于能别，立者自己不认许而敌者认许。

⑤指对于能别，敌者不认许而立者自己认许。

思’。”“所别”即宗之前陈。所谓“所别不极成”，就是前陈不共许。同样是由于违悖立宗规则之二“二依共许”而成为似宗。商羯罗主以数论派对佛弟子立“我是思”为“所别不极成”的似宗例。这里，佛弟子主张“无我”，就是说，数论派所立“我是思”宗的“所别”（前陈）“我”佛弟子不认许。窥基《疏》诠释道：“‘是思’宗法，彼此共成①，佛法‘有思’是心所②故。唯有法‘我’，佛之弟子多分③不立，除正量④等，余皆无故⑤。”所言极是。因明亦将“所别不极成”细分为三种情况。其实唯第三种情况真实存在。理由已详上条。

（8）俱不极成

《因明入正理论》云：“俱不极成者，如胜论师对佛弟子立我以为和合因缘。”“俱”指“能别”“所别”俱有，所谓“俱不极成”，就是“能别”（后陈）与“所别”（前陈）都不为立敌双方所共许。（6）说立宗“能立”（后陈）不极成，（7）说立宗“所立”不极成，皆成为似宗。今立宗“能立”（后陈）和“所立”（前陈）俱不极成，其为似宗，自不待言。商羯罗主以胜论师对佛弟子立“我为和合因缘”作为“俱不极成”的似宗例。佛弟子既主张无我，不认许抽象的“我”的存在，也反对和合因缘。窥基诠释道：“‘和合因缘’者，《十句论》云：

①指“思”是宗中之法，为数论派和佛弟子所共许。

②指心所有法之略，为心王之所有，而有贪嗔等别作用之心法也。

③指大多部分。

④指小乘部派正量部。

⑤指其余佛教派别都不主张有所谓“神我”。

‘我云何？谓是觉、乐、苦、欲、瞋、勤勇、法、非法、行等和合因缘，起智[1]为相名我’。谓和合性，和合诸德，与我合时，我为和合因缘，和合始能和合，令德与我合[2]，不尔，便不能[3]。‘我’之有法，此已不成[4]，‘和合因缘’，此亦非有，故法、有法，两俱不成。此中不偏取‘和合’，亦不偏取‘因缘’，总取‘和合’之‘因缘’，故名不成。不尔，便成自亦许有[5]。”所言极是。

（9）相符极成

《因明入正理论》云：“相符极成者，如说‘声是所闻’。”“相符”，指宗体为立、论双方共许。如有一宗体，双方主张一致，则毋须提起诤论。商羯罗主以“声是所闻”为“相符极成”的似宗例。窥基诠释道：“对敌申宗，本诤同异，依宗两顺，枉费成功。凡对所敌立‘声所闻’，必相符故，《论》不标主[6]。”所言极是。

综上所述，陈那已论究之前五过，皆就已经组织好了的宗而言，与宗的结构无涉。此等业已组织好了的宗，如果违悖事实，或不合比度情理，或违悖自教教义，或违悖社会信仰，或

①指产生智慧。

②指有了我，才能使诸德与我和合。

③指不是有我，就不能使我与诸德和合。

④指作为有法的“我”，已经是不共许的宗依。

⑤指和合因缘，也不是有体，不是共许。所以法和有法，两俱不成。“和合因缘”，不单说“和合”，也不单说“因缘”，而是总的说“和合”之“因缘”，所以才称为“不成”。不然只说因缘，佛法是认许的。

⑥指《因明入正理论》，此处不标立论者。

自相矛盾，就都有过失，成为似宗。商羯罗主所补入的后四过，则均对宗的结构而言。宗依（或一或俱）失规，便有“不极成”三过；宗体失规，便有“相符极成”一过。一个论式所立之宗达到“真能立”的境界，则为正宗。否则，如上述几种过失之宗，则为似宗，其论式自然属于“似能立”了。

第三节 论 因

一、因及其作用

宗、因、喻三支作法中，因是关键的一支，在论式中，起着枢纽的作用，它贯通宗和同喻、异喻上。可以说“因明”之核心在于明因。“因明”之所以称因明，而不称宗明、喻明，正是要彰显其作为关键支的地位和作用。《因明入正理论》云：“所明者因，能明者教，因之明故，号曰因明。”正明此义。论辩必定有立论者与敌论者两方。立论者说出宗来，并具足其因、喻，方能使敌论者了悟并接受。故而新因明称“宗”为“所立”，称“因”“喻”为“能立”。《因明入正理论》云：“因及二喻，成此宗故，而为能立。”正明此义。虽然“因”“喻”同属“能立”，但它们的作用并不是等同的，“因”是论证“宗”之所以能够成立的根据，是“正能立”。《因明入正理论疏》云：“因者所由，释所立宗义之所由也；或所以义，由此所以所立义成；又建立义，能建立彼所立宗故；或顺益义，由立此因，顺益宗义，令宗义立，是故明因。”正明此义。而

“喻”不过是助“因”成“宗”，严格来说，只能是“助能立”。《因明入正理论疏》云：“（喻）非是正释宗之所以。亲[1]初建立，得以因名。喻疏（按：指间接）后成，不得因称。”正明此义。从这个意义上来说，一个论式是“真能立”抑或“似能立”，端赖“因”的陈述服人与否。

何以立者出因而敌者信服呢？因明认为，由于立者具有生因而敌者具有了因。何谓生因？系指立者陈述因的言语有启发敌者了悟其宗义，并加以信服的效力。《因明入正理论疏》说：“如种生芽，能别起用，故名为生因。”何谓了因？系指敌论者从因的陈述中了悟立者所要表达的义理，并加以接受的智力。《因明入正理论疏》说：“入灯照物，能显果故，名为了因。”“生因”和“了因”合称“二因”，即《疏》中所称“善尽三[2]量，妙尽二因，启以八门，通以两益”之“二因”。因明认为，就立论者方面而言，生因可分别为言生因（言语）、义生因（义理）、智生因（立者的智力）。当然，三者中，言生因最重要，故而说到生因，一般都指言生因。就敌论者方面而言，了因也分为言了因、智了因、义了因。当然，三者中，智了因最重要。故而说到了因，一般都指智了因。今将生因、了因的种类、关系和作用，如图 2-2 所示：

①指直接。

②应为二。

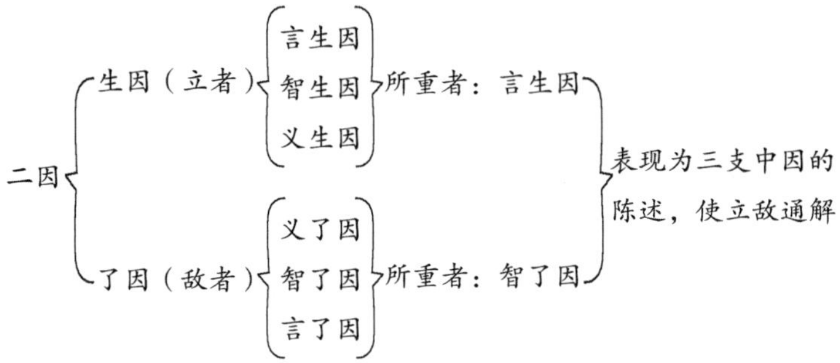

图 2-2　生因与了因的种类、关系和作用

总之，因，不仅为立、敌共许，而且与前陈有普遍联系，与后陈有必然联系（详下“因三相”）。因此，正确的因可以充当沟通立、敌双方思想的桥梁和联系前、后陈的媒介，使敌论者和中证人彻悟所立宗中的前、后陈之间确有必然联系，从而承认立论者的主张可得成立。此即生因和了因在起作用。就是说，是立论者通过因的陈述（言生因），能够启发敌论者了悟宗中所含义理的智力（智了因），从而使立敌互相沟通，宗得成立。质言之，从启发敌论者和中证者有的智慧而言，虽然宗、因、喻三支均有作用，但因毕竟是立宗的主要根据。《因明入正理论疏》云：“由立论者立因等言，敌、证智起，解立破立。”正明此义。

二、九句因

正如宗有正宗与似宗之别一样，因也有正因与似因之别。在因明学史上，因的研究从来都是华彩的篇章。在古因明中有所谓“九句因”说，在新因明中有“因三相”说，而“因三相”正是从‘九句因’发展而来的。按照出现的先后顺序，兹先述“九句因”。

古因明中的“九句因”，原为分析因支正确与否的手段，后则成为检验因支在形式上正确与否的工具。它以因与同品、异品的存在关系为切入点。何谓“九句因”?《因明正理门论》云：“宗法于同品，谓有非有俱；于异品各三，有非有及二。”此段颂文意谓，因在同品与异品中，各有三种关系，即“有”“非有”和有非有（“俱”）。同品的三种关系与异品的三种关系依序两相搭配，遂成因与同品、异品的九种关系。

何谓同品？同品指一切具有宗的后陈所表示的属性的事物。何谓异品？异品指一切不具有宗的后陈所表示的属性的事物。今举前已出现的“声（是）无常”宗之例，“声”以外而具有“无常”性质的事物，如“瓶、盆”等，皆为同品；凡没有“无常”性质的事物（反言之，即“常住”的事物），如“虚空”等，皆为异品。从常理推究，因与同品可以有三种不同的关系，因明称之为同品有（全部有）、同品非有（全部无）和同品有、非有（部分有、部分无）。此所谓“同品三句”。立者陈述因时，意图在于借“同品有此因、异品无此因”逼出宗的前陈具有宗的后陈所述的性质。所以，立者所陈述的因，与实际情况相印证，只有符合“同品有”和“同品有、非有”这两种关系的，方为正因，倘是“同品非有”关系，乃为似因。如图 2-3（暗黑部分表示有，空白部分表示非有）：

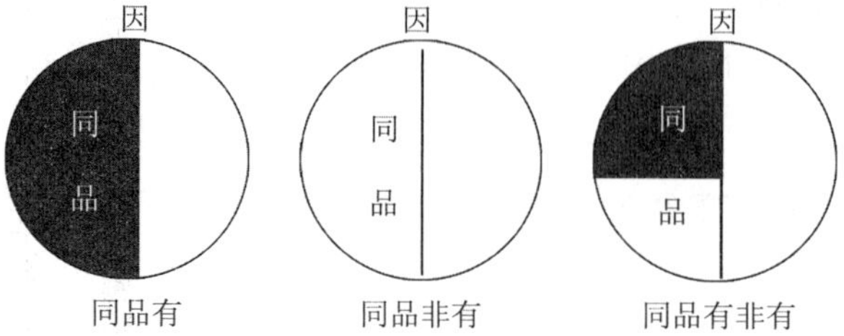

图 2-3 同品三句

因与异品同样也有三种不同的关系，因明称之为“异品三句”。立者陈述因时，意图在于借“同品有此因、异品无此因”来成立宗义，引发敌论者的了悟。所以，立者所陈述的因，只有符合实际情况的“异品非有”这一种关系的，方为正因，倘是“异品有”或“异品有、非有”，乃为似因，如图 2-4：

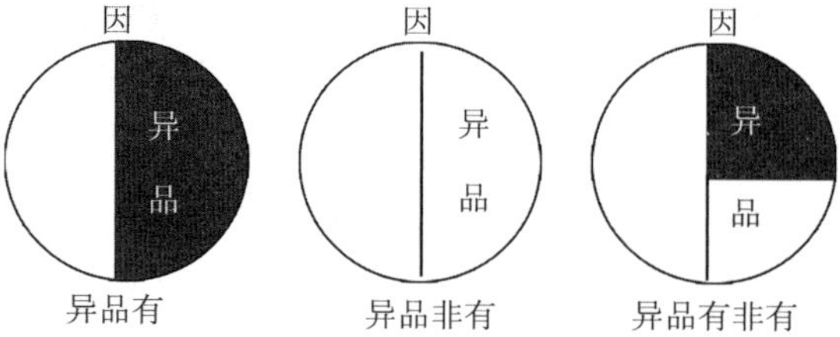

图 2-4 异品三句

以上是为解说方便，而将因与同品的关系、因与异品的关系分拆开来叙述，但立者陈述因时，不可能分别单述，而必同时陈述因与同品、异品发生关系。因此，因与因品、异品实际上可以发生的关系，就有将“同品三句”“异品三句”依序两相搭配而得的九种关系，此即所谓“九句因”。今先以图 2-5

表示如下：

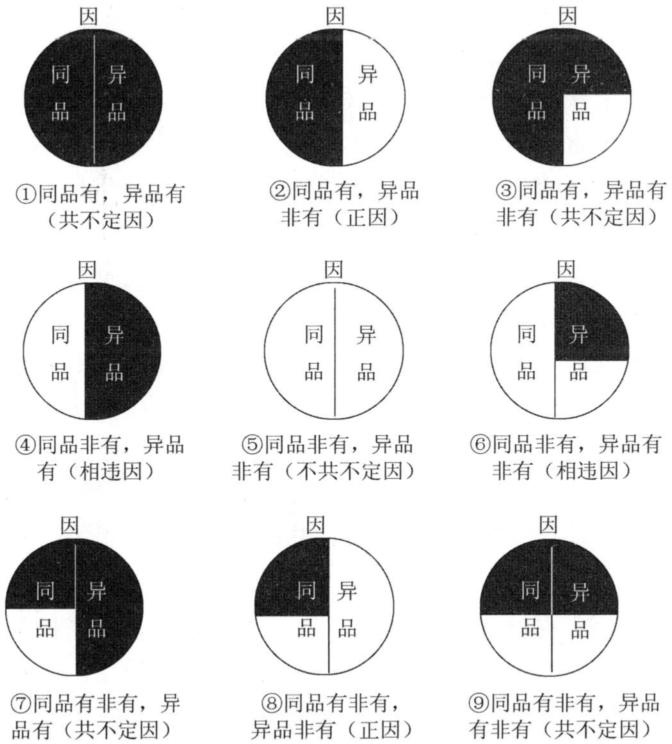

图 2-5 “同品三句”与“异品三句”依序两相搭配而得的九种关系

以下逐一加以解说：①同品有，异品有。图 2-5 中的①表示，因既贯通同品全部，也贯通异品全部，这种因不能断证宗的成立。如声论师立“声为常，所量性故，喻如虚空”。熊十力《因明大疏删注》（下同）依窥基《疏》诠释道：“此中

‘常’宗，‘瓶’为异品。‘所量性’因，于同异品，皆通共有。”[1] 所言极是。此因应为“共不定因”（见下）。

②同品有，异品非有。图 2-5 中的②表示，因于同品全部贯通，而于异品全不贯通。这种因能够断证宗的成立。如胜论师立“声无常，所作性故，喻如瓶等”。熊十力依窥基《疏》诠释道：“‘无常’之宗，‘空’为异品。‘所作性’因，于同品有，于异品无。”[2] 所言极是。此因应为“正因”。

③同品有，异品有、非有。图 2-5 中的③表示，因于同品全部贯通，于异品也贯通其中的一部分，而于另一部分不贯通。这种因，不能断证宗的成立，因为凭这种因不能断定宗的前陈所表示的事物必然落入同品而不落入异品中去。如胜论师立“声勤勇无间所发，无常性故，喻如瓶等”。熊十力依窥基《疏》诠释道：“‘勤勇’之宗，以‘电’‘空’等而为异喻。‘无常性’因，于同品亦有。于异品喻，‘电等’上有，‘空等’上无。”[3] 所言极是。此因应为“共不定因”。

④同品非有，异品有。图 2-5 中的④表示，因于同品全不贯通，而于异品则全部贯通。换言之，立者所用之因与所持论旨全相违悖。这种因不能断证宗的成立。如声论师立“声为常，所作性故，喻若虚空”。熊十力依窥基《疏》诠释道：“此

①熊十力：《因明大疏删注》（与《唯识学概论》合订本），上海古籍出版社 2019 年版，第 210 页。

②熊十力：《因明大疏删注》（与《唯识学概论》合订本），上海古籍出版社 2019 年版，第 210 页。

③熊十力：《因明大疏删注》（与《唯识学概论》合订本），上海古籍出版社 2019 年版，第 210 页。

中‘常’宗，‘瓶’为异喻，‘所作性’因，于同品‘空’上无，于异品‘瓶’上有。”[①] 所言极是。此因应为“相违因”（见下）。

⑤同品非有，异品非有。图 2-5 中的⑤表示，因于同品、异品全不贯通。这种因亦不能断证宗的成立。如声论师对佛弟子立“声为常，所闻性故，喻若虚空”。熊十力依窥基《疏》诠释道：“此中‘常’宗，‘瓶’为异喻。‘所闻性’因，同异品中，二俱非有。”[②] 所言极是。此因应为“不共不定因”（见下）。

⑥同品非有，异品有、非有。图 2-5 中的⑥表示，因于同品全不贯通，于异品则只贯通其中的一部分而于另一部分不贯通。这种因亦不能断证宗的成立。如声论师立“声为常，勤勇无间所发性故，喻若虚空”。熊十力依窥基《疏》诠释道：“此中‘常’宗，以‘电’‘瓶’等为异品。‘勤勇’之因，于同品‘空’，一向非有。于其异品，‘瓶等’上有，‘电等’上无。”[③] 所言极是。此因应为“相违因”。

⑦同品有、非有，异品有。图 2-5 中的⑦表示，因于同品只能贯通其中的一部分而于另一部分不贯通，又于异品全部贯通。这种因亦不能断证宗的成立。如声论师立“声非勤勇无间所发，无常性故，喻若电、空”。熊十力依窥基《疏》诠释道：

①熊十力：《因明大疏删注》（与《唯识学概论》合订本），上海古籍出版社 2019 年版，第 210 页。

②熊十力：《因明大疏删注》（与《唯识学概论》合订本），上海古籍出版社 2019 年版，第 210 页。

③熊十力：《因明大疏删注》（与《唯识学概论》合订本），上海古籍出版社 2019 年版，第 210 页。

“此‘非勤’宗，‘瓶’为异喻。‘无常性’因，于同品‘电’上有，‘空’上非有，异品‘瓶’中，一向是有。”① 所言极是。此因应为“共不定因”。

⑧同品有、非有，异品非有。图 2-5 中的⑧表示，因于同品只能贯通其中的一部分而于另一部分不贯通，而于异品则全不贯通。这种因能够断证宗的成立，如胜论师立“内声无常，勤勇无间所发性故，喻若电、瓶”。熊十力依窥基《疏》诠释道：“此‘无常’宗，‘空’为异喻。‘勤勇’之因，于同品‘瓶等’上有，‘电等’上无。异品‘空’中，一向非有。”② 所言极是。此因应为“正因”。

⑨同品有、非有，异品有、非有。图 2-5 中的⑨表示，因于同品、异品都只贯通其中的一部分而于另一部分不贯通。这种因亦不能断证宗的成立。如声论师对胜论师立“声为常，无质碍故，喻若极微及大虚空”。熊十力依窥基《疏》诠释道：“此中‘常’宗，以‘瓶’‘乐’等而为异喻。‘无质碍’因，于同品‘虚空’上有，‘极微’上无，亦于异品‘瓶等’上无，‘乐受（按：乐受，即快乐之情，心所之一）等’有。”③ 所言极是。此因应为“共不定因”。

我们将上述“九句因”的相关内容，都纳入表 2-2 之中：

---

①熊十力：《因明大疏删注》（与《唯识学概论》合订本），上海古籍出版社 2019 年版，第 210 页。

②熊十力：《因明大疏删注》（与《唯识学概论》合订本），上海古籍出版社 2019 年版，第 211 页。

③熊十力：《因明大疏删注》（与《唯识学概论》合订本），上海古籍出版社 2019 年版，第 211 页。

表 2-2 “九句因”概述

① 同品有，异品有 声为常，所作量故 如虚空，（如瓶） 共不定因	② 同品有，异品非有 声为常，所作性故 如瓶，（如虚空） 正因	③ 同品有，异品有、非有 声勤勇无间所发，无常性故 如瓶，（如电、虚空） 共不定因
④ 同品非有，异品有 声为常，所作性故 如虚空，（如瓶） 相违因	⑤ 同品非有，异品非有 声为常，所闻性故 如虚空，（如瓶） 不共不定因	⑥ 同品非有，异品有、非有 声为常，勤勇无间所发性故 如虚空，（如电、瓶） 相违因
⑦ 同品有、非有， 异品有 声非勤勇无间所发， 无常性故 如电、虚空， （如瓶） 共不定因	⑧ 同品有、非有， 异品非有 内声无常， 勤勇无间所发性故 如瓶、电， （如虚空） 正因	⑨ 同品有、非有，异品有、 非有 声为常，无质碍故 如极微、虚空， （如瓶、乐） 共不定因

我们看到上述“九句因”中，②⑧两句为“正因”，④⑥两句为“相违因”，①③⑦⑨四句为共不定因，⑤句为不共不定因。原来古因明就是用这种手段来判别因之正与似的（相违因、共不定因和不共不定因皆属似因）。而两句“正因”，一为②句“同品有，异品非有”，一为⑧句“同品有、非有，异品非有”。

三、因三相

对“九句因”的②⑧两句“正因”加以分析，便可看出，立宗之因要成为“正因”，必须具备以下两个条件：其一，同品中必须有（可为“有”，亦可为“有、非有”，即多可以为全部，少也可以为一个）物具有因的属性；其二，异品中必须无任何物具有因的属性。古因明并没有将这两个条件概括出来，而陈那完成了这一概括。他在关于“因三相”的理论中，把这两个条件表述为因的第二相“同品定有性”和第三相“异品遍无性”，同时补进了第一相“遍是宗法性”，即正因与宗的有法应有的关系（因必须是宗的有法所普遍含有的属性）。这样，检验因之正似便更为简明，更为合乎理性了。

何谓因相？《因明入正理论疏》云：“其言生因，……各有三相，相者，向也。”又云：“此相者，面也，边也。”又云：“宗同异喻，各有一体，因贯三相，及无别体。”由此可知，因与宗的关系，因与同喻的关系和因与异喻的关系，三者合起来，构成了因的三个不同方面，而因在这三个不同方面中应有各不相同的特征。因此，所谓“因三相”，不过是因在与宗、同喻、异喻三个不同方面显现出来的三种不同关系所应具有的三种不同特征。质言之，“遍是宗法性”“同品定有性”“异品遍无性”，正是一个宗的正因所应具有的“三相”。下面按相序逐一加以必要的说明。

（一）遍是宗法性

“遍”，指周遍，“宗”，此处非指宗体，而指有法，即宗之前陈。《因明入正理论疏》：“此中‘宗’言，唯诠‘有法’”，可证（因明术语或有不确指之弊病，此其一例）。“法”，与“有法”相对，指前陈所具有的属性［后陈对于前陈而言为法（属性），反之，前陈对于后陈而言即为有法（有其属性之物）］。如说“声是无常，所作性故”时，后陈“无常”就是前陈“声”的属性，而前陈“声”就是具有后陈“无常”属性的事物。我们知道，属性之所指，在因明中有两种表述方式，一种由后陈指明，如“无常”，一种由因指明，如“所作性”。“无常”为“声”所具有，不被立、敌共许，而“所作性”为“声”所具有，则被立、敌共许。“遍是宗法性”的法，是窥基《疏》“唯取立论及敌论者决定同许”的法，即因。于是，“遍是宗法性”，意谓，正因必须周遍宗中有法（前陈）。就上例来说，“所作性”这个因必须是宗的有法（前陈）“声”普遍具有的属性。这样说来，宗中有法（前陈）的外延应当小于或等于因的外延。如图 2-6：

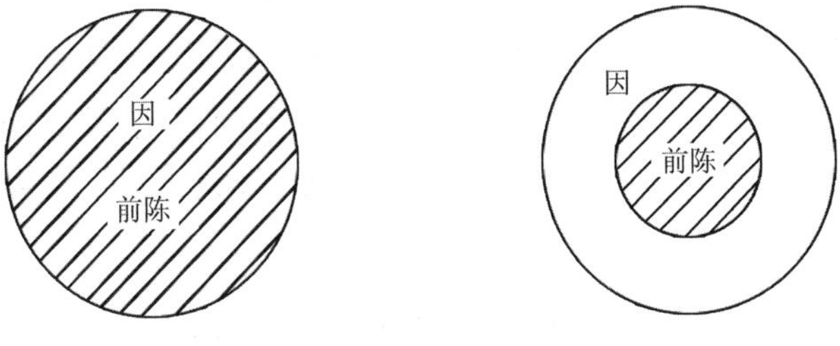

图 2-6　宗中有法（前陈）的外延小于或等于因的外延

这里有一个问题，就是为什么正因要以“遍是宗法性”为第一相呢？依旧就“声是无常，所作性故”而言，后陈所表示的属性“无常”，当它作为宗依时，敌亦认许（否则就有“能别不极成”之过），而敌不认许前陈“声”上有此属性。至于因所表示的属性“所作性”，则是立敌双方共许为前陈“声”所具有。今立者要成立宗义，就必须以共许的“所作性”作为过渡，来建立后陈“无常”和前陈“声”在意义上的联系。而要建立此种联系，一个必要条件，正是“所作性”必须为所有的“声”所普遍具有，而这个条件便是“遍是宗法性”。如不首先解决这一相的问题，下面“同品定有性”“异品遍无性”都无从谈起。因而，“遍是宗法性”是正因的第一相。

（二）同品定有性

何谓同品？系指与宗的后陈有共同属性的一类事物，《因明入正理论》云：“谓所立法均等义品，说名同品，如立‘无常’，‘瓶等’无常，是名同品。”可证。这里“所立法”，指宗的后陈。“均等义”，指“邻近均等”，例如，“无常”的同品，即一切具有“无常”属性的事物①，如瓶等。

何谓“定有”？系指必定具有而多少不论。“同品定有性”只是说，同品中定有因，至于究竟多少同品有因，则并无限定，或可理解为少则为一，多则尽数。结合“异品遍无性”，

①这里，前陈“声”除外。学界普遍有所谓“有法除外”的说法，目的在于避免循环论证。

我们可以认为，同品的外延应大于或等于因的外延，如图 2-7：

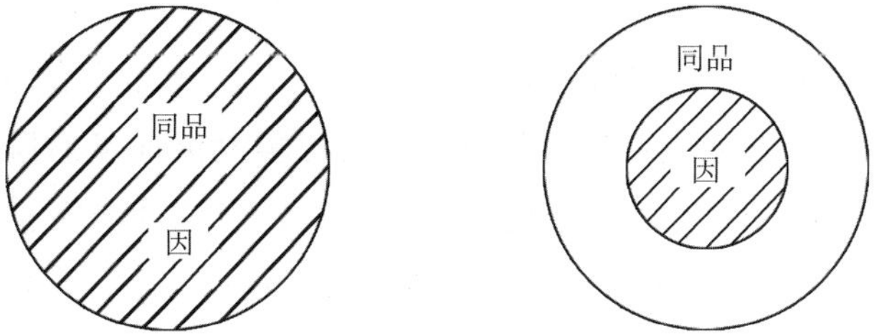

图 2-7　同品的外延应大于或等于因的外延

前已述及，“同品定有性”这一正因的特征，是陈那从古因明“九句因”中概括出来的。它规定了因与同品的关系，既然同品是具有宗的后陈属性的事物，所以也可以说，因与同品的关系，实际上也是因与宗的后陈的关系。如果从同品是整个论式第三支喻中的同喻的组成材料方面来分析，便可以说，作为正因与同品关系的特征的同品定有性，便成为因在与同喻关系上的特征。这里，又有一个问题，就是为什么因要以“同品定有性”为第二相呢？依旧就“声是无常，所作性故”而言，有了第一相，虽可说是对因与宗的前陈的关系作了规定，但是对因与宗的后陈的关系还未作规定。我们看到，以“声”有“所作性”而断定它是“无常”的理由，还不能令人深信不疑，这就要求用这二相“同品定有性”来规定因与宗后陈的同品关系。用“定有”而不是“遍有”，其用意在于明确在宗的同品中必须有物（可以是全部，也可以是有的）具有因的性质。如用“所作性”为因来论证“声是无常”时，作为宗的同品，即除“声”以外的无常物中，就决不可无一物具有“所作性”之因。相反，必须有若干事物具有“所作性”之因，才于理相通。假定所有无常物中并无一物具有“所作性”之因，就决不可能由“声”具有“所作性”就断定它是“无常”的了。“同品定有性”规定同品中必定有因，便切实地保证了后陈与因之间具有一定的联系。也正是借助这一点，后陈才有可能借助因与前陈发生联系。由此可见，“同品定有性”与“九句因”②⑧两句所论正因的一个必要条件完全相当，这个必要条件是关乎正因与同品、同喻关系特征的问题。

（三）异品遍无性

何谓异品？系指一切无后陈属性的事物。《因明入正理论》云：“异品者，谓于是处无其所立。若有是常，见非所作，如虚空等。”可证。这里的“所立”，即所立法，指宗的后陈。例如，“无常”为后陈，则一切无“无常”属性的事物皆为异品。“虚空”被认为是常住的，没有变化，是“无常”的异品。

何谓“遍无”？系指完全没有。“异品遍无性”，是说异品中完全没有因。换言之，正因必须完全被异品所排斥。既然如此，我们可以认为，异品的外延与因的外延完全不同，如图 2-8：

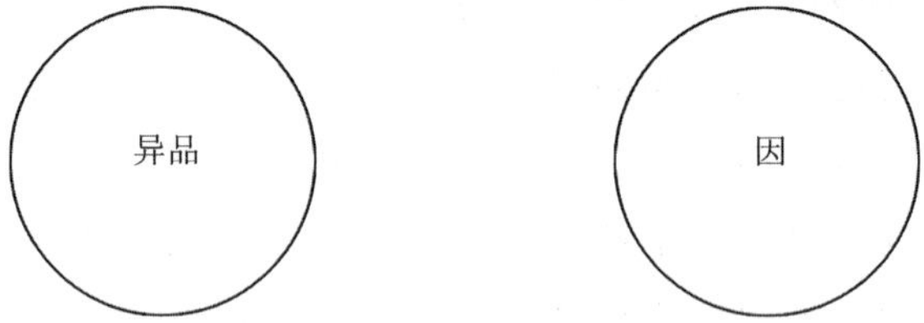

图 2-8　异品的外延与因的外延的关系

第三相的作用是“止滥”，就是防止因被滥用，并用以成立与所立宗相反的宗。前已述及，“同品定有性”是从同品出发，以确定同品中具有因，而不是从因出发，以确定所有的因皆存在于同品之中。因此，无论是所有同品有因，还是部分同品有因，都会使人发问：是否会有一些因在同品中无，而在同品以外的异品中却有？如果真的如此，因就可能使前陈与后陈的异品相联系，成立与所立宗相反的宗。为了回答这一疑问，就必须确保全部因只存在于同品之中。为防止因被滥用，就须明确规定异品中完全没有因。固而，因的第三相，同第一、二相一样，都是因得以立宗的必备条件，或者说，都是正因不可缺少的重要特征。

总括言之，“因三相”是因的三个方面的规定，表述“因三相”的三句话，其主词皆为“因”，不过由于讲论“因三相”，而将此主词省略而已。它们所揭示的关系分别是：第一相“（因）遍是宗法性”揭示因法与有法的关系，是说因法（中词）的外延必须包含宗之有法（小词）。第二相“（因）同品定有性”从正面揭示因法（中词）与能别（大词）的关系，是说因法必须定有宗之同品。第三相“（因）异品遍无性”则从反面揭示因与矛盾宗相排斥，是说因法必须遍无宗之异品。

当然，“因三相”中各相的地位和作用还是有所不同的。第一相“遍是宗法性”最为重要，称为“正”，第二相是辅助第一相的，称为“伴”，第三相作用在“止滥”，自然也是辅助性的。唐代文轨《因明入正理论疏》（按：即《庄严疏》）说：“初相为主，正为能立；借伴助成，故须第二；虽有主、伴，其滥未除，故须第三异品无相。”可谓评判精当。

四、似因十四过

因得以立宗的三个必备条件，或者说正因不可缺少的三个重要特征，亦即“因三相”第一相“遍是宗法性”、第二相“同品定有性”和第三相“异品遍无性”既如上述。如果有所违悖，必会形成过失，成为似因。其中违悖第一相者，为“不成”因，有四种；违悖第二相或第三相者，为“不定”因，有六种；违悖第二相和第三相者，为“相违”因，有四种。合计因过十四种。今分别说明如下：

（一）不成

所谓“不成”，系指违悖第一相而形成的过失。“遍是宗法性”无非是规定立、敌双方共同认许“因”周遍宗之“前陈”。非此则不能成立其宗。这不能成立其宗的因，称“不成因”。《因明入正理论疏》云：“能立之因，不能成宗，或本非因，不成因义，名为不成。”即释此义。“不成”有四种，即“两俱不成”“随一不成”“犹豫不成”和“所依不成”。“因”与宗之“前陈”的关系，如从它们的不同外延着眼，并用形式逻辑中的欧勒图示法来表示，不外乎以下五种可能，如图 2-9（图中，“宗”指宗之前陈）：

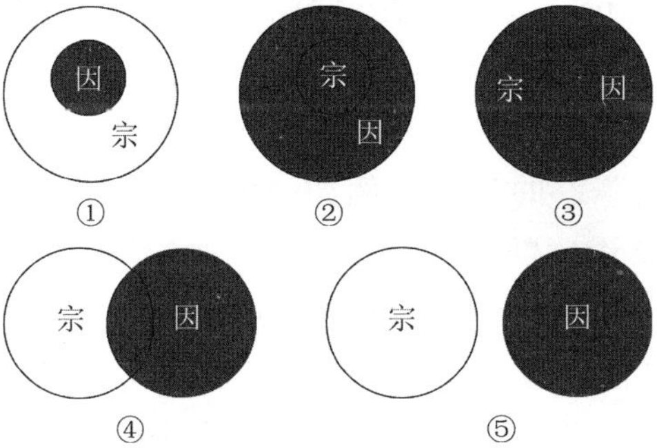

图 2-9 “因”与宗之“前陈”的五种关系

在图 2-9 所示的这五种关系中，只有②、③所示的关系合乎“遍是宗法性”的含义，即因周遍宗之前陈，亦即宗之前陈的外延小于或等于因的外延，是能够立宗的正因。①和④，因只及于宗之前陈的一部分，⑤中因与宗之前陈互相排斥，它们都是不具备第一相的似因。它们（①、④和⑤）都不能使宗成立，所以皆属“不成”因。下面对“两俱不成”“随一不成”“犹豫不成”和“所依不成”分而述之。

1. “两俱不成”，系指由于立、敌双方都不认许“因”周遍宗之“前陈”形成的过失。例如《因明入正理论》云：“如成立‘声为无常’等，若言是眼所见故，两俱不成。”熊十力依窥基《疏》诠释道：“如胜论对声论，立声无常宗，眼所见因。凡宗法因（意云宗有法上所有之因法。宗者，谓有法），必两俱许，依宗有法，而成随一不共许法。① 今‘眼见’因，

①指对于因法，必须立敌双方都认许是宗中有法的属性，从而用以成立原来不共许的宗中之法。

‘胜’‘声’二论，皆不共许‘声’有法有[①]，非但不能成宗，自亦不成因义[②]。立敌俱不许，名为‘俱不成’。”所言极是。

2. 随一不成，系指由于立、敌双方中有一方不认许“因”周遍宗之“前陈”的过失。例如《因明入正理论》云：“所作性故，对声显论，随一不成。”熊十力依窥基《疏》诠释道：“能立（因也）共许，不须更成，可成所立。既非共许，应更须成，故非能立。宗与前同（同前‘声无常’宗），故唯叙因。若胜论师对声显论立‘声无常，所作性因’。其声显论说声缘显，不许缘生（声显师说：声性本有，但从缘而显，非从缘所生），‘所作’既生，由斯不许，故成‘随一’（立敌两家，一许一不许，各‘随一’）。非为共因。”所言极是。不过，“随一”可指立者一方，亦可指敌者一方，如果立者自己认为因不周遍于宗之有法，称“自随一不成”；如果敌者认为因不周遍于宗之有法，称“他随一不成”。上例是胜论师对声显论（前已述及，古印度哲学中的声论派又有声生说与声显说之别，声生论认许“声”有“所作性”，而声显论却认为“声性常住”，只是从缘而显，而非从缘而生），即以声显论为对方，因而，这里的“随一不成”为“他随一不成”。

附带说明，为规避“随一不成”的过，陈述因时可加简别语。在为他比量中，为避“自随一不成”，可用“汝执”“汝许”等简别用语；在为自比量中，为避“他随一不成”，可用“自许”等简别用语。当然，简别用语往往用于情非得已之环境中。在正常情况下，还是用立敌共许之因从而省去简别为最好。

---

①指立者胜沦与敌者声论，皆不认许宗有法“声”上有眼见因。

②指因自体不成之故。声须耳闻，何可眼见！

3. 犹豫不成，系指因本身能否成立尚且存在疑惑的过失。例如《因明入正理论》云："于雾等性起疑惑时，为成大种和合火有，而有所说，犹豫不成。"熊十力依窥基《疏》诠释道："西方湿热，地多丛草，既足蚊虻，又丰烟雾，时有远望，屡生疑惑：为尘为烟，为蚊为雾？由此《论》文，'于雾等性'。火有二种：一者性火（性者，实也），如草木中极微火大（火大者，四大中之一）。二者事火，炎热腾焰，烟照飞烟（《前记》[①]云：'此有六义，显其事火：一有焰，二有热性，三腾焰，腾者，飞举也，四有烟，五有照显，六飞烟，飞烟者令烟飞举。具此六义，故为事火）。其前性火，触处可有，立乃相符。（性火即大火，诸论说湿热义是大火义。自大小乘以至外道，皆建立火等四大，以说明器界之成立。火大既触物皆有，故不须立。）其后事火（事火者，即俗所谓能燃之火，事者，境相义。此火有相状故，立以事名），有处非有，故今建立。凡诸事火，要有地大为质、为依（《前记》[①] 云：'火望薪炭为质，是地大。'《论》说坚劲义是地大义。事火者，即以薪等地大为质为依），风飘动焰（《前记》云：'焰动为风大。'），水加流润故（《前纪》云：'焰流及金汁等，并是润，为水大。热性即火大）。为成大种和合火有（言大种和合火者，大种者，亦大之异名。如上所说，地水风等四大种和合，假名为事火，离四大种和合，无别实火故。故总说言，大种和合火。'为成'二字，须贯通下句而有所说，一气读之。言为成立此大种和合

①《前记》，唐代智周所著《因明入正理论疏前记》之简称。

火之为有，而有所说也），有彼火故（此正释‘大种和合火’五字。依四大种和合，而有事火，故云有彼火故。（《前记》云：能有者即四大种，所有者即事火是也）。如有多人，远共望彼，或雾或尘，或烟或蚊，皆共疑惑。其间或立有事火宗云：彼所见烟等下（宗之有法）似有事火（宗之法）。‘而有所说’者，谓立彼因。《理门论》云：‘以现烟故（因也），喻如厨等（喻也）。’此因，不但立者自惑，不能成宗，亦令敌者于所成宗疑惑不定。夫立共因，成宗不共，欲令敌证决定智生（夫立量者，立共许之因法，以成所不共许之宗法，欲令敌证生决定智故）。于宗共有疑（宗言似有火，即立敌共有疑也），故言‘于雾等性，起疑惑时’，更说疑因，不成宗果。决智不起，是故为过。”所言极是。

4. 所依不成，系指宗的前陈不为立、敌共许，从而使因失其所依①。不难看出，“所依不成”，实际上是宗的前陈的过失，只不过它是就因对宗而言的。凡是宗的前陈不为立敌双方所共许，即就宗而言犯有“所别不极成”的过失时，就因而言，必然同时犯有“所依不成”之过。例如《因明入正理论》云：“虚空实有，德所依故，对（佛教小乘）无空论，所依不成。”熊十力依窥基《疏》诠释道：“如胜论师对经部②立：‘虚空实有’宗，‘德所依’因。凡法（宗之后陈）、有法（宗

①按第一相规定，因所表示的属性，必须归依到宗的前陈所表示的事物上，于是，因可称为能依，而宗的前陈则称为所依。

②指佛教小乘经部。

之前陈），必须极成（详前），不更须成，宗方可立。况诸因者，皆是有法宗之法性。标空实有，有法已不成①，更复说因，因依于何立②？故对无空论③《顺正理论》云：‘彼上座部及余一切譬喻部师，咸作是说。虚空界者，不离虚空，然彼虚空，体非实有。故虚空界，体亦非有。此有虚言，而无实义。’光法师云：‘萨婆多宗，虚空实有，别有空界谓窍隙，体是明暗显色差别，亦是实有，与虚空别’云云，《顺正理论》即破此也），因所依不成。”所言极是。

（二）不定

所谓“不定”，系指违悖第二相或第三相的过失。《因明入正理论疏》云：“（不定，）因三相中，后二相过。”即明此义。很明显，违悖第二相，将使同品中无因；违悖第三相，又将使异品中有因，这两种情况的出现，都会使人在考察举因成立宗时产生疑惑而不能决断，自然是正因所不允许的。《疏》又云：“不能定成一宗，令义无所决断，与名不决定。”即明此义。“不定”有六种，即“共不定”“不共不定”“同品一分转、异品遍转”“异品一分转、同品遍转”“俱品一分转”和“相违决定”（情况与上五不定有所不同，见下）。下面分而述之。

---

①《后记》（唐智周所著《因明入正理论疏后记》之简称）云：“有法曰虚空，对无空论，已不成也。”

②《后记》云：“因是有法之因，有法不成，因更无所依之处。”

③转引自熊十力：《因明大疏删注》（与《唯识学概论》合订本），上海古籍出版社2019年版，第255页。

1. 共不定，系指由于因的外延过大，使同品和异品中皆有因，从而违悖第三相的过失。例如，《因明入正理论》云："此中'共'者，如言'声常，所量性故'。'常''无常'品，皆'共'此因，是故'不定'。为如'瓶等'，'所量性故'，声是'无常'；为如'空等'，'所量性故'，声是'其常'。"熊十力依窥基《疏》诠释道："'此中"共"者，如言"声常，所量性故"。"常""无常"品，皆"共"此因，是故"不定"'：如声论者对佛法者立'声常'宗，'心、心所法①所量度性'为因，'空等''常'法为同品，'瓶等''无常'为异品。故释'共'义，同异品中，此因皆遍，二（同异品二）'共'有故，名为'不定'"。这是说，例如声论师对佛弟子立"声是常住"的宗，以心、心所法"所量度性"为因，"空等"常住之法为同品，"瓶等"无常法为异品，所谓"共不定"的意思是同品、异品中，此因全部都有联系。同品、异品共有此因，所以称为"不定"（"这是说"以下至此，采梅德愚《因明大疏校释》说法。因过中不共不定、同品一分转异品遍转、异品一分转同品遍转、俱品一分转、法自相相违、法差别相违亦同，不再一一注明）。又诠释道："'为如"瓶等"，"所量性故"，声是"无常"，为如"空等"，"所量性故"，声是"其常"：狭因能立，通成宽狭两宗。故虽'同品'，而言'定有'，非'遍'。宽因

①心、心所法："心法"是精神活动的根本主体，各自与所对境界相接触而形成分别、虑知的作用。小乘说一切有部认为心法包括六识，大乘瑜伽行派认为心法包括八识。"心所法"是指随从"心法"而起的心理作用，大乘瑜伽行派认为"心所法"共有六类五十一法。

能立，唯成宽宗。今既以宽成狭，由此因便成共。共因不得成不共法。若有简略，则便无失（如声论师对胜论师，立‘声无常’宗，‘耳识所量性故’因。因言耳识，即是简略，无共不定。故《理门》（按：指陈那《因明正理门论》）云：‘诸有皆共，无简别因，此唯于彼俱不相违，是疑因性。’此说共不定诸有立因，于同异品皆共有性，无有简别。如‘声常’宗，‘所量性’因，二品皆有。然宗有二：一宽，二狭。如立‘声无我’，名宽，声外一切皆无我故。立‘声无常’，为狭，除‘声’以外，有常法故。同品亦二（此谓因亦有宽狭二者也。同品二字，疑误，应改作因）：所量、所知、所取等名宽，无有一法非所量故（无有一法非所量等，故所量等因是宽因也）。‘勤勇’‘所作性’等名狭，更有余法非勤勇发、非所作故（思之可知）。若立其狭，‘常’‘无常’宗（若立狭宗者，如云‘声是无常’，‘无常’以外，有‘常’法故，即‘无常’宗是狭宗也。又如立‘虚空是常’，‘常’法以外，有‘无常’法故，即此常宗是狭宗也）。说前宽因（所量因，或所知因，或所取因），同异二品（如‘声是无常’狭宗，‘瓶等’为同品，‘空等’为异品），因皆遍转（所量性等宽因，于同品‘瓶等’上、异品‘空等’上，皆遍转故），故成不定（此因于异品有，故成不定也）。若望宽宗，其义可立（如‘无我’宽宗，则用所量等宽因成立之，亦可也）。唯说狭因，可成狭宗（如‘勤勇’狭因，可成‘内声无常’狭宗，‘所作’狭因，可成‘内外声无常’狭宗），亦可成宽（即上说二狭因，亦可成‘无我’宽宗）。异品无故（以一切法皆无我故，云异品无），可成正因

(其因既无异品相滥，故是正因)。如声论师对胜论，立‘声常’为宗，耳心、心所，所量性故（耳心、心所，犹言耳识也)，犹如声性、有此简略，即便无失。故此与‘不共’，二不定（共与不共名二不定）差别，彼（谓不共）于一切品，都无故。”这是说，因法若是较狭，可以成立范围相同的宗中之法，也可以成立范围更宽的宗中之法。所以，同品只能说定有，不能说遍有。因法若是范围较宽，只能成立同样范围的宗中之法。可是，这里以极宽的“所量性”来成立范围较狭的“无常”，这样因法便成为同、异品共有。共有因不能成立不共的宗中之法。若是加以限制，就没有过失。所以《因明正理门论》云：“诸有皆共，无简别因。此唯于彼俱不相违，是疑因性。”意思是说，各种共有因，没有对因的范围加以限制，对于不同的主张，都不相违，是不定因。此处陈那说的是共不定因，在同品、异品中都有联系，没有对因加以限制。例如“声常”宗，以“所量性”为因，“所量性”是指认识的对象，无常的事物、常住的事物都是认识的对象。然而宗有两种，一种宽，一种狭。例如，立“声无我”为宗，就是宽宗，因为“声”外一切皆是“无我”。又如，立“声无常”宗，就是狭宗，因为除“声”以外，尚有“常住”之法。因法也有宽狭之别，例如，所认识、所知、所取等，称为宽因，因为没有一种事物不是所认识的对象。“勤勇无间所法”“所作性”等，称为狭因，因为还有其他事物不是“勤勇无间所发”，不是“所作”。若是立“常”“无常”为宗，而以前面所说的宽因为因，同品、异品都遍有此因，所以成为“不定”。若是对于前面所说的宽宗来说，宽因是可以成立的。只有狭因，可以成立狭宗，也可以成立宽宗，因为在异品中没有此狭因，此因可以成为正因。例如，声论师对胜论师立“声常”为宗，以耳心、心所所量性为因，以声性为同喻。这里所说的因是耳心、心所所量性，有此简别，就没有过失。共不定和不共不定两种“不定”的差别，在于“不共不定”是同品、异品都没有所说的因。对照“九句因”可知，“共不定”即第一句“同品有，异品有”。

这里，“为如瓶等”至“声是其常”，说明此因之为“不定”的理由。“瓶等”是“无常”品，是宗异品，而有“所量性”。设以此为准，则“声”既有“所量性”，便应为“无常”物，而“空等”是“常”品，是宗同品，亦有“所量性”。设以此为准，则“声”既有“所量性”，又应为“常”物。就是说，具有“所量性”的事物中，有是“常”的，有是“无常”的，究竟以何者为准判定“声”是“常”还是“无常”？很显然，上述二者皆不足以为准，因为它们都不能决定“声”是“常”或“无常”。所以此因是“不定”因，其所以“不定”，在于宗同品和宗异品共有此因，亦即由于因的外延过大，从而将同品和异品都包摄在内。对照“九句因”可知，“共不定”即第一句“同品有，异品有”。（“这里”以下至此，采陈大齐《因明入正理论悟它门浅释》说法。因过其余九种以及喻过十种多如此，不一一注明。遇有个别采他人说法者，另以页下注予以说明。）

2. 不共不定，系指由于因的外延过小，使同品和异品皆无因，从而违悖第二相的过失。例如，《因明入正理论》云："言不共者，如说'声常，所闻性故'。'常''无常'品，皆离此因，'常''无常'外，余非有故，是犹豫因。此所闻性，其犹何等?"熊十力依窥基《疏》诠释道："'"言不共"者，如说声常，所闻性故。"常"、"无常"品，皆离此因，"常""无常"外，余非有故，是犹豫因'：第二'不共'，如声论师对除胜论，立'声常'宗，'耳所闻性'为因。此中'常'宗，'空等'为同品，'电等'为异品，'所闻性'因，二品皆离。于同、异品皆非有故，离'常''无常'，更无第三非'常'非'无常'品，有'所闻性'，故释'不共'云，离'常''无常'二品之外，更无余法是'所闻性'，故成犹豫。不成所立'常'，亦不返成异品'无常'。故除胜论师（按：窥基《疏》作"其胜论师"，从之）亦立有声性，谓同异性等，并所闻性。若对彼宗，非无同喻。故除胜论，对立成过（参看后'相违决定'中）。"这是说，第二种不定是"不共不定"。如声论师对除了胜论师以外的论师立"声是常"为宗，以"耳所闻性"为因。宗中之法是"常"，"虚空"等是同品，"电等"是异品。"所闻性"在同品、异品中都没有联系。除了"常""无常"外，再没有第三种事物，既不是同品又不是异品，却具有"所闻性"。对不共不定所作的解释是，离开"常""无常"二品之外，没有第三种事物是有"所闻性"，于是成了犹豫不决的因。因为不能成立"常"，也不能成立异品"无常"，胜论师也承认有声性，胜论所谓声性，指同异性，并且声性也有"所闻性"。这样，若是对胜论而言，不是没有同喻。所以，上文说，要除去胜论，对其他论师立“声是常”，以“所闻性”为因，才有此过。又诠释道：“‘此“所闻性”，其犹何等’：犹者，如也。夫立论宗，因、喻能立（因与喻皆为能立也），举因无喻，因何所成？其如何等，可举方比？因既无方，明因不定，不能生他决定智故。问：举因能立，立未成宗。无喻顺成，其宗不立（因无同喻顺成，故其宗不立也）。宗既顺先不立，此因应非不定（《后记》云：‘初立其宗，未举其因，其宗未立。后举因时，拟成于宗，由阙同喻，成宗不得。宗仍顺先未举因时，一致不成，名为顺先不立也。然则此因，但不成宗而已，何名不定耶?’）。答：因阙同喻，宗义无能可成（因阙同喻，故此因无能，未可成宗也），亦不返成异宗。由此，名为‘不定’。非是定能成一宗义故，不于其‘定’名（《义心》云：‘因阙同喻，宗义无因可成，亦不返成异宗，由此名为‘不定’。既不定能成一宗义，得‘不定’名，非是令宗不定，名‘不定’也）。”这是说，“其犹何等”的“犹”，意思是“如”。建立宗义，因、喻是能立，因若没有喻，因法能成立什么呢？（立“声常”，以“所闻性”为因。）用什么事物作比，可以举以为同喻，（来进行推理论证呢?）因法“所闻性”既没有同喻，说明此因有“不定”过，于是不能使对方产生决定的智慧，（来决定立论的然否。）质疑者问：举示因法作为能立，用以成立宗义，没有同喻从正面助成，宗义不能成立，此因应当说不是‘不定’。答曰：因法缺了同喻，宗义不能成立，但也不能反过来成立相反的宗义，因此称为“不定”。此因不是一定能成立一种宗义，不能称为“定”。

这里，“声常”是宗，“所闻性故”是因。“常、无常品”，谓“常”品与“无常”品，亦即宗同品与宗异品。“皆离此因”，谓宗同品与宗异品，两者皆与因离绝，换言之，宗同品与宗异品皆不具有此因。声是世间唯一所闻的事物，此外，任何事物都不是所闻的。就是说，如果按宗同品与宗异品的“除宗有法”惯例，虽在立量之时，“声”为立者视为宗同品，却为敌者视为宗异品，应当排除于宗同品与宗异品之外。而此外的“常”品与“无常”品，无一不与“所闻性”离绝。“‘常’‘无常’外，余非有故”，谓若以“常”为分类标准，一切事物只可分为“常”与“无常”二品，不能有既非“常”又非“无常”的第三品。因为世间一切事物尽谓“常”品、“无常”品这两个矛盾概念所含摄的缘故。“余”即指第三品而言，“余”是绝对不存在的。“其犹何等”，谓没有同喻依。同喻依上，依例用“如”字或“犹”字。我们说，此因之所以成“似”，源于“同品定有性”的未能完成，因而，此因既无力证明“声”有“常住性”，也无力证明声有“无常性”，故称“不定”因，即商羯罗主所说的“犹豫”因。对照“九句因”可知，“不共不定”即第五句“同品非有，异品非有”。

3. 同品一分转、异品遍转，系指同品中一部分有因，异品的全部有因，从而违悖第三相的过失。例如，《因明入正理论》云：“同品一分转、异品遍转者，如说‘声非勤勇无间所发，无常性故’。此中‘非勤勇无间所发’宗，以‘电’‘空’等为其同品。此‘无常性’，于‘电等’有，于‘空等’无。‘非勤勇无间所发’宗，以‘瓶等’为异品，于彼遍有。此因以‘电’‘瓶’等为同品，故亦是不定。为如‘瓶等’，‘无常性故’，彼是‘勤勇无间所发’；为如‘电等’，‘无常性故’，彼非‘勤勇无间所发’。”熊十力依窥基《疏》诠释道：“‘同品一分转、异品遍转者，如说“声非勤勇无间所发，无常性故”’：第三释同分异全也（按：因明学家把过名中的‘同品一分转’缩改为‘同分’，把‘异品遍转’缩改为‘异全’）。若声生论，本无今生，是‘所作性’，非‘勤勇’显（生师说‘声’性本无，从缘所生，即‘内声’亦非‘勤勇’所显）。若声显论，本有今显，‘勤勇’显‘发’，非‘所作性’故（显师说一切‘声’性本有，即此‘内声’，亦由‘勤勇’显‘发’，非新生故）。今声生对声显，立‘声非勤勇无间所发’宗，‘无常性’因。此因，虽是两俱全分两俱‘不成’，今取‘不定’，亦无有过（《后记》云：‘声生声显，俱不许‘无常性’因于‘声’上转，即是因中‘两俱不成’之过。然虽不成，指法而已，且求不定。’音石铨云：‘问：如下疏言，若有两俱不成，必无不定，此‘无常性’因，有两俱不成，何故今取指法求不定耶？《义范》曰：彼下卷意，且约三中，唯阙初相，名为‘不成’，后二相中偏阙一相，名为‘不定’，二相俱阙，名为‘相违’，非尽理说，不是前后自相违害。据其实理，得有‘两俱不成’，兼余过也）。”这是说，按声生论的说法，声本来不存在，待缘而生，是“所作性”，不是由于勤勇无间所发而显现出来。按声显论的说法，声本来是存在的，是由于勤勇无间而显现出来，非“所作性”。所以，这里《因明入理门论》所说，是声生论对声显论说的，立“声非勤勇无间所发”为宗，以“无常性故”为因。此因犯两俱全分两俱不成，因为两种声论都主张“声常”。这里用以说明“不定”过，也没有过失。又诠释道：“‘此中“非勤勇无间所发”宗，以“电、空等”，为其同品。此“无常性”，于“电等”有，于“空等”无’：‘非勤勇’宗，‘电光等’并‘虚空等’，皆是同品，并非勤励勇锐无间所发显故。‘无常’之因‘电’有‘空’无，故是‘同品一分转’也。”这是说，对于“声非勤勇无间所发”这一所立宗，“电光等”和“虚空等”，都是同品，因为都不是勤励勇锐无间所发而显现。“无常”这一因法，是电的属性，不是虚空的属性，所以称为“同品一分转”，即因法与同品中的一部分有联系。又诠释道：‘“非勤勇无间所发”宗，以“瓶等”为异品，于彼遍有’：此显异全（因于异品上全有也）。‘瓶’是勤励勇锐无间因四尘泥所显发故，‘无常’之因，于彼遍有。”这是说，这里所说是显示“异全”，“瓶”是勤励勇锐无间所发，用“四尘泥”加工而产生出来的，是宗异品。“无常”因与“瓶等”遍有联系。又诠释道：“‘此因以“电、瓶等”为同品故，亦是不定’：此‘无常性’因，如成‘声非勤勇所发’宗，以‘电等’为同品，此因于‘电等’上有。如成‘声是勤勇所发’宗，以‘瓶等’为同品，此因于‘瓶等’上亦有。故说此因，‘是不定’也。”（这是说，这一“无常性”因，如果成立“声非勤勇所发”宗，以“电等”为同品，那么这因于“电等”上有；如果成立“声是勤勇所发”宗，以“瓶等”为同品，那么这因于“瓶等”上也有。所以说这因并不只是一定成立一宗，自然是“不定”。）又诠释道：“‘为如“瓶等”’，“无常性”

故，彼是“勤勇无间所发”；为如“电等”，“无常性”故，彼非“勤勇无间所发”’：指不定相也，彰‘无常’因能成前‘声’，或是‘勤勇’、或‘非勤勇’，何非不定？此亦有三：如小乘等对大乘立他比量云：汝之藏识，非异熟识（藏识者，第八识之异名，以其含藏一切可能，故名藏识。藏者，藏也。异熟识者，亦第八识之异名。第八识名为异熟识者，由先善恶业势力为因，引生现行第八识为果，而现行第八识之自体，非善非恶，名为无记。故唯识疏说，因通善恶，果唯无记。果望于因，其性异类，而得成熟，故名异熟也。小乘不立第八识，故宗之有法藏识，以汝言简）。执识性故，如彼第七等（因中言‘执’者，犹云‘汝执’，指大乘所‘执’也。喻中言‘彼’者，亦谓大乘，亦是简言‘汝执’之意，小乘本无第七识，故须简也。又此因，乃以彼例此，其意盖云：汝大乘第七识，既是识性，而非异熟，汝所执藏识，亦识性故，应如第七，亦非异熟。盖大乘本不许第七是异熟，会小乘欲就大乘计中，以彼之矛攻彼之盾，故为此量也。然因中有不定过，如下所说）。此非异熟识宗，以除异熟六识外（大乘说前六识通善、恶、无记三性，以前六识中，善等三性容前后间杂而起故。若起无记时，便是异熟，非谓六识遍是异熟。此义深详，具如《成唯识论述记》）。余一切法而为同品（谓除异熟六识外，若第七识，及六识中善或恶，乃至色、声等法，皆非异熟识故，即此宗之同品）。执识性因，于第七等有，于色、声等无（执识性因，于其同品一分第七识等上有，一分色、声等上无，故是同品一分转也）。异熟六识而为异品（非异熟识宗，便以异熟识为异，思之可知)，执识性因，于彼遍有(执识性因，于其异品异熟六识之上遍有，名为异品遍转)。故是‘他(他比量)同分(同品一分转也)异全’(异品遍转)。如萨婆多对大乘立自比量云：‘我之命根，定是实有’(命根者，《广五蕴论》说：‘谓于众同分，先业所引住时分限为性。’‘众同分者’，同前论说，‘谓诸群生各各自类相似为性。’如人与人同，名人同分是也。人之生也，由其先所造业力，势无散失，引起今生。即彼今生，于众同分中，随业所引住时分限，说名命根。住者，如人从初生已，至未灭期，总名为住。住之时，或长或短，一视其先业所引，故云先业所引住时分限也。‘命根’之名，今俗多误解，故依《广五蕴论》略诠如此。大乘说命根是分位假法，自属谛论。而萨婆多等小乘，乃谓命根实有，即谓为一种实作用也。今萨婆多对大乘，立‘命根实有’宗，为避免大乘不许故，故于宗之有法‘命根’上，简言‘我之’，即简自许也)，许无缘虑(按：缘故，即思虑)故，如许色、声等(此因，亦是以彼例此。意云：色、声等无缘虑，而是实有，命根无缘虑，亦定是实有也。然此因有不定过，如下所说)。此‘实有’宗，以余五蕴、无为等为同品(五蕴者，一色蕴，二受蕴，三想蕴，四行蕴，五识蕴。无为者，真如之异名。五蕴及无为，大小乘共许为实有。)无缘虑因，于‘色等’有(‘等’者，无为)，谓于‘识等’无(无缘虑因，于其同品一分‘色等’上有，一分‘识等’上无，即是同品一分转)。以瓶、盆等而为异品(萨婆多等说瓶、盆等是由极微和合而成，极微是实有，瓶盆等非实有)，无缘虑因于彼遍有(此‘实有’宗，既义非实有之瓶、盆为异品，今无缘虑因，则于瓶、盆等上遍有，是名“异品遍转”)。故是‘自（自比量）同分异全’（准前释）如《论》所除（即此中《论》文所云：‘如说“声非勤勇无间所法，无常性故”’)，即是‘共（共比量）同分异全（覆按上文可也)。’”这是说，这里所说，是指此例之所以是“不定”过的相状，显示“无常”之因能成立“声是勤勇无间所发”宗，也能成立“声非勤勇无间所发”宗，难道这不是“不定”过吗？说来，此同分异全不定过，也分为三种：一，他同分异全。如小乘对大乘立他比量：汝之藏识非异熟识为宗，以执识性故，同喻是如彼第七识等。宗中之法是非异熟识，其同品是除了异熟六识之外，其余一切法，包括第七识和色、声等。因法“执识性”与第七识有联系，而与色、声等无联系。异熟六识是异品，“执识性”之因与此六识遍有联系。所以，此因是他同分异全“不定”。二，自同分异全。例如，说一切有部对大乘立自比量：我之命根是实有，许无缘虑故，同喻是如许色声等。宗中之法是实有，其同品是除了命根以外其他五蕴和无为法。“无缘虑”因与“色等”有联系，与识等没有联系。异品是“瓶盆等”，“无缘虑”因法与异品遍有联系。所以，此因是自同分异全。三，共同分异全。例如，此处的示例。

这里，虽然天主《论》与窥基《疏》的文字都比较长，但都说明了以下的道理，那就是：因及于同品的一部分，第二相“同品定有性”不缺，但因同时又贯通于异品的全部，第三相“异品遍无性”缺失。故而这样的因也是似因。我们知道，在古印度哲学的声论派中，声生说与声显说有时互相对峙。声生派认为，“声性”本无，从缘而生，有“所作性”，非由“勤勇无间”而显；声显派则认为，“声性”本有，从缘而显，非“所作性”，而由“勤勇无间”所显发。今声生派对声显派立“声非勤勇无间所发（宗），无常性故（因）”，便有“同品一分转、异品遍转”之过。试看例中，声生派是以非“勤勇所发”的事物如“虚空”“电光”等为同品，以“勤勇所发”的事物如“瓶”“盆”等为异品。例中“无常性”之因，在同品的一部分如“电光”上有，在同品的另一部分如“虚空”上无。总之，因及于同品的一部分，具有第二相。但“无常性”因，却同时在异品“瓶、盆”上遍有，亦即贯通于异品的全部，缺失第三相。因而，应判定例中的因是“同品一分转、异品遍转”的不定因。当然，例中还有“两俱不成”的过失，因为声生派和声显派都不认许“无常性”因于宗的前陈“声”上有，所以尚缺失第一相，有“不成”过。这里专论“不定”过，而“不成”只好暂置。对照“九句因”可知，“同分异全”即第七句“同品有非有，异品有”。①

4. 异品一分转、同品遍转，系指异品的一部分有因，同品的全部有因，从而违悖第三相的过失。例如《因明入正理论》云：“异品一分转、同品遍转者，如立宗言：‘声是勤勇无间所发，无常性故’。‘勤勇无间所发’宗，以‘瓶等’为同品，其‘无常性’于此遍有。以‘电、空等’为异品，于彼一

①“这里”以下一段文字，参见石村：《因明述要》（与陈望道《因明学概论》合订本），中华书局2006年版，第162—163页。

分‘电等’是有，‘空等’是无。是故如前，亦为‘不定’。”熊十力依窥基《疏》诠释道：“‘异品一分转、同品遍转者，如立宗言：“声是勤勇无间所发，无常性故”’：第四释异分同全。谓声显论对声生论立，是‘勤勇无间所发’宗，‘无常性’因。”这是说，这是解释第四种“不定”“异分同全”，是说声显论对声生论立“声是勤勇无间所发”为宗，以“无常性”为因。又诠释道：“‘“勤勇无间所发”宗，以“瓶等”为同品，其“无常性”，于此遍有’：此显‘同全’，一切转故。”这是说，第一步显示‘同全’，宗中之法是勤勇无间所发，同品是‘瓶等’，在同品中，因法‘无常性’遍有联系。”又诠释道：“‘以“电、空等”为异品，于彼（异品）一分“电等”是有，“空等”是无’：此显‘异分’，半有转故（“无常性”因，于其异品“一分”“电等”上有，即成“不定”过也）。”这是说，第二步显示“异分”，异品包括“电”和“虚空”等，因法“无常性”与异品的一部分“电”有联系，而与“虚空”无联系。’”又诠释道：“‘是故如前，亦为“不定”’：此结‘不定’。是因，不但能成于‘声’，如‘瓶、盆等’，是‘勤勇发’，亦能成‘声’，如‘电光等’，‘非勤勇发’。[①] 是故如前，成二品故，亦为‘不定’。”这是说，这是第三步总结说明此异分同全因有“不定”过。“无常性”因，不但能成立“声”，如“瓶、

①按：这里，“是因，不但能成于声，如瓶盆等，是勤勇发，亦能成声，如电光等，非勤勇发”，“能成于声”“能成声”，均应是“能成立”义，前者用“成于声”，后者用“成声”，照实说，“成于（声）”义为“被成”（于声），如同《孟子》“治人”“治于人”之例。应该认为系熊氏笔下不慎之误。

盆等”，是勤勇无间所发，也能成立“声”如“电光等”，不是勤勇无间所发。所以，如同前面所说“共不定”和“同分异全”一样，一因能成立相反的宗义，所以称为“不定”。又诠释道：“此亦有三：如大乘师对萨婆多立他比量云：‘汝执命根，定非“实有”，许“无缘虑”故（缘虑者，即思虑义），如所许“瓶等”（萨婆多许“瓶等”非“实有”，故得为喻）。’‘非实有’宗，以‘瓶等’为同品，‘无缘虑’因，于彼（‘瓶等’）遍有（即‘同品遍转’）。以‘余五蕴、无为’为异品，‘无缘虑’因，于彼（异品）一分‘色等’上有，‘心、心所’无（受想行三蕴是‘心所法’，识蕴是‘心法’。‘心’、‘心所’法皆有‘缘虑’，故‘无缘虑’因于此不转。此因唯于异品一分‘色等’之上有故，名‘异品一分转’）。故是‘他（他比量）异分（异品一分转），同全（同品遍转）。’大乘若云：‘我之藏识，是异熟识，许识行故，如异熟六识。’‘异熟识’宗，以‘异熟六识’而为同品，许识性因，于此遍有（即‘同品遍转’）。以除异熟六识，余一切法而为异品，许识性因，于彼一分非业果心有（业果心，即异熟心，非业果心，即非异熟心，如第七识等是也），于彼一分‘色等’上无。故是‘自（自比量）异分同诠’。如前所说，胜军论师成立大乘真是佛语，两俱极成非佛语所不摄故，故《增一》等。此中‘佛语’宗，以《增一》等而为同品，大小乘两俱极成非佛语所不摄因，于此遍有（同品遍转）。以《发智》、六足等而为异品，两俱极成非佛语所不摄因，于《发智》有（详前），于六足无（即异品一分转）。亦此因过摄。如《论》所陈（即此中《论》文云：‘声是勤勇无间所发，无常性故’），即是‘共（共比量）异分同全’。”这是说，异分同全也分三种：一、他异分同全。例如，大乘师对说一切有部立他比量：汝执命根定非实有，许无缘虑故，同喻是如所许瓶等。宗中之法为“非实有”，同品是“瓶等”，“无缘虑”的因法，在同品上遍有，这是同全。异品是除了命根以外其余的五蕴和无为法，“无缘虑”因在一部分异品“色等”上有，而在另一部分异品“心、心所”上无，这是异分，所以，是他异分同全。二、自异分同全。例如，大乘师立：我之藏识是异熟识，许识性故，同喻是如异熟六识。宗中之法是异熟识，同品是异熟六识。“识性”因在同品中遍有，这是全同。异品是除了异熟六识以外其余一切法，“许识性”因，在异品中的一部分“色等”上无，而在另一部分异品非业果心第七识上有，这是异分。所以是自异分同全。前面所说胜军论师立：大胜经真是佛语，两俱极成非佛语所不摄故，同喻是如《增一阿含经》等。此胜军比量也有异分同全不定过。宗中之法是“是佛语”，同品是《增一阿含经》等，此经不在两俱极成非佛语之中，故因法于同品遍有。异品是《发智论》《六足论》等。《六足论》在两俱极成非佛语中，故因法在《六足论》上无。《发智论》不在两俱极成非佛语中，因为对于《发智论》等，小乘中有自许亦是佛语的，而大乘不许，这样，《发智论》也是大乘与此小乘两俱极成非佛语所不摄，因法在《发智论》等上有。既然如此，那就是异品一分有，这也是此异分同全一分过。如这里所说的，即是共异分同全。

这里，同样是第三相“异品遍无性”未能完成所造成的过失。其所举例，以“声是勤勇无间所发”为宗，于前过中所举之宗相反，以“无常性故”为因，还是前过中所用的因。于是，前过中的宗异品翻为宗同品，而其宗同品翻为宗异品，其因同品则仍为因同品。“瓶等”是“勤勇无间所发”的，是宗同品，尽为“无常性”所依转，亦即尽有“无常性”，“电”与“空”不是“勤勇无间所发”的，是宗异品，而“无常性”为一部分宗异品“电等”所有，为另一部分宗异品的“空等”所无。因同品中，有宗同品，亦有宗异品，于是，“无常性”无力证明“声”之必为“勤勇无间所发”或“非勤勇无间所发”。此因之所以成为“不定因”，与前过中所说道理相同，故天主《论》文说：“是故如前。”对比“九句因”可知，“异品一分转、同品遍转”是第三句“同品有，异品有、非有”。

5. 俱品一分转，系指同品的一部分有因，异品的一部分也有因，从而违悖第三相的过失。《因明入正理论》云：“俱品一分转者，如说‘声常，无质碍故’。此中‘常’宗，以‘虚空’‘极微等’为同品。‘无质碍’性，于‘虚空等’有，于‘极微等’无。以‘瓶、乐等’为异品。于‘乐等’有，于‘瓶等’无。是故此因，以‘乐’以‘空’为同法故，亦名‘不定’。”熊十力依窥基《疏》诠释道：“‘“俱品一分转”者，如说“声常”，无质碍故’：第五俱分（因于同、异二品各一分转，名‘俱品一分转’）。声、胜二论，皆说‘声’‘无质碍’，无质碍故，故空大（‘空大’者，五大之一）为耳根（《前记》云：‘胜、声二论，俱说空为耳根，何以故？空无障碍故，若有障碍，是即不闻，故取空为耳根’），亦无质碍（意说声无质碍故，空大为耳根，亦无质碍也）。今声论对胜论立‘声常’宗，‘无质碍’因。”这是说，第五种“不定”是“俱品一分转”，分两层意思说明之。（第一层意思，）声论、胜论都说“声”是“无质碍”的，因为“声”对他物没有障碍。“空”大是耳根，也是“无质碍”的，这里所说，是声论师对胜论师立“声常”为宗，以“无质碍”为因。又诠释道：“‘此中“常”宗，以“虚空”、“极微等”为同品，“无质碍性”，于“虚空等”有，于“极微等”无’：此显‘同分’。二宗（声论、显论）俱说，地水火风（四大），‘极微’常住（《二十唯识疏》云：‘地水火风，是“极微”性，若劫坏时，此等不灭，散在处处，体无生灭，说为常住’），粗者‘无常’（‘极微’所成粗色，便是‘无常’）。劫初成，体非生；劫灭后，体非灭。二十空劫，散居处处，后劫成位，两合生果，如是展转，乃至大地。所生皆合一，能生皆离多（‘极微’众多，其体非一）。广如《二十唯识疏》中解。此‘空’言等，等彼时等。‘极微’言等，等取彼意等。如‘极微’，亦有碍故。故此‘常’宗，‘虚空’‘极微’为同喻，‘无质碍’因，于‘空等’有，‘极微等’无，故是同分（‘同品一分转’也）。”这是说，（第二层意思，显示此例有“不定”过的理由。）这里所说，显示“同分”，声论、胜论两宗都说，地、水、火、风的“极微”是“常住”的，此四大之粗者是“无常”的。在劫初之时，由“极微”合成各种物体，并不是无中生有。在劫后之时，物体坏毁，并不是完全消灭，在具有二十中劫的空劫中，“极微”散居各处。其后又是另一世界的开始，初劫是成劫，两“极微”合起来产生子微，子微又互相结合，展转合成，以至形成大地。所产生的结果，都是合一，能产生这一结果的，都是分离的多体。详细的说明，见《二十唯识疏》中的解释。这里，天主在文中说“无质碍因，于虚空等有”的“等”指时等而言。又说“于极微等无”，“等”是指胜论所说的“意”而言，意小如极微，也有质碍。“无质碍”因，在同品“虚空”等上有，而在同品“极微”等上无，所以是“同分”，即“同品一分转”。又诠释道：“‘以“瓶、乐等”为异品，于“乐等”有，于“瓶等”无’：此显‘异分’。彼二宗中，皆说觉、乐、欲、瞋等为心、心所。此二（此二者，《论》所举‘乐等’及‘瓶等’二也）非常，为常异品（彼二非常，乃为此常宗之异品）。‘无质碍’因，于‘乐等’中有，于‘瓶等’上无，故是‘异分’（‘异品一分转’也）。并前，合显‘俱品一分转’（以此‘异分’，并前‘同分’，合显‘俱品一分转’）。”这是说，此处所说，是显示“异分”。“异分”与“同分”合起来，即是“俱品一分转”。声论、胜论两派都说觉、乐、欲、瞋等是心、心所法。“乐等”和“瓶等”都是“无常”，是异品。“无质碍”因，在“乐等”上有，而在“瓶等”上无，所以是异分，即“异品一分转”。又诠释道：“‘是故此因，以“乐”以“空”为同法故，亦名“不定”’：结‘不定’。‘无质碍’因，‘空’为同品，能成‘声常’。‘乐’为同品，能成‘无常’。由成二品，是故如前，亦为‘不定’（如成‘声常’宗，‘空’为同品‘无质碍’因，得成此宗。如成‘声无常’宗，‘乐’为同品‘无质碍’因，亦得成此宗。故是‘不定’）。”这是说，总结“俱品一分转”之因法有“不定”过。“无质碍”因，若是以“空”为宗同品，可以成立“声是常住”宗，若以“乐”为宗同品，又可以成立“声是无常”宗。由于能成立相反的两种宗义，所以和前面所说一样，也是“不定”。

这里，“俱品”指宗同品与宗异品。宗同品中，有一部分为因所依转。宗异品中，亦有一部分为因所依转，故称“俱品一分转”。其所以成过，亦出于第三相“异品遍无性”的未能完成。其所举例“声常，无质碍故”，是声论对胜论所立。“常”是所立法。“虚空”与“极微”，皆为“常住”，自为宗同品。“无质碍性”，为“虚空等”所有，为“极微等”所无。故“虚空等”为因同品，“极微等”为因异品。“瓶”与“乐”，皆为“无常”。自为宗异品。“无质碍性”为“乐等”所有，为“瓶等”所无。故“乐等”为因同品，“瓶等”为因异品。“是故此因，以乐以空为同法故”的“同法”，指因同品而言，意谓此因有宗异品的“乐”为其同品，又有宗同品的“空”为其同品。今若以“乐”为准，“声”同有“无质碍性”，应当同有“无常性”。又若以“空”为准，“声”同有“无质碍性”，又应当同有“常住性”。“声”究竟是“常住”的还是“无常”的，实非此因所能确切证明。故此因亦为“不定因”。对照“九句因”可知，“俱品一份转”即第九句“同品有、非有，异品有、非有”。

6. 相违决定，系指立论者与敌论者各立一宗，两宗相背，但皆具正因。因此，这种过失不是就同一论式内因与其他各支的关系说的，而是就两个不同论式之间的关系说的。《因明入正理论》云："相违决定者，如立宗言：声是无常，所作性故，譬如瓶等。有立'声常，所闻性故，譬如声性'。此二皆是犹豫因故，俱名'不定'。"熊十力依窥基《疏》诠释道："'相违决定者'：第六相违决定。具三相因，各自决定，成相违之宗，名相违决定。相违之决定（《后记》云：'意云相违即宗，决定是因，不得名为相违，相违之因，属主为名，第六转摄。'），决定令相违（《后记》云：'由因能令宗法相违也，还是相违宗之决定也。第三转摄，虽由于因，宗方相违。此《论》文中，正明因过。因不得名相违，从相违主以得其名，名相违决定也'），第三、第六两转，俱是依主释也。"这是说，（所谓相违决定，是指两种因法都具备三相，而所成立的宗义，意思是相反的。）相违决定，可以说是相违的决定，这在梵语是第六转声，表示属格。相违决定也可以说是决定令相违，由于两种因法都具三相，各自决定地成立宗义，使两宗相违，这在梵语是第三转声，表示具格。这两者都是依主释。又诠释道："'如立宗言："声是无常，所作性故，譬如瓶等"'：此乃胜论对声生论立，义如前说。若对声显，随一不成。"这是说，此处所说，是胜论对声生论所立，其意在前面已经说过，若是对声显论所立，此因有"随一不成"过。又诠释道："'有立"声常，所闻性故，譬如声性"'：此乃声生论对胜论立，若对余宗说'所闻性'，是前所说'不共不定'（对余宗说，此因便无同喻，以余宗不说有'声性'故）。胜论声性，谓'同、异性'。'实''德''业'三，各别性故（'实'中如'地'等，别有'地'等性。'德'中如'声'等，别有'声'等性。'业'可类推），本而有常（‘声’等性本有而‘常’也）。‘大有’，共有，非各别性，不名‘声性’（依《广百论》，‘大有’亦名‘声性’，今此不尔。庄严轨曰：‘向：“大有”句义，何故不名“声性”？答：‘“声”之同异，唯与“声”为性，不通余法，故是“声性”。“大有”通一切，不名“声性”。’篆山《钞》云：‘泛言“声性”，有通有别，通者，“大有”体一是“常”，一切共有，亦是“色等”性故，不得偏名为“声性”也。别者，谓“同异性”，体多而“常”，诸法别有故，闻“声”时亦闻“同异性”故。’当知《广百》依通性说，今约别性，亦不违也。以上须参看前述、胜论六句义中）。声生说‘声’，总有三类：一者响音，虽耳所闻，不能诠表。如近坑语，别有响声。二者‘声性’，一一能诠，各有性类（《后记》云：‘“声性”，随能诠声，许有多也。’）。离能诠外，别有本常。不缘不觉，新生缘具，方始可闻（《后记》云：‘“声性”，缘未具时，耳根不取，名不缘不觉。觉者，起耳缘时，名之为觉也。不缘者，无缘也。总意而言，要须缘具，“声性”之上，方有可闻。若不然者，但住本常，不缘不觉。’）不同胜论（《后记》云：‘胜论但取“同异性”名为“声性”，声生说缘具不具，有闻不闻。’）三者能诠（即前第二中所云‘一一能诠’也），离前二有（离前‘响音’及‘声性’二者，而别有此能诠也）。虽‘响’及此（‘能诠’），二皆新生，响不能诠。今此新生声是‘常往’（今声生对胜论立‘声常’宗，有法之‘声’，即‘新生声’），以本有‘声性’为同品。两宗（声生、胜论）虽异，并有‘声性’可闻，且‘常住’故，故总为同喻，不应分别何者‘声性’。如立‘无常，所作性因，瓶为同品’，岂应分别何者‘所作’、何者‘无常’？若绳轮所作，打破无常，声无瓶有。若寻伺所作（由意中寻伺力故，击咽喉等发声，故说声是寻伺所作），缘息无常（寻伺或咽喉等缘不起用时，声缘便息，尔时声灭，名无常），声有瓶无。若尔，一切皆无同喻，故知因喻之法，皆不立分别。由此声生，立量无过（《明灯抄》云：‘胜论“声性”，谓“同异性”也。声论别有，本性是“常”。两宗所说，“声性”虽异，而不应分别。盖因喻立法，依总相而立。如“所作”因，不分别绳轮“所作”，或咽喉“所作”，但取“声”及“瓶”上有是“所作”之总相，以为因法。此亦如是，不分别立者声生所说“声性”如何，敌者胜论所说“声性”如何，但取两宗所说“声性”之总相，以为同喻。由依总相立，故无有过’）。若分别者，便成过类“分别相似”（《理门论》云：‘分别同法差别，由此分别，颠倒所立，说名“分别相似”等’）”。这是说，（“声常，所闻性故，譬如声性”，）这是声生论师对胜论师所立，若是对其他宗派所立，那就是前面所说的“不共不定”。胜论所谓“声性”，是“同异性”。胜论立“实”“德”“业”句，“实”句有九种，“德”句有二十四种，“业”句有五种，各别不同，是本有而“常住”的。“声”是“德”句之一，“声性”具有“所闻性”“常住性”。“大有”句义，是“实”“德”“业”三者所共有，不是各别种类的别性，不称为“声性”。声生论所说的“声”有三种：一是响音。虽然是耳所闻者，但不能表示任何意义。例如人们在接近陶瓮的地方说话，会听到瓮中发生的另一种响声。二是“声性”。人的声音，不只是一种响音，而且还表示一种意义，诠表某种对象，对象有多种，“声性”也有多种。“声性”离开能诠的声音，另外有其“常住”的存在。没有一定的条件，不会使人听闻，只有新生的条件具备，才能听闻。这和胜论所说的“声性”有所不同。三是能诠。在响音及“声性”之外，还有能诠之声。响音和能诠之声都是新生的，但响音不表示任何意义，而这新生的表示意义的“声”能诠是“常住”的，声生论对胜论立“声为常”，有法之“声”即是新生声，以本有“声性”作为同喻。胜论、声生两宗所说“声性”虽有不同，但都承认“声性”可闻而且常住，所以可以作为同喻，不应分别是怎样的“声性”。例如，立“声是无常”以“所作性”为因，“瓶”为同品，难道要分别怎样的“所作”、怎样的“无常”？若是说用绳轮作工具的“所作”、打破的“无常”，“瓶”有而“声”无。若是由于寻、伺思考的“所作”、因缘止息的“无常”，“声”有而“瓶”无。如果要这样分别，那就一切论式都没有同喻。所以说，因法和同喻所说宗中之法，不应分别。由此可知，声生论师所立比量并无过失。若要加以分别，就会成为“似能破”中的“分别相似”过类。又诠释道：“‘此二皆是犹豫因故，俱名不定’：结成不定也。二因（二因者，前所举胜论对声生论立‘声无常’宗，‘所作性’因；声生对胜论立‘声常’宗，‘所闻’性因，此二也），皆不能令他、敌证生决定一智，故如前五，俱是‘不定’（《略纂》曰：‘此双结两宗，因皆有过。一有法‘声’，其宗互反，因喻各立，何正何邪？故俱“犹豫”，名因“不定”’）。《理门论》颂，结四‘相违’及‘不定’云：

‘观宗法审察，若所乐违害，成踌躇颠倒，异此无似因（参考《理门论》）’。由观察宗法，令审察者，智成踌躇，名不定因。”这是说，此处所说，是总结说明“相违决定”是“不定”因。“相违决定”的二因都不能使论敌和证义者产生确定无疑的知识，所以和前五种“不定”一样，是“不定”过。《因明正理门论》中有一颂，总结“四相违”和“不定”过：“观宗法审察，若所乐违害，成踌躇颠倒，异此无似因。”意思是说，审察因法，若对宗义违害，成为“不定”因或“相违”因，此外没有似因了。可知，只要因法使审察者的认识踌躇不定，就可称为“不定”因。相违决定的二因，虽然都具备三相，却使论敌的认识犹豫不定，就给予“不定”过之名。

这里，“相违决定”的“相违”是就宗说的，即言立敌双方所立的两个宗，正相反对。“决定”，是就因说的，即言立敌双方所用的两个因，各是三相具足，在各该比量内都是决定因，能够证明其所要证明的宗。合而言之，意谓两个相违的宗出于两个决定的因，或两因决定令两宗相违。立者所立之比量称“所违量”，敌者用以相抗之量称“能违量”。其所举之“所违量”，以“声是无常”为宗，以“所作性故”为因，以“瓶等”为同喻依，这是胜论派对声生派所立之比量。此比量是因明所常用的实例。“所作性”遍是有法“声”的法，为宗同品的“无常”品所“定有”，为宗异品的“常”品所“遍无”。其具足三相，且为立敌所共许。故“所作性故”之因，“决定”能成立“声是无常”宗。可以说无任何缺失，令敌者无懈可击。声生派为相抗计，乃作“能违量”：“声常，所闻性故，譬如声性。”“所闻性”“遍是宗法”，无可置疑。在通常的立敌之间，因为“声”的外延与“所闻性”的外延宽狭不同，故缺失因同品，不能完成“同品定有性”。“不共不定”中，曾引此因为例。但在胜论派与声生派之间则不然，别有“声性”为其宗同品和因同品。所谓“声性”，在胜论派，指其第五句“同异性”而言，“声”是其第三句二十四德中之一德。“同异性”使“声”别于“非声”，故可称“声性”。声生派于“声”之外，亦设有“声性”，所以使“声”成为“声”。两派所说的“声性”，虽不完全相同，但在承认其“可闻”与“常住”两点上，则是相同的，故可取为同喻依。‘所闻性故’之因，亦是立敌共许其三相具足，决定能成立“声是常”宗，亦可以说无任何缺失，胜论派无懈可击。“所违量”与“能违量”，各是因、喻俱正，各有其强有力的证明力量，互不能推翻其相反的宗。不过，虽其比量本身各无过失可以指摘，但既有相违的宗能够成立，则二相违宗的正确性，各属可疑，于是二因的证明力遂亦同属可疑，故谓“此二皆是犹豫因”。立敌对诤的结果，“声”究为“常”抑或“无常”，依然不能决定，故“相违决定”亦归入“不定”过一类。需要特别强调的是，胜论派与声生派对诤，方有此“相违决定”。（若佛教对声生论立胜论所立的比量，声生论不能立此能违量，因为佛教不认许有“声性”，“所闻性故”之因便有“不共不定”的过失，不能决定成立“声常”宗。所以佛教与声生论对诤时，‘所作性故’是决定因，不是犹豫因，是正因，不是似因，相违决定无从成立。）很显然，“相违决定”与“九句因”无关，而于因的三相并未缺失任何一相。我们只可以说正因必是三相具足，却不能说三相具足必是正因。三相具足的“相违决定”就是典型的例子。

（三）相违

所谓相违，系指由于同时违悖第二相与第三相而形成的过失。如果同时违悖第二相和第三相，便会使因在同品中无，而在异品中有。其结果必然是，与宗的后陈相反的属性借助因与前陈相联系，使与所立宗恰好相反的宗得以成立，成为“相违”。《因明入正理论疏》：“相违因义者，谓两宗相反。此之四过，不改他因，能令立者宗成相违，与相违法而为因故（按：如立‘声常’宗，‘所作性’因，‘无常’即‘常’宗相违法。今此‘所作’因，非与本所立‘常’宗为因，乃与‘无常’法而为因故，即‘与相违法为因’），名相违因（由因但与相违法为因故，即名此因曰相违因）。非因违宗，名为相违。”即释此义。“相违”有四种，即“法自相相违”“法差别相违”“有法自相相违”和“有法差别相违”。前已述及，宗由“有法”（前陈）与“法”（后陈）两部分构成。在辩论中，“有法”与“法”又有“言陈”（由言语直接陈述的涵义）与“意许”（有别于“言陈”，而为立论者认许的涵义）的区别。“言陈”被称为“自相”，“意许”被称为“差别”。于是，就有“法自相”“法差别”“有法自相”“有法差别”的区分。与此相应，“相违”也有了上列四种区分。兹分而述之。

1. 法自相相违，系指因与宗的后陈直接陈述的涵义相违的过失。《因明入正理论》云：“此中法自相相违因者，如说

‘声常，所作性故’，或‘勤勇无间所发性故’。此因唯于异品中有，是故相违。”熊十力依窥基《疏》诠释道：“‘此中法自相相违因者，如说‘声常，所作性故’，或‘勤勇无间所发性故’：下别释四。初文有三：初，标牒名；次，显宗、因；后成违义。此初、二也。问：‘相违’有四，何故初说‘法自相’因？答：正所诤故（宗之法自相，是立敌两宗正所诤故，故应初说也）。此有二师，如声生论，立‘声常’宗，‘所作性’因；声显论立‘勤勇无间所发性’因（声显立‘内声常’宗，‘勤勇发’因）。”这是说，下面分别解释这四种“相违因”。这里首先解释第一种，分三层意思说明：一、标牒名，重新标示第一种“相违因”的名称。二、显宗、因，举例显示宗和因。三、成违义，说明此例有“法自相相违”过。此处所说，是第一、二层意思。问：“相违因”有四种，为什么开头说的是“法自相相违”？答：宗中之法，是立敌双方争议之所在。这里所举示的宗因，分别和两宗论师有关。一、声生论师立“声是常”，因法是“所作性”。二、声显论立“声是常”，因法是“勤勇无间所发”。又诠释道：“‘此因唯于异品中有，是故相违’：此成违义，由初“常”宗，“空等”为同品，‘瓶等’为异品，‘所作性’因，同品遍非有，异品遍有。‘九句因’中第四句也，应为相违量云：‘声是无常，所作性故，譬如瓶等’。由第二宗（声显‘内声是常宗’也），‘空’为同品，以‘电’‘瓶等’而为异品，‘勤勇发’因，于同遍无（‘空’上无‘勤发’因），于异品，‘电’无，‘瓶等’上有。九句因中第六句也（应为违量云：‘内声是无常，勤勇无间所发性故，喻如瓶等’）。此之二因，反成‘无常’，违宗所陈自相故（生、显二师皆立‘声常’宗，宗之后陈曰‘常’，即是法自相。今‘所作’或‘勤勇’因，反成‘无常’，便违本所立宗之法自相也），名相违因。故《理门》云：‘于同有及二，在异无是因。反此名相违，所余皆不定。’（详前‘九句因’中）此‘所作性’因，翻九句中第二正因，彼（九句中第二句）‘同品有，异品非有’，此同品非有，异品有故。此‘勤勇’因，翻九句中第八正因，彼同品有非有，异品非有，此同品非有，异品有非有故。上已数论，略不繁述。此一似因（《前记》云：‘即是此四相违中，‘法自相相违因’是也，即‘所作’因或‘勤勇’因是也），因仍用旧，喻改先立；后之三因，因喻皆旧。由是四因，因必仍旧，喻任改同。”这是说，此处所说，是说明上述示例犯“法自相相违”过。第一例，立“声是常”，“虚空等”是同品，“瓶等”是异品，“所作性”因，在同品中遍无，在异品中遍有。这在九句因中，是第四句。应当立一相违的比量如下：“声是无常，所作性故，譬如瓶等”。第二例，立“声是常”，因法是“勤勇无间所发，“虚空”是同品，“电”“瓶”等是异品。“勤勇无间所发”因，在同品上遍无，在异品上遍有。在异品“瓶等”上有，在“电”上无。在九句因中，是第六句。上述二因，反而能够成立“声是无常”的宗义，违反了原来宗中言陈之法自相，所以称为“相违因”。《因明正理门论》云：“于同有及二，在异无是因，反此名相违，所余皆不定。”意思是说，在同品上有或部分同品上有，在异品上遍无，这才是正因。反过来，如果在同品上遍无，在异品上遍有或部分异品上有，这是“相违因”，其余都是“不定因”。声生论师立“声是常，所作性故”，此“所作性”因，与九句因中第二句相反，第二句是同品遍有、异品遍无，而这里是同品遍无、异品遍有。声显论师立“声是常，勤勇无间所发”故，与九句因中第八句相反，第八句同品部分有因法、异品遍无因法，而这里是同品遍无因法，异品上部分有因法。这方面，上文已多次论述，这里不再详论。这一“法自相相违”的似因，立相违的比量时，不改变因法，而同喻、异喻则改变了原来的说法。

这里，是释第一种相违因——法自相相违因。其所举例有二：一为声生论所立“声常，所作性故”，二为声显论所立“声常，勤勇无间所发性故”。“此因唯于异品中有”，说明“所作性故”“勤勇无间所发性故”之二因为何为“相违因”。首先，第一例即“九句因”中第四句“同品非有，异品有”。例中，“常”是所立法，故凡具有“常住性”的事物，如“虚空”，是宗同品；凡不具有“常住”性的事物，如“瓶等”，是宗异品。“虚空等”宗同品，无一具有“所作性”，自属“同品非有”，而“瓶等”宗异品，又无一不具有“所作性”，自属“异品有”。《论》云：“此因唯于异品中有”，即言“所作性故”一因，只为宗异品“瓶等”所有，而为宗同品“虚空等”所无。“正因”要求“同品定有”和“异品遍无”，今此“所作性故”之因，恰与正因所要求的相反，故为“相违因”，则此因非但不能证明其所欲证明的“声常”宗，反可证明其所反对的“声是无常”宗。面对此种事实，敌者完全可以利用立者原用之因，以立与“所违量”相反的“能违量”，即“声是无常，所作性故”。“能违量”中，“无常”是所立法。于是，在“所违量”中原属宗异品的“瓶等”，在“能违量”中翻为宗同品，“瓶等”无一不具有“所作性”，遂成了“同品遍有”。而在“所违量”中原属宗同品的“虚空等”，在“能违量”中，翻为宗异品，“虚空等”又无一具有“所作性”，遂成了“异品遍无”。故以“所作性故”之因，证“声是无常”之宗，三相具足，恰好是“九句因”的第二句“正因”。如此，我们可以说，“所作性故”所能证明的，倒是“声是无常”，而不是“声常”。很明显，“无常”与“常”，自相相违。于是，用“所作性故”之因，欲证“声常”之宗，此因只能是“法自相相违因”。其次，第二例即“九句因”中第六句“同品非有，异品有非有”。例中，“常”同样为所立法，故凡具有“常住性”的事物，如“虚空等”，是宗同品；凡不具有“常住性”的事物，如“瓶”、如“电”，是宗异品。“虚空等”无一具有“勤勇无间所发性”，自属同品非有。“瓶”具有“勤勇无间所发性”，“电”不具有“勤勇无间所发性”，自属“异品有、非有。”“正因”要求“同品有、非有，异品非有”，今此“勤勇无间所发性故”之因，恰与正因要求相反，故亦为“相违因”。面对此种事实，敌者完全可以利用立者原用之因，以立与“所违量”相反的“能违量”，即“声是无常，勤勇无间所发性故”。“能违量”中，“无常”是所立法。于是，“所违量”中宗异品便翻为宗同品，“异品有、非有”便转为“同品有、非有”，其宗同品便翻为宗异品，“同品非有”便转为“异品非有”，成了“九句因”中第八句“正因”。“勤勇无间所发性故”之因所能证明的，倒是“声是无常”，而不是“声常”，换言之，“勤勇无间所发性故”之因，反倒证明了与“声常”宗中法自相相违的“声是无常”宗，故此因只能是法自相相违因。

2. 法差别相违，系指因与宗的后陈意许的涵义相违的过失。《因明入正理论》云：“法差别相违因者，如说‘眼等必为他用，积聚性故，如卧具等’。此因如能成立‘眼等必为他用’，如是亦能成立所立法差别相违积聚他用。诸卧具等，为积聚他所受用故。”熊十力依窥基《疏》诠释道：“准前亦三，此初（标牒名）。二（显宗因）也。凡二差别（谓‘法差别’及‘有法差别’也）名相违者，非法、有法上除言所陈，余一切义，皆是差别。要是两宗各各随应因所成立，意之所许，所诤别义（立敌所诤也），方名差别。因令相违，名相违因（此处文义，学者非细心思之，恐不易了。今仍取前所举例申明之。如立‘声是无常’宗，‘声’上，有可闻、不可闻，有质、无质种种义，非可概名‘有法差别’。‘无常’之上，有一期无常、刹那无常、转变无常、灭坏无常种种义，非可概名‘法差别’。盖立者对敌兴诤，乃用‘所作性’因，以成立‘声无常’宗。其言所陈有法自相曰‘声’，而意中许‘声是可闻’，即此‘可闻’义，名‘有法差别’。非‘声’上一切义，皆名‘有法差别’。又言所陈法自相曰‘无常’，而意中许‘无常’是‘灭坏’，即此‘灭坏’义，名‘法差别’。非‘无常’上一切义，皆名‘法差别’。举此一例，余应准知。故《疏》说言：随应因所成立，意之所许，所诤别义，方名‘差别’）。此中义说，若数论外道对佛弟子，意欲成立‘我为受者（此言‘我’者，谓‘实我’也。下皆准知)，受用眼等’。若‘我’为有法（立‘我’为宗之有法也)，‘受用眼等’，便有宗中‘所别不成’(有法亦名所别。佛家不许有‘我’，今数论对彼立‘我’，故是‘他所别不成’)。‘积聚性’因，两‘俱不成’(若‘我’为有法，立敌俱不许有‘积聚’因：数论说‘我是常’，故不许有‘积聚’因也；佛法不许有‘实我’，何论有因耶)。‘如卧具’喻，‘所立不成’（思之可知)。若言‘眼等必为我用’，‘能别不成’　（以‘我’为宗之‘能别’，敌者佛家不许有‘我’，故‘不成’也)，阙无同喻。‘积聚性’因，违法自相(如立‘眼等必为我用’宗，‘积聚性’因。‘我用’即宗之‘法自相’，此‘积聚’因反成‘相违’)。‘卧具’喻，有‘所立不成’，若成‘眼等’为‘假他’用，‘相符极成’(‘假他’者，即‘假我’之谓也。依‘眼等’根，假名曰‘我’，佛家亦许，故不须立，立便‘相符’)。由此方便矫立宗云：‘眼等必为他用’(‘他’者，在立者数论师意中，即指‘实我’而目之也。何故不直言‘我’，而名立曰‘他’耶？依数论计，‘我’有二种：一者‘实我’即彼二十五谛中‘神我’谛也。体既‘常住’，故非‘积聚’。二者‘假我’，即‘眼等’根‘积聚’成身，假名为‘我’。以其假相，动作施为，似我相故。即彼二十三谛中摄也。‘假我’，佛家亦立；‘实我’，则佛法所不许。今数论对佛家，欲成‘眼等’根‘为实我所受用’，宗中若言‘我’者，即犯种种过，已如上说，故彼方便矫立宗云‘眼等必为他用’，意欲令佛家承许‘眼等’但是资具，而‘必为他之所受用’。‘他’者谁？即‘实我’是也。此盖方便矫托寄意，冀令他晓耳)。‘眼等’有法（宗之有法曰‘眼等’）指事显陈；‘为他用’法（宗之法曰‘为他用’），方便显示。意立：‘必为法差别不积聚他实我受用’（‘不积聚他’者，隐目‘实我，数论神我是‘常’，非‘积聚性’故。其‘积聚他’者，隐目‘假我’，以本无有‘我’，但依‘眼等’‘积聚’法，假名为‘我’故。数论立‘眼等必为他用’宗，‘他用’者，即宗之‘法自相’，于‘他用’之上，有‘积聚他用’或‘不积聚他用’等义。今数论意中许是‘不积聚他用’，即此‘不积聚他用’，是宗之‘法差别’。故《疏》云：‘意立，“必为法差别不积聚他实我所用”。’）若显立云，‘不积聚他用’，‘能别不成’（敌者佛家不许有‘不积聚他’故），‘所立’亦‘不成’，亦阙无同喻、因（‘积聚性’因）违法自相，故须方便立（方便立者，谓言所显法自相，但曰‘他用’，意中所许法差别，则是‘不积聚他用’也）。‘积聚性’因，积多‘极微’成‘眼等’故。‘如卧具’喻，其床座等，是‘积聚性’。彼此俱许‘为他受用’，故得为同喻。因喻之法，不应分别，故总建立（参看前‘相违决定’中)。”这是说，照准法自相相违的解释，法差别相违的解释，也分三层意思。这里所说，即是第一、二层意思，标出法差别相违，并举示作为示例的宗和因。四相违中的两种差别，并不是说宗中之法和有法，除了言陈的意义以外，一切含义都是差别，必须是立敌两宗各自的因法所成立的意许之义，是争议的不同的别义，才称为差别。由于因法使相违的宗义得以成立，称为相违因。这里的示例，意思是说，若数论外道对佛弟子，本意是要立“我是受用者，受用眼等”。若以数论所说“神我”为有法，“受用眼等”，就有宗中“所别不极成”过，因为数论二十五谛中的“神我”，佛法不认许。“积聚性”因，有“两俱不成”过，因为双方都不认许“神我”是“积聚性”的。同喻是“如卧具等”，有“所立不成”过，因为“卧具”不能“受用眼等”。若是说“眼等”必为真我受用，有“能别不极成”过，同时缺无同喻，“积聚性”因有“法自相相违”过，同喻“卧具”有“所立法不成”过，这都是由于佛法不许有“神我”。若说“眼等”为假他所用，有“相符极成”过，因为这是双方所共许。由于上述原因，数论师采取“方便”的说法，以矫饰的方式，立“眼等必为他用”。“眼等”是有法，明显地指出说的是“眼等”事物，没有意许其他含义。宗中之法是“为他用”，是“方便”矫饰的说法，数论本意，“他”指意许之差别，即指“不积聚的他”，“为他用”是为真我受用。若是明白地说成“不积聚他用”，有‘能别不极成’过，也缺无同喻。因法“积聚性”有“法自相相违”过。所以，立者就“方便”矫立“眼等必为他用”。“积聚性”是说由许多极微积聚而成。同喻是“如卧具等”。床座等也是“积聚性”的，立敌双方彼此都认许“卧具等”为他受用。同喻之法，不应分别是何等积聚，所以总的一起建立。又诠释道：“‘此因，如能成立“眼等必为他用”，如是亦能成立所立法差别相违积聚他用’：此成违义有二：初举所违法差别因，后释所由。此初也。初文又二：‘此因如能成立眼等必为他用’，此牒前因能立（“因能立”者，重复言之，“因”即“能立”）所立法自相。‘如是亦能’下，又显此因能与彼法差别为相违因。其数论师，‘眼等’五法，即五知根（五知根者，谓眼耳鼻舌皮。皮根能触，相当于佛家所谓身根）。‘卧具’床座，即五唯量所集成法（五唯量者，谓声触色味香）。‘不积聚他’，谓实‘神我’，体常本有。其‘积聚他’，即依‘眼等’所立‘假我’，‘无常’转变。然‘眼等’根，不积聚他实我（‘不积聚他’，即谓‘实我’。今言‘不积聚他’，又言‘实我’者，重复言之耳。此等词例，相宗书中常见）用胜。亲用于此，受五唯境故（依数论计，‘神我’用‘眼等’，其用殊胜。所以者何？‘神我’亲用此‘眼等’，以受用‘声等’五唯境故。《义范》云：‘“眼等”根，是彼“神我”用五唯境时，亲所须具，故言“实我用胜”’）。由依‘眼等’，方立‘假我’。故积聚我（即‘假我’）用眼等劣（《义范》云：‘虽借“眼等”积成“假我”，然非“假我”亲所依据，故“眼等”根，“假我”用劣。’（熊）按：《注钞》驳《疏》云‘“眼等”即是“假我”，复谁为能用、而以“眼等”为所用耶？故知不尔。用即“神我”，复何胜劣？此言“眼等”依“假我”立，离“眼等”外，无别假我体。即不应说“假我”用“眼等”，以本无别，“假我”体为能用故也。由斯，依数论计，但是“神我”用“眼等”而已，更无“假我”之用相形，从何校胜劣耶？’《注钞》之意如是，吾以为大谬已。既依‘眼等’‘积聚’，名为‘假我’，‘积聚’是总，‘眼等’是别，总有作用，能用于别，如国家依人民立，国家得用人民。《疏》言积聚假我用眼等，理非不成，《注钞》驳之，妄也）。其‘卧具等’，必其‘神我’须思量受用，故从大等次第成之（大者，五大，谓地水火风空。等者谓五唯等。数论双建‘自性’与‘神我’，此二皆是‘常住’法也。由‘神我’思受用境故，‘自性’方生五大五唯，成‘床座’也）。然以‘假我’安处所须，方受‘床座’，故于‘卧具’，‘假他’用胜，‘实我’用劣（‘假他’，即假我。‘假我’亲用卧具，故胜。‘实我’疏用卧具，故劣。疏者何？‘实我’亲用‘眼等’，即由‘眼等’，以用‘卧具’，故言疏也）。此前所说（前文引数论所说也），‘积聚性’因，如能成立数论所立法自相（所立谓宗，即数论立‘眼等必为他用’宗，此宗之法自相，但曰“为他用”，未言‘不积聚他用’。‘故积聚性’因，成法自相亦无过），如是亦能成立法差别之相违宗。彼法自相，曰‘为他用’。此‘为他用’之上，有‘积聚他用’及‘不积聚他用’等义。立者意之所许，是‘不积聚他用’，此为法差别。陈那仍用彼因，返成法差别（即‘不积聚他用’）之相违法（‘不积聚他用’以‘积聚他用’为相违法），云：眼等，必为积聚他用胜。‘卧具等’，是‘积聚性故’，既为积聚假我用胜，‘眼等’亦是‘积聚性故’，应如卧具，亦为积聚假我用胜（以上原文晦涩，今略删易。按：从‘此前所说’至‘亦为积聚假我用胜’为删易之文。《疏》原文为：‘今者陈那，即以彼因，与所立法胜劣差别而作相违。非“法自相”，亦非法上一切差别，皆作相违，故《论》但言与所立法差别相违。先牒前因能成所立法自相云：此前所说“积聚性”因，如能成立数论所立“眼等”有法，必为他用法之自相，即指此因。如是亦能成立所立宗法自相意许差别相违之义积聚他用。宗由他用，是“法自相”。此自相上意之所许积聚他用、不积聚他用，是“法差别”。彼“积聚”因，今更不改，还即以彼，成立意许法之差别积聚他用。其卧具等积聚性故，既为积聚假我用胜，眼等亦是积聚性故，应如卧具亦为积聚假我用胜。’今仍按原文作出解释。）若不作此胜用难者，其宗即有‘相符极成’，他宗‘眼等’亦许积聚假他用故（思之可知。以假我于眼等用胜，而难数论，《论》无明文，《疏》主创发。清干诸家，颇于《疏》义有所翻违，吾谓过矣。《疏》主立义，可谓善发陈那之旨也。立量违他，必审察他之本计，而自立于不败之地。推详数论所计，积聚他假我，用卧具胜，用眼等劣，不积聚他实我，用眼等胜，用卧具劣，彼之本计如是。今检彼对佛弟子，立‘眼等必为他用’宗，‘积聚性’因，如‘卧具等’喻。彼宗，意许法差别是‘不积聚他用’，以此是对敌所诤故。然彼‘积聚性’因，则于法差别‘不积聚他’上无，于法差别之相违法‘积聚他’上有，故此因是法差别相违因也。但彼因虽有过，而敌者违量亦不易成。设陈那不约假我用眼等胜以难，而直申量云：眼等必为积聚他用，因喻同前。此虽以彼因喻，返成相违，而陈那量，亦犯‘相符’过，何足违害数论所立？原数论亦许假我用眼等，陈那若复立之，即有相符之失也。今《疏》主设为陈那难数论量云：眼等必为积聚他用胜，因喻仍数论之旧。意说：卧具等是积聚性故，既为假我用胜，眼等亦是积聚性故，应如卧具亦为假我用胜。由是，此量无‘相符’过，方与数论而作相违。审此，则《疏》主设难，可谓解纷挫锐，词峰峻极者矣。何得以《论》无明文，妄与之反耶？此中意义，委曲繁密，《疏》文亦复艰涩。学者于此，毋纷劳于名词之间，而不获得其条贯及精思所在，故为之剖析如此，览者宜尽心焉）。但可难言‘假他用胜’，不得难言‘实我用劣’，违自宗故（佛法不许有实我故），共比量中，无同喻故（《后记》云：‘准数论师所立量，乃是共比，佛弟子对之作违量即亦是共。若云“眼等实我用劣”，佛法既不许“实我”，即犯“自能别不成”等过，又无有同喻，如何成共比量耶’）。若他比量，一切无遮（若佛弟子对数论立他比量云：‘汝眼等应实我用劣宗，积聚性因，如汝许卧具喻。’此于宗中‘实我’之上，置汝言简，喻中置简亦尔，故无有过，不须遮也）。”这是说，（第三层意思），此“积聚性”因有“法差别相违”过。又分两步：一是举示原立者所立因法有“法差别相违”过。二是解释如此说的理由。这里所说，是第一步。又有两个要点：其一，“此因如能成立眼等必为他用”，这是重述前所说“积聚性”因，能成立言陈的“法自相”。其二，“如是亦能”又显示按“法差别”义来说，此因也能成立与立者所立相违的宗义。数论师认为：（1）眼、耳、鼻、舌、皮五法，即是“五知根”。（2）卧具、床座即是色、声、香、味、触“五唯量”所集成的事物。（3）“不积聚他”是指实神我，其本性是“常住”实有的。（4）“积聚他”，是指由眼等所形成的“假我”，假我是“无常”转变的。然而“实我”直接受用“眼等”五知根，直接用“五知根”受用“五唯量”。“假我”受用“眼等”是间接的，因为要靠“眼等”才能形成“假我”。“卧具等”，必是由于“神我”思量，要受用，所以从“自性”生出“大”，由“大”生出“我慢”，然后由“我慢”生出十一根、

"五唯量"，"五唯量"生出"五大"，次第生成，才有"卧具"等。若是说"实我"所思直接受用，那么，"假我"是间接受用。但是，是由于"假我"安处的需要，才受用床座，所以，应当说，是"假我"直接受用，"神我"是间接受用。数论师立"眼等必为他用"，"为他用"是言陈宗中之法，意许差别义是"为实我用胜，假我用劣"。陈那就是针对数论所立这种差别义，作法差别的相违量。不是法上一切差别义都可以作"差别"相违量，所以《因明入正理论》在这里只说与所立法差别相违。这里，是先重述数论所说"积聚性"因能成立言陈的"法自相"。数论所立是"眼等必为他用"，"眼等"是有法，"必为他用"是言陈的法自相。"积聚性"因能成立此"法自相"。意许差别相违之义是"积聚他用"。"为他用"是"法自相"，此"法自相"意之所许有两种：其一是"积聚他用"，其二是"不积聚他用"。这是"法差别"。数论师所立因法"积聚性故"，这里不加改变，仍然用此因法成立"眼等为积聚他用"。同喻"卧具等"，由于是"积聚性"，直接为"假我""受用"，"眼等"也是积聚性，应当也为"假我""直接受用"。若是不提"直接受用"之说来质疑数论师，那么，所立宗即有"相符极成"过，因为数论师也承认"眼等"为假他所用。对数论师，只能立"眼等，为假他用胜"，不能立"眼等为实我用劣"，因为"实我"之说，有违佛法自宗，在共比量中，没有同喻可言。如果是他比量，就不必排斥这种说法。又诠释道："'诸卧具等，为积聚他所受用故'：此释所由。成比量云：'眼等必为积聚他用胜，积聚性故，如卧具等。'诸非积聚他用胜者，必非积聚性，如龟毛等。故今难云：诸卧具等，两宗共许为积聚他受用胜故。《论》虽无‘胜’字，量意义必然，不须异求，应作此解。”这是说，这是解释数论所立犯“法差别相违”过的原由。

这里，是释第二种相违因——法差别相违因。其所举例，为数论师对佛弟子所立：“眼等必为他用”是宗，“积聚性故”是因，“如卧具等”是同喻依。数论分世间一切为二十五谛，复并为三大类：一为“自性”，二为中间二十三谛，三为“神我”。“自性”为了供“神我”的“受用”，使中间的二十三谛时常转变。眼睛是二十三谛中“五知根”的一根。“眼等”指眼根和眼以外的其余四知根（耳、鼻、舌、身）。“必为他用”的“他”宗，数论的真意，指“神我”，意谓“眼等必为神我所受用”，或谓“神我受用眼等”。但敌者佛弟子只认许“假我”，不认许“神我”。“神我”属“自有他无体”。故数论若明说“神我受用眼等”，则有“所别不极成”的宗过；若说“眼等必为神我所受用”，则有“能别不极成”的宗过。数论为规避这种种宗过，遂故意舞弄手法，含糊其辞，用一个敌者所同样认许的“他”字来代替，欺蒙敌者佛弟子。所以此“他”字之中，实含两种差别：一指“神我”，二指“假我”。“神我”是敌者（佛弟子）所不许，而是立者（数论）立宗当时所乐许的。“假我”是立、敌双方共许的，却是立者立宗当时所不乐许的。立者立量的本意，是欲证明“眼等为神我所受用”，不是欲证明“眼等为假我所受用”。就是说，教论此宗，在言陈上，虽没有“宗依不极成”的过失，但若探究意中所许，则宗依实在是不极成的。立敌之所诤，不是所立法言陈上的意义，而是所立法意许中的意义，换言之，不是“法自相”，而是“法差别”。敌者于此，本可追问立者，宗中所用“他”字究为何义，倒逼其明白道出，毋令隐藏，从而暴露其宗依的过失，进而使其宗体不能成立。不过，此处是论说似因，故而虽然明知其宗有过，姑置毋论，而仅说其所用之因反足以证明与其“法差别”相违的宗。“积聚性故”中之“积聚”，是许多极微集纳而成之意。例如眼睛是由许多极微集纳而成，故有“积聚性”。敌者即用此因以作原“所违量”的“能违量”，以证明其因应为“法差别相违因”。敌者所作的“能违量”，以“眼等为积聚他用”为宗，因、喻皆仍其旧。宗中所立“积聚他”，系指“假我”而言。敌者就“所违宗”中所用的“他”字，探究其两种差别，分为“不积聚他”与“积聚他”。“积聚”二字，亦是许多极微集纳而成之意。“神我”不是由极微集纳而成，称为“不积聚他”，而“假我”是由极微集纳而成，称为“积聚他”。数论在“所违量”中，乐许“不积聚他”，不乐许“积聚他”。因为“眼等”之“为积聚他用”，亦是敌者佛弟子所许，不须去立，“眼等”之“为不积聚他用”，则是敌者佛弟子所不许，方有立宗对诤的必要。今敌者佛弟子探知立者数论意中所许是“不积聚他”，而“积聚他”正与“不积聚他”相反，即《论》文所称“所立法差别相违”，遂用“积聚他用”为“能违宗”的所立法。“此因如能成立‘眼等必为他用’，如是亦能成立所立法差别‘积聚他用’”，谓用“积聚性故”以证言陈上的“必为他用”，若果三相具足而是正因，则用以证“眼等必为积聚他用”，亦必三相具足而是正因。“诸卧具等为积聚他所受用故”，则更进一层来说明其得为正因的理由。“积聚性故”既为所立法差别相违宗的正因，则对于“所违量”的意许宗而言，其为相违因，便成铁案无疑。“积聚性故”一因，在“所违量”中之所以成为过失，亦出于因后二相即第二相和第三相之未能完成。立者数论用“为他用”作所立法，以掩护其意许中的“为不积聚他用”，意在冒充共立量，期于能立之外，兼具能破的功用。今若摒弃其掩护体，令其所“意许”显诸“言陈”，则其宗应作“眼等必为不积聚他用”。此宗之中，所立法为“自有他无义”，不能有共同品。既无共同品，便无从完成共许的“同品定有性”。喻依中所举的“卧具”，数论亦许其“为积聚他所受用”，转成宗异品。而“卧具”是“积聚”的，于是“异品遍无性”亦无由完成了。就“能违量”而言，“卧具”是“积聚他所受用”的，故是宗同品，又是“积聚”的，故又是因同品。既由宗同品兼因同品的事物，“同品定有性”便完成了。世间实有的事物，莫不“为积聚他所受用”，只有两俱无体，如龟毛，方是宗异品。两俱无体不会具有积聚性，“异品遍无性”亦得由以完成了。所以此过一经将其“意许”显为“言陈”，便与前过完全相同。不过其“所违宗”的邪正，则与前过不同。前过的“所违宗”，邪正不定，此过的“所违宗”，一定为邪。因为此过所违的“意许”宗，显为“言陈”，必有“能别不极成”的过失，在共比量中，无法成为真宗。

3. 有法自相相违，系指因与宗的前陈直接陈述的涵义相违的过失。《因明入正理论》云："有法自相相违因者，如说'有性非实、非德、非业，有一实故，有德业故，如同异性。此因如能遮实等，如是亦能成遮有性，俱决定故。'"熊十力依窥基《疏》诠释道："胜论师鸺鹠者，为其弟子五顶说六句义法（参看前"俱不极成"中），说'实''德''业'，彼皆信之。至'大有'句，彼便生惑，鸺鹠言'有'者，能'有''实'等，离'实''德''业'之外别有，体常是一（鸺鹠说'实''德''业'三种之外，别有'大有'，具体是常是一，由此，能令一切'实''德''业'依之以有故。故云：'有'者，能'有''实'等）。弟子不从，云'实''德''业'性不无，即是'能有'，岂离三外，别有'能有'（五顶意云：'地'等九'实'、'色'等二十四'德'，'取'等五'业'，其各各体性非无，即已是有，何得于'实''德''业'之外又别立'大有'耶）？鸺鹠次说'同异'句义（次前'大有'句而说也），能同异彼'实''德''业'三。此三之上，各各有一总同异性，随应各各有别同异（《前记》云：'同异有二：一总同异，二别同异。总同异中复为二：一总同，二总异。初总同者，如'实'句中，法体虽九，同是'实'故，名为总同。次总异者，'实'中九法，总异'德''业'，名为总异。'德''业'二中，总同异者，'实'中九法，总异'德'、'业'，名为总异。'德'、'业'二中，总同总异，一准"实"说，其义易解。别同义中亦为二：一别同，二别异。初别同者，如'实'句中，'地''水''火'等一一极微，各各不同，名之为别。同是'实'故，名为别同。次别异者，'实'中九法各各不同，名之为别。别即是异故，名为别异。‘德’‘业’二中，别同别异，均可类推）。如是三中（‘实’‘德’‘业’三），随其别类，皆有总别（‘实’‘德’‘业’中，随指一法，名为别类。如‘地’者，即‘实’中之别类也。次‘地’‘实’之上，有总同异，有别同异，余准可知）。诸同异性，体常众多（依鸺鹠说，离‘实’‘德’‘业’之外，别有同异性，其体是常是多。由别有同异性故，方能令实德业有同有异）。复有一常能和合性，和合‘实’‘德’‘业’令不相离，互相属著（和合体性，是常是一。《明灯钞》曰：‘大有、和合，约法同性，皆名为一。’）。五顶虽信‘同异’、‘和合’，然犹不信别有‘大有’，鸺鹠便立《论》所陈量。此量有三，‘实’‘德’‘业’三，各别作故。今指彼论（谓胜论也），故言如说。（鸺鹠对五顶立三量，具如左：‘有性非实宗，有一实故因，如同异性喻’；‘有性非德宗，有德故因，如同异性喻’；‘有性非业宗，有业故因，如同异性喻’。）‘有性’有法，‘非实’者法，合名为宗（法与有法，合而为宗）。此言‘有性’，鸺鹠、五顶两所共许‘实’‘德’‘业’上能非无性（鸺鹠对五顶本欲成立‘大有’是离‘实’等而有，以五顶未共许故，遂方便矫立‘有性非实’等为宗。有法曰有性者，只约‘实’‘德’‘业’当体不无立义，名为‘有性’，而不直言‘大有’。故《疏》说‘鸺鹠、五顶两所共许’云云。鸺鹠欲令五顶悟‘有性’非即‘实’等，方信有离‘实’等之‘大有’，故如是矫立宗也），故成所别。若说‘大有’，‘所别不成’（宗之有法，亦各所别。五顶既不信有‘大有’，鸺鹠若立‘大有’为有法，即有‘他所别不成’过）。因犯随一（由宗有‘他所别不成’过故，因亦犯‘他随一所依不成’之过）。此之‘有性’，体非即‘实’。因云，‘有一实故’。显九实一一皆有，故云‘一实’，能有一一实故［基公（按：指窥基）谓因中言‘有一实’者，所以简别有二实或多实、无实，此故作麻烦也。今皆削而不录。鸺鹠以三量鼎立，曰‘非实’‘非德’‘非业’。其初因所言‘一实’者，明是‘实’句中一一实，更何待简耶？基公盖以后之二因，不置‘一’言，遂乃望文生义，不知初因言‘一’，后二可省。《略纂》有云：‘九实一一自体不无有’之所‘有’，名‘有一实’，‘德’‘业’少‘一’‘一’言。准知，应云‘有一实故’，‘有一德故’，‘有一业故’。文中略故，唯‘实’言‘一’也。沼公（按：指慧沼）不从师说，非无义据。守文之徒，何足谈此。又《略纂》言‘九实一一自体不无有’者，即显因中所言之‘有’，只约‘九实一一自体’上‘不无’之义，名之为‘有’。郑重言之，即因言‘有’者，但是‘不无’之‘有’，非是‘大有’之‘有’也。此义下详］。名‘有一实、有德业’者，亦‘有无’‘有’（因言‘有’者，‘有无’之‘有’，即以‘不无’明‘有’），非‘大有’也。若是‘大有’，因成‘随一’（鸺鹠对五顶立因，若言‘大有’为能有者，其因便有‘随一不成’过，以五项不信有‘大有’故。因须‘共许极成’，他既未信‘大有’，立者如何可以为因耶），同异非喻（若因言‘大有’，即‘同异’非可为同喻，‘同异’非是‘大有’故），‘能立不成’（因犯‘随一’，又阙同喻，即是‘能立不成’。故知鸺鹠量中言‘有’，非是‘大有’也）。但言‘有一实’，更不须征

'即实''离实'之'有一实'（此'有一实'之'有'，只约'九实一一自体上不无'之义，名之为'有'。更不应问此'有'，是'离实'之'有'乎？抑'即实'之'有'乎？设言'即实'之'有'，敌者五顶虽许，而立者鸺鹠自所不成。设言'离实'之'有'，即是显有'大有'，立者虽成，敌又不许。故知鸺鹠此因所言'有'者，虽意实存于别有'大有'为能有，而言中止可彰于'九实一一自体上不无'之'有'，抑欲以'一一实体上不无'之'有'，隐寓别有能有。但在言陈，不容显分'即实''离实'耳。此中用意甚微，学人索解，须如其分。又原本此句之前，有'如佛法言，有色有漏'一段文，似谓因所言'有'，直是'即实'之'有'，则与此处矛盾，今削而不录）。'如同异性'喻，'同异'虽体不名'有'（'同异性'不名'大有性'，当体立名，曰'同异'故），而体'不无'之义共许。今取此'不无'之义为能有故，亦'有一实'（引《纂要》文，补缀与此。《义范》曰：'"同异性"，能令"实"、"德"、"业"有同有异，故能有于"一一实"等也。'）。此'非实'句为一宗已（上释'有性非实'宗，是为第一）。'非德''非业'后二宗法（第二宗之法曰'非德'，第三宗之法曰'非业'），有法同前（同前第一宗，立'有性'为有法也）。此二因云，'有德业故'（'有性非德'宗，'有德故'因；'有性非业'宗，'有业故'因），谓有彼'德'之与'业'。三因一喻，'如同异性'（三因同用一喻，曰'同异性'）。此于前三（'实''德''业'），一一皆有，亦如'有性'（鸺鹠以谓：有性，能令'实''德''业'体性不无故，说

‘有性’‘能有’于‘实’‘德’‘业’；同异；能令‘实’‘德’‘业’体性有‘同’有‘异’故，说‘同异’‘能有’于‘实’‘德’‘业’，亦如‘有性’之为‘能有’），是故为喻（鸺鹠意云：‘同异’‘能有’于‘实’‘德’‘业’，‘同异’非即‘实’‘德’‘业’；‘有性’‘能有’于‘实’‘德’‘业’，‘有性’非即‘实’‘德’‘业’）。鸺鹠既陈三比量已，五顶便信。法既有传，鸺鹠入灭。胜论宗义，由此悉行。陈那菩萨，为因明之准的，作立破之权衡，重述彼宗，载申过难，故今先叙彼比量也。”又诠释道：‘此因如能成遮实等，如是亦能成遮有性，俱决定故’：此‘成违’义有二：初牒彼（鸺鹠）。因（‘有一实故’等三因），能成遮有性即‘实’等（遮者，遮拨。等谓‘德’‘业’）。后（‘如是’下）显此因，亦能令彼（鸺鹠所立‘有性非实’等宗）‘有法自相相违’。谓前三宗，言‘有性非实’（一宗）、‘非德’（二宗）、“非业”（三宗）。‘有性’，是前（三宗）‘有法自相’。今陈那仍用彼因喻，总为一量破之云：‘所言“有性”、应非“有性”，宗；“有一实故”、“有德、业故”，因；“如同异性”，喻’。‘同异’能有于‘一实’等（等，‘德’及‘业’），‘同异’非‘有性’；‘有性’能有于‘一实’等，‘有性’非‘有性’（同异性，是鸺鹠六句中之一。虽非即‘实等’，亦非即‘大有’，鸺鹠矫立为同喻，故成‘相违’）。释所由云：此因，既能遮‘有性非实等’（遮‘有性即实’等，而说为‘非实’等），亦能遮‘有性’非是‘大有’性（亦能遮彼‘有性’，而言‘有性’非是‘大有’性），两俱决定故（《后记》云：‘本立者，似立决定。出过者，真破决定。非是立敌俱真决定，名两俱决定也。’本立者，谓鸺鹠量；出过者，谓陈那量）。”

这里，是释第三种相违因——“有法自相相违因”。“有法”是宗之所别，“有法自相”，当然是所别之显现于言陈上者。“有法自相相违因”，是说其因所真能证明的，应是与“有法自相相违”的宗。此过所说的“自相”，虽用“自相”之名，实已含有“差别”之义。其所举例，“有性非实、非德、非业”是宗，“有一实故，有德、业故”是因，“如同异性”是同喻依。此一比量为复合量，可分析为三个单纯的比量：一为“有性非实，有实故”；二为“有性非德，有德故”；三为“有性非业，有业故”，其同喻依同为“如同异性”。此复合比量，相传系胜论始祖鸺鹠对其继承衣钵的弟子五顶所立。鸺鹠悟得“六句义”：一为“实”，二为“德”，三为“业”，四为“有”，五为“同异”，六为“和合”。“有性”所以使“实”“德”“业”三者实有而不无，“同异性”所以使“实”“德”“业”三者有同有异，“和合性”所以使“实”“德”“业”三者互相属著。“有性”“同异性”“和合性”，各存在于“实”“德”“业”以外，并非存在于“实”“德”“业”之中，亦即离开“实”“德”“业”之外，别有“有性”使其“不无”，别有“同异性”使其同异，别有“和合性”使其属著。鸺鹠向五顶传道时，初说“实”“德”“业”三句，五顶尽皆信从。说至第四句“有性”，五顶表示怀疑，以为“实”“德”“业”三者能使自己实有，不必于“实”“德”“业”以外另设一个独立的“有性”，才能使“实”“德”“业”获得存在。于是鸺鹠便把“有性”问题暂时搁置，先说第五句“同异性”与第六句“和合性”，五顶也都信从。鸺鹠便又回到“有性”问题上，建立上述的比量，以证明其“有性”别存于“实”、“德”、“业”以外。这三个比量，作用相同，故此下只以“有性非实，有实故”一个比量为例。在此比量中，“有性”是有法，是使“实”成为“有”而“不无”的性能。在这个意义上，鸺鹠与五顶，并无不同意见。二人所见的不同处，在于“有性”是否“离实”而别存。照鸺鹠的意见，“有性”存于“实”外，别有其体，故其所说的“有性”，简括言之，是“离实”的“有性”。五顶则以为“实”的“不无”，就是“有性”，“有性”存于“实”中，并非别有其体，故其所说的“有性”，简括言之，是“即实”的“有性”。鸺鹠立此量后，五顶也被说服。新因明学家检讨鸺鹠的比量，发现其所用因，实犯“有法自相相违”的过失。“此因如能成遮‘实等’，如是亦能成遮‘有性’，俱决定故。”此中所用“等”字，取“德”与“业”，所用“遮”字，用作否定义。其大意云：所用的因若能证明“有性”之非“实”而为决定正因，则用以证明“有性”之非有性，亦应是决定正因。鸺鹠所作比量，其宗有法“有性”，实含有两种差别：一为“离实”“有性”，是立者所乐许而敌者所不许的，二为“即实”“有性”，是立者所不许而敌者所许的。立者若明说“离实”“有性”，便成“所别不极成”的似宗。为规避此一过失，乃用涵义较为广泛且为敌者所同许的“有性”为宗有法，以隐藏其意许的“离实”“有性”。敌者于此，本亦可追问其“有性”一词的真义，以显示其“所别不极成”的过失。但现在研讨似因，故不在宗上追究，而仅在因上摘发其过失。且在宗上追究时，立者或将作遁辞，谓有法“有性”只是令“实”“不无”的“有性”，是你我所共许的。故敌者为破除其蒙混，唯有明白揭示：立者所用的因正足以证明“有性”之非立者所乐许的“离实”“有性”。敌者为了揭示此一真理，可作“能违量”云：“有性非有性，有实故，如同异性。”此一能违宗，初看有似“自语相违”，实则不然。因为有法中所说的“有性”，是立敌共许的“有性”，是令“实”“不无”的“有性”，能别中所说的“有性”，是立者所独许的“有性”，是“离实”的“有性”。故此违宗的真义应为：“我们‘共许’的‘有性’不是你‘意许’中的‘有性’。”有法与能别，在言陈上虽同用“有性”二字，其意义却大有分别。故此能违宗只是貌似“自语相违”，而并非真正的“自语相违”。此能违宗以“非有性”为所立法，故凡不是“有性”的，如“同异性”，是宗同品。“同异性”能“有”于“一一实”，故“同品定有”。是“有性”的，才是宗异品，世间事物，除“有性”外，没有是“有性”的，故缺无宗异品。既无宗异品，“异品遍无性”亦便因此而完成。故以“有实故”因论“有性非有性”宗，三相具足，是决定的正因。此因能决定证明“有性非有性”，而所证明的恰与立者所意许的“相违”，故是相违因。有法与能别，在言陈上同用“有性”一名，姑以言陈为准，故称“有法自相相违”。能违宗的真义是“有性非‘离实’‘有性’”。“离实有性”，在作“能违量”者看来，应当是“他有自无义”，故此“能违量”似乎是他比量，不是共比量。实则能违宗的所立法是“非离实有性”。“离实有性”虽是“他有自无义”，“非离实有性”却是两俱有义，故此“能违量”不失为共比量。

4. 有法差别相违，系指因与宗的前陈意许的涵义相违的过失。《因明入正理论》云：“有法差别相违因者，如即此因，即于前宗有法差别作有缘性，亦能成立与此相违作非有缘性，如遮实等，俱决定故。”熊十力依窥基《疏》诠释道：“‘有法差别相违因者，如即此因，即于前宗有法差别作有缘性’：彼鸺鹠仙，以五顶不信离实德业别有有故（下‘有’字是名词，谓‘大有’也），即以前因（‘有一实’等三因），成立前宗（‘有性非实’等三宗）。言陈‘有性’，是‘有法自相’；意许差别，为‘有缘性’（意中所许‘作有缘性’，是有法差别。‘作有缘性’者，‘缘’者，缘虑义。胜论宗现比智等为能缘。有缘性者，即所缘境之异名，由境为因，引起能缘故，遂说境名‘有缘性’。据鸺鹠义，‘实’‘德’‘业’本非即‘大有’，亦非从‘大有’生，然必依‘大有’而生。设无‘大有’为依，‘实’‘德’‘业’亦不能自有。由此，说‘实’‘德’‘业’依‘大有’为体，即得为所缘境，以引起能缘。能缘缘于‘实’‘德’‘业’时，亦俱缘于‘大有’，故说‘大有’‘作有缘性’）。《疏》解诸多纠葛，今不录。‘亦能成立于此相违，作非有缘性。如遮实等，俱决定故’：此成违义也。谓即此因，亦能成立与前宗‘有法差别’‘作有缘性’之相违法，而作非大有有缘性（作非大有有缘性者，易词以云，即非有大有作所缘境性）。量云：有性，应作非大有有缘性（宗也），有一实故，有德、业故（因也），如同异性（喻也）。‘同异’‘有一实等’，而作非大有有缘性；‘有性’‘有一实等’，应作非大有有缘性（能缘缘于‘同异’时，‘同异’即是所缘境性，非可以同异境性，别作大有境性解，故云同异作非大有有缘性。然‘有一实等’因，于‘同异’上有，故可以‘同异’之有此因，而作非大有有缘性，例彼有性有此因，亦应作非大有有缘性）。不遮‘作有缘性’（泛言‘作有缘性’，即无可遮），但遮作大有有缘性（鸺鹠意许大有作所缘境性，故可遮也），故成意许别义相违。不尔，违宗。有性，可作有缘性故（宗之有法曰‘有性’，本取立敌共许‘实’‘德’‘业’上‘不无’之义。即此‘有性’，可作‘有缘性’，理不容遮。若遮此者，便有违宗之失。故应但遮作‘大有有缘性’也）。文言虽略，义核定然（《论》文无‘大有’者，但言略耳）。”

这里，是释第四相违因。前过虽名“有法自相”，实际上立者所主张、敌者破斥的，已经是“有法差别”。此过则更进一层，敌者探究立者意许中的意许，而后予以破斥。此过的“所违量”仍用前过的“所违量”，即“有性非实，有一实故”。《论》文“如即此因”，谓例如即用“有一实故”这个因。“即于前宗‘有法差别’作‘有缘性’”，谓于“有性非实”宗的有法“有性”中，不但意许其为“离实”“有性”，且又进一步，意许其为“有缘性”。“离实”“有性”，亦称“大有”。“有缘性”，谓“实等”缘大有而始“不无”，“大有”能予“实等”以存在。有法“有性”，在前过中，已含有两种差别：一为“离实”“有性”，二为“即实”“有性”。原立者乐许“离实”“有性”，亦即乐许“大有”。故其意许中的有法，若显诸言陈，应是“大有”。在此过中，“大有”又含有两种差别：一为“有缘性”，二为“非有缘性”。原立者所乐许的，是“有缘性”。若把这双重差别合并显诸言陈，所违宗的有法应是“大有有缘性”。敌者于此，可利用原立者所用的因，作“能违量”以破斥此双重的意许。“亦能成立与此相违作‘非有缘性’”，意谓用“有一实故”这个因，亦能证明“有性”之为与原立者意许正相反的“非有缘性”。“如遮实等，俱决定故”，意谓用“有一实故”以证明“有性”的“非有缘性”，正与其证明“有性非实”宗有同样的“决定”性的功能。依《论》文所说，敌者所作的“能违量”，应如下式：“有性非大有有缘性，有一实故，如同异性。”其“能违宗”，亦如前过的“能违宗”，以“所违宗”的“有法自相”为有法，以“所违宗”的“有法差别”为能别。“同异性”非“大有有缘性”，故是宗同品，“同异性”能“有”于“一一实”，故“同品定有”。此宗除“所违宗”的“有法差别”外，缺无宗异品，故“异品非有”。以‘有一实故’因证“有性非大有有缘性”宗，三相具足，确是决定的正因。此因所能决定证明的，正与“所违宗”的“有法差别”“相违”，故对“所违宗”而言，是“有法差别相违因”。

第四节　论　喻

一、喻与喻依、喻体

（一）喻

何谓喻？喻（udāharana），梵文的意译，义为见边，指经验的极致。① 即不使人产生异议的知识。这种经验或知识，可以通过与所立宗进行比照，启发敌论者与中证人的智慧，使宗得以成立。《因明入正理论疏》云："无著云，立喻者，谓此所见边与未所见边和合正说。师子觉言，'所见边'者，谓已显了分；'未所见边'者，谓未显了分。以显了分显未显了分，令义平等，所有正说，是名立喻。"正明此义。这种通过互相比照而推知的方法，在汉语中称为"喻"。

（二）喻依、喻体

古因明、新因明的喻支有所不同。可以说，新因明的喻不再如古因明那样，仅是简单的举例和形象的说明，而是立宗的一个不可少的根据。试想，古因明五分作法中的喻分，其在形式上是浑然不分的，只是举出同品或异品及其属性，由这样的

①"见"，经验。"边"，究竟、至极。

喻助成宗义，整个论式所使用的推理是单纯的“类比”，喻的作用只不过是类比中的例证。而新因明三支作法中的喻支，其在形式上可以区别为喻体、喻依两部分[①]，由这样的喻助成宗义，整个论式所使用的推理便主要是“演绎”，喻的作用就近似于亚里士多德逻辑“三段论”的“大前提”。《因明入正理论》云：“前（按：指古因明五分作法）虽举因，亦晓字义；未举譬况，令极明了。今由此况，宗义极明。故离因立，独明喻名。”所言极是。

（三）同喻与异喻

《因明入正理论》云：“喻有二种，一者同法，二者异法。”同法亦称“同法喻”，简称“同喻”。异法，亦称“异法喻”，简称“异喻”。

何谓同喻?《因明入正理论》云：“同法者，谓于是处，显因同品决定有性。”这是说，于某处显示了因的第二相“同品定有性”，此处即为同喻。由于同喻要显示因的第二相，即同品中必定有因（亦即因必定存在于同品之中），所以同喻体的表述应当是先因后宗，因与宗合，即《因明正理门论》所说的“说因，宗相随”。例如，“诸所作者，皆是无常”。如果陈述次序颠倒了，成为先宗后因，所显示的就不是因存在于同品之

①喻体是助因立宗的主体、揭示事物间普遍性联系的命题，如“诸所作者，皆是无常”“诸常者，皆非所作”。喻依是喻体本身成立的材料凭依，如“瓶”“空”等。

中，而是同品存在于因之中了。例如“诸无常者，皆是所作”。这样的喻就成了有过失的似喻。

何谓异喻?《因明入正理论》云：“异法者，若于是处说无所立，因遍非有。”这是说，于某处没有所立法（宗的后陈）的性质，同时就完全没有因。此处即为异喻。异喻实际上显示了因的第三相“异品遍无性”。由于异喻要显示因的第三相，即异品中完全没有因，所以异喻体的表述应当是先宗后因，先离宗而后离因，即《因明正理门论》所说的“宗无，因非有”。例如“诸常者，皆非所依”，如果陈述的次序颠倒了，成为先因后宗，就不能确保异品中完全没有因，也就不能显示因的第三相。例为“诸非所作，皆是常者”，这样的异喻就成了有过失的似喻。

需要说明的是，在三支作法的实际运用中，喻支时常有所省略。当然，在多数场合，被省略的是异喻。因为同喻与异喻分别从正、反两方面说明因与宗的关系，而同喻往往被认为是主要的，异喻则被看作辅助的。

（四）似喻十过

因明中，似喻的过失有十种。其中，前五种是有关同喻的，即“能立法不成”“所立法不成”“俱不成”（以上三种是有关同喻依的过失）、不离、不合（以上两种是有关同喻体的过失）。后五种是有关异喻的，即“所立不遣”、“能立不遣”、“俱不遣”（以上三种是有关异喻依的过失）、“不离”“倒离”（以上两种是有关异喻体的过失）。今分别说明如下。

1. 同喻五过

(1) 有关同喻依的过失

这是指“能立法不成”“所立法不成”和“俱不成”三种过失。同喻的作用，是显示宗的后陈同品必定有因。因此，同喻中所举事例（喻依）必须同时具有能立法（因）的性质和所立法（后陈）的性质。如果缺少其中的任何一种，或同时缺少这两种，所举事例都不能成为同喻体的凭依，使同喻成为似喻。熊十力依窥基《疏》诠释道：“因名能立，宗法名所立。同喻之法，必须具此二。因贯宗、喻，喻必有能立，令宗义方成；喻必有所立，令因义方显，今偏或双于喻非有，故有初三（指前三种）。”以下分而述之。

①能立法不成，系指同喻依中缺少能立法（因）的性质而成的过失。《因明入正理论》云：“能立法不成者，如说‘声常，无质碍故。诸无质碍，见彼是常，犹如极微’。然彼极微，所成立法‘常性’是有。能成立法‘无质碍’无，以诸极微质碍性故。”熊十力依窥基《疏》诠释道：“‘能立法不成者，如说声常，无质碍故。诸无质碍，见彼是常，犹如极微’：举彼宗、因者，显似喻体。如声论师对胜论立‘声是常’宗，两俱许‘声’体‘无质碍’。以胜论师，声是德句（按：声属于德句），德句无碍（按：《摄句义法论》云：‘色、味、香、触、彼体、此体、重体、液体、润和速度是属于有质碍物的德，觉、乐、苦、欲、瞋、勤勇、法、非法、行、声是属于无质碍物的德。’）。声论虽无德句，然以其声隔障等闻，故知无碍。”又诠释道：“‘然彼极微，所成立法“常性”是有’：释‘不成’

中有二：初，明‘所立’有（按：指同喻有所立宗中之法的属性）；后，辩‘能立’无（按：指同喻无能立因法的属性）。此初也。声、胜论，俱计极微体常住故（‘所立’谓宗，此言极微喻上能有于宗法常义）。”又诠释道：“‘能成立法“无质碍”无，以诸极微质碍性故’：释‘能立无’。声、胜论计极微质碍，故无‘能立’（‘能立’者，谓无质碍因法。今极微既是质碍，故此喻上无‘能立’也）。”

这里，是释似同法喻的第一种——能立法不成。能立法，即因中所说及的宗法。“能立法不成”，指不具有能立法，即不是因同品。同法喻依应是宗同品兼因同品，今只是宗同品而不是因同品，未能满足同法喻依的条件，故成过失。其所举例，是声论对胜论所立的比量，“声常”是宗，“无质碍故”是因，“诸无质碍，见彼是常”是同法喻体。“犹如极微”是同法喻依。例中虽举及同法喻体，但其所欲揭示的，只是同法喻依的过失。“然彼极微”以下，说明同法喻依“极微”成过的理由。“所成立法常性是有”，谓极微具有所立法“常住性”，是宗同品，这合于同法喻依的条件，未有过失。“能成立法‘无质碍’无，以诸极微‘质碍性’故”，谓诸种极微都具有“质碍性”，即不具有能立法的“无质碍性”，不是因同品。这不合于同法喻依的条件，遂成过失。

②所立法不成，系指同喻依中缺少所立法（后陈）的性质而成的过失。《因明入正理论》云：“所立法不成者，谓说如觉。然一切觉，能成立法‘无质碍’有。所成立法‘常住性’无，以一切觉皆‘无常’故”。熊十力依窥基《疏》诠释道：

“‘所立法不成者，谓说如觉’：解‘所立不成’。宗、因同前，但别举喻，谓说‘如觉’。觉者，即心、心法之总名也（心、心法者，心谓心王，心法谓心所。小乘说识有六，大乘说识有八，每一识中，又分王、所。所者，心上所有之法，如心上有发动势故，名‘作意心所’，有苦乐等，名‘受心所’，余不胜举。心王，则心所之统摄者也）。”又诠释道：“‘然一切觉，能成立法“无质碍”有’：以心、心法皆‘无碍’故（如谓‘觉’喻上，得有‘无质碍’因也）。”又诠释道：“‘所成立法“常住性”无。以一切觉皆“无常”故’：释‘所立’无（以‘如觉’喻上，无宗法‘常’义，云‘“所立”无’）。喻上‘常住’实非‘所立’。即同于彼‘所立’（谓宗）‘能立’（谓因）二种法者，即是其喻。从所同为名，故名‘所立’（如‘声常’宗，其同喻上若有宗法‘常住’义，虽得云有‘所立’，然据实论之，同喻，非但同于宗法，必同于因及宗，方是同喻）。”

这里，是释似同法喻的第二种——“所立法不成”。“所立法不成”，指不具有所立法，即不是宗同品。同法喻依必须既是宗同品，又是因同品。若只是因同品而不是宗同品，对于同喻依的条件，未能全部满足，亦成过失。《论》文于此过，只举了同法喻依“如觉”，其宗与因则略而未说。观其下文，可见其宗与因，仍是前过中所说的宗与因，以“声常”为宗，以“无质碍故”为因。“觉”，相当于现代汉语的心理作用或意识作用，很明显，一切意识作用都是无质碍的，具有能立法，是因同品。就此点而言，足为同法喻依，但一切意识作用又都是无常的，不具有所立法，不是宗同品，就此点而言，不足为同法喻依。

③俱不成，系指同喻依中同时缺少能立法（因）与所立法（后陈）的性质而成的过失。《因明入正理论》云："俱不成者，复有二种：有及非有。若言如瓶，有俱不成。若说如空，对无空论，无俱不成。"熊十力依窥基《疏》诠释道："'俱不成者'：解第三过。文有三：初，总牒（按：指总的重提'俱不成'过），次，别开（按：指此过又分两种），后释成（按：指说明俱不成的道理）。此初也（能、所立双无，名'俱不成'）。"又诠释道："'复有二种：有及非有'：此别开列也。'有'，谓有彼喻依。'无'，即无彼喻依。"又诠释道："'若言如瓶，有"俱不成"；若说如空，对无空论，无"俱不成"'：此释成。以立'声常'宗，'无质碍'因，'瓶'体虽有，'常''无碍'无（'瓶'体上无有'常'义及'无碍'义）。'虚空'体无，二亦不立（'二'者，谓'常'义与'无碍'义。'虚空'喻上，都无此二，故云'不立'）。有无虽二（'如瓶'喻依是'有'，'如空'喻依是'无'），皆是俱无（'瓶''空'二喻之上，都无其所立'常'宗及'能立'之'无碍'因法，名为'俱无'）。问：'虚空'体无，'常'可不有（'虚空'既已无体，更何从有所谓'常'耶）；'空'体非有，'无碍'岂无（意云'空'体既无，即'空'上非无彼'无碍'因法）？答：立'声常'宗，'无质碍'因，宗因俱表（金陵刻经处本，无'宗因俱'三字，今依倭刻本补之。宗之法曰'常'，即表声是常法也。因云'无质碍'，非但遮于'质碍'法，实表有'无质碍'之法也）。虚空不有，故'无碍'无（'无碍'法者，其

体本有，但有而非‘碍’耳。今虚空者，体既本无，更何所谓‘无碍’耶）。问：真如（按：《大乘百法明门论》卷下载，法性本来常自寂灭，不迁初之义，称为真如）常有，故说为‘常’；虚无恒无，何非‘常住’？又虚空无，何非‘无碍’？答：立宗法，略有二种：一者，但遮非表，如言‘我无’，但欲遮‘我’，不别立‘无’，喻亦遮而不取表。二者，亦遮亦表，如说‘我常’，非但遮‘无常’，亦表‘有常’体，喻即双有遮表。依前喻无体，有遮亦得成（如前‘我无’宗，‘如兔角’等喻，但遮无表，亦得成宗）。依后但有遮，无表，二立阙（‘二立’者，“能立”因及“所立”宗也。如后亦遮亦表之宗，若取无体法为同喻，但遮无表，即有二立皆阙之过）。今立‘声常’，是有遮表。将空为喻，对无空论，但有其遮，而无有表，故是喻过（此下破《文轨》等难，陈义猥琐，概从删削）。”

这里，是释似同法喻的第三种——“俱不成”。“俱”，指能立法与所立法而言。所谓“俱不成”，即既是“能立法不成”又是“所立法不成”。《论》文又分“俱不成”为二种：“有及非有”，具体来说，就是“有俱不成”与“无俱不成”。此中之“有”，指有体或两俱有体，“无”，指无体，兼摄随一无体、两俱无体。故而“有俱不成”，即有体的俱不成，谓所举的同法喻依虽是有体，但不具有能立、所立二法。“无俱不成”，即无体的俱不成，谓所举的同法喻依是随一无体或两俱无体，不能具有能立、所立二法。其所举例，仍承上文，其宗为“声常”，其因为“无质碍故”。“瓶”是两俱有体，因其是“无常”的，故不具有所立法；又因其是‘有质碍’的，故不具有能立法。以“瓶”为同喻依，则成“有不俱成”。无空论不认许“虚空”为实有，故在无空论看来，“虚空”是无体。若立者为有空论者，对无空论者说此同法喻依，则“虚空”是“随一无体”；若立者亦为无空论者，则“虚空”是“两俱无体”。无体不能具有任何性质，没有什么“常”与“无常”或“有质碍”与“无质碍”可言，换言之，无体自不会是“常住”的，也不会是“无质碍”的，所以“虚空”是“无俱不成”。

(2) 有关同喻体的过失

这是指“无合”和“倒合”两种过失。熊十力依窥基《疏》诠释道：“喻以显宗，今义见其边极。不相连合，所立宗义不明，照智不生，故有第四（按：指四‘无合’）。初标能以所逐（《前记》云：‘即说因宗所逐也，因为“能立”故’），有因，宗必定随逐。初宗以后因，乃有宗以逐其因。返覆能、所，令心颠倒，共许不成，他智反生，故有第五（按：指五‘倒合’）。”这里，同喻是用以显示宗义的，使宗义得到圆满的理解。若不把因法与宗中之法，连合起来，所立宗义就不能得到明白显示，于是不能启发产生论敌的智慧，故而就有第四种同喻过——“无合”。所谓“合”，是先标示“能立”的因，然后以“所立”宗中之法随逐其后，即是有因法处宗中之法必定随之而有。假若先说有宗中之法，然后说有因法，这是有宗中之法，而以因法随逐其后，反而倒颠了“能立”“所立”，二立颠倒，双方都不认许这样的表述，使论敌产生相反的认识，所以有第五种同喻过——“倒合”。[1] 以下分而述之（序号接续1）。

④无合，系指这样的过失，即同喻体使因与同品不相连合，不能说明它们之间的联系，就不能显因的第二相以助因成宗。《因明入正理论》云：“无合者，谓于是处无有配合，但于‘瓶等’双现‘能立’‘所立’二法，如言‘于“瓶”见“所作性”及“无常性”。’”熊十力依窥基《疏》诠释道：“‘无合者’：解第四过。文有四：一牒章（按：指重新提出‘无合’），二标体（按：指标示‘无合’是什么），三释义（按：指解释‘无合’何以是过），四示法（按：指举例说明）。此初也（按：指这里《入论》所说，是第一步）。‘谓于是处无有配合’：标无合体。谓于是喻处，若不言‘诸是所作，见彼无常，犹如瓶等’，即不证有‘所作’处，‘无常’必随。即‘所作’‘无常’，不相属著，是‘无合’义。由此‘无合’，纵使‘声’上见有‘所作’，不能成立‘声是无常’，故若‘无合’，即是喻过。若云‘诸是所作，见彼无常，犹如瓶等’即能证彼‘无常’，必随‘所作’性。‘声’既有‘所作’，亦必‘无常’随，即相属著，是‘有合’义。”又诠释道：“‘但于瓶等，双现能立、所立二法’：此释义也。谓但言‘所作性’故，譬如瓶等，有‘所作性’及‘无常性’。”又诠释道：“‘如言于瓶，见所作性及无常性’：此‘示法’也。若如古师，立‘声无常，以所作故，犹如于瓶’。即别‘合’云：‘“瓶”有“所作”’，“瓶”即“无常”，当知“声”有“所作”，“声”即“无常”。故

[1] 参见梅德愚：《因明大疏校释》，中华书局2013年版，第686页。

‘因’‘喻’外，别立‘合’支。陈那菩萨云：‘诸所作者’，即合‘声’上‘所作’之性，见彼无常，犹如瓶等。‘瓶等’‘所作’，有‘无常’，即显‘声’有‘所作’，非‘常住’，即于‘喻’上义立‘合’言，何须别立于‘合’支?”

这里，是释似同法喻的第四种——“无合”。此过是同法喻体的过失之一。我们知道，同法喻体的任务，是连合因同品与宗同品，以表示两者间具有属著不离的关系，以作证宗的普遍原理。而正是由于这一点，才使古因明的类比推理变成新因明的演绎推理。所谓“无合者，谓于是处无有配合”，正是说明喻支中没有把因同品与宗同品连合起来，亦即没有同法喻体。其所举例，虽未明白说出其宗与因，但观其所说，可知其沿用上述实例无疑，以“声是无常”为宗，以“所作性故”为因。但于“瓶等”双现“能立”“所立”二法，如言于“瓶”见“所作性”及“无常性”，即言只举同法喻依“瓶等”，以见其兼具能立法的“所作性”与所立法的“无常性”。可见，“无合”，就是只举同法喻依，未举同法喻体，以明示“所作性”与“无常性”之间具有属著不离的关系。不过，应该着重说明，“无合”作为过失，只是就比量的法式而言的。因为实际立量时，省略同法喻体可以说是因明的通例。

⑤倒合，系指这样的过失，同喻体不是按应有的“说因，宗所随”的顺序组成，而是把因与宗的位置互易，使因成为宗、宗成为因，以致同喻体非但不能显示“同品定有性”，而且会使证成的命题为立敌共许，违害自己所立的宗。《因明入正理论》云：“倒合者，谓应说言：‘诸所作者，皆是无

常’，而倒说言：‘诸无常者，皆是所作。’”熊十力依窥基《疏》诠释道：“‘倒合者’，解第五过。文有其二：初牒（按：指重新提出‘倒合’）；后，释（按：指对‘倒合’加以解释）。此初也（按：指这里所说是第一步）。”又诠释道：“‘谓应说言：“诸无常者，皆是所作”’：释中有二：初，举正合；后，显‘倒合’。此初也。宗因可知（谓‘声无常宗，所作性因’）。”又诠释道：“‘而倒说言：“诸无常者，皆是所作”’：正显倒合。谓正应以‘所作’证‘无常’，今反‘无常’证‘所作’，故是喻过。即成非所立，有违自宗，及相符等“本以‘所作’证‘无常’，今反以‘无常’证‘所作’，故违自所立宗。又‘所作’既立敌共许，今成‘所作’，便犯‘相符（极成）’”。如正喻中，已广分别（按：指在前文讲同喻中，已作详细的说明）。”

这里，是释似同法喻第五过——倒合。此过是同法喻体的过失之二。同法喻体的任务，在于顺成，即以能立法成立所立法，故必须先因后宗，即必须因同品居前，宗同品居后，以示因同品之后必有宗同品随逐。假如作颠倒连合，先宗后因，则成了因同品随逐宗同品，不复是宗同品随逐因同品，于是“顺成”的结果，变成以所立法成能立法，不复是以能立法成所立法了。其所举例，仍是“声是无常，所作性故”。此一比量的同法喻体，依照先因后宗的规定，应作“诸所作者，皆是无常”。今作“倒合”，先宗后因，作“诸无常者，皆是所作”，则其所“顺成”者是“声是所作”，不是“声是无常”。而“声”之具有“所作性”，原为立敌所共许，这是不须证明的。

2. 异喻五过

(1) 有关异喻依的过失

这是指“所立不遣”“能立不遣”和“俱不遣”三种过失。异喻的作用是显示宗的后陈的异品普遍没有因。因此异喻中所举事例（喻依），必须既不具有所立（后陈）的性质，也不具有能立（因）的性质。如果具有其中任一种性质，或同时具有这两种性质，所举事例都不能成为异喻体的凭依，使异喻成为似喻。以下分而述之。

①所立不遣，系指异喻依具有所立（后陈）的性质，不能与宗相离而成的过失。《因明入正理论》云：“似异法中，所立不遣者，且如有言：‘诸无常者，见彼质碍，譬如极微。’由于‘极微’所成立法‘常性’不遣，彼立‘极微是常住’故，能成立法‘无质碍’无。”熊十力依窥基《疏》诠释道：“‘似异法中，所立不遣者’：下解似异五过，为五，此即第一。于中又三：初，简牒（按：指重新提出‘所立不遣’，排除其他喻过），次，指体（按：指举例），后，释成（按：指解释此例有所立不遣过）。此初也（按：指这里所说是第一步）。简有二重（按：指简除有两种）：一，简似同，云似异中（按：指一，说似异法中，简去同喻过）。二，简自五，以似异中过有五种，先明‘所立不遣’故（按：指‘简去异过中的其他过失，异喻过有五种，这里先解释‘所立不遣’）。故似异法中‘所立不遣’者，即牒也（按：指故‘似异法中所立不遣’，这即是重新提出‘所立不遣’过）。”又诠释道：“‘且如有言：“诸无常者，见彼质碍，譬如极微”’：此指体（按：指举例）也。宗因

如前（仍前所举‘声常’宗，‘无质碍’因，同喻‘如空’），此中不举，但标似异（即此中所标‘极微’喻）。‘所立不遣’，此类非一，随明于一，故云‘且’也。或不具词，似五明一（似异五过，且明其一），故亦云‘且’。”又诠释道：“‘由于“极微”所成立法“常住”不遣，彼立“极微是常住”故’：释成有二：初，所立有；后，能立无。此初也。声胜二论，俱计‘极微’‘常’故，不遣所立（异喻须先遮遣所立，今声论对胜论立‘声常’宗，取‘极微’为异喻，实则声、胜二论，俱计‘极微’是‘常’，即此喻不能遮遣所立‘常’宗。”又诠释道：“‘能成立法“无质碍”无’：明能立无，准所立有，亦应言彼立‘极微有质碍故’，文影略尔（‘无质碍’因，‘极微’喻上亦无，但‘所立不遣’，故为过耳）。”

这里，是释似异法喻的第一种——“所立不遣”。“所立”，“所立法”之略语。异法喻依必须是宗异品兼因异品，亦即必须既遣所立法又遣能立法。若不遣所立法，于异法喻依所应具备的条件，未能具备，便成过失。其所举例，只举了异法喻，未举其宗与因。依其所说推之。当是“能立法不成”中所引声论对胜论所立的比量，以“声常”为宗，以“无质碍故”为因，以“诸无常者见彼质碍”为异法喻体，以“极微”为异法喻依。“由于极微所成立法‘常性’不遣，彼立‘极微’是常住故”，谓立者声论与敌者胜论都认许“极微”是“常住”的，故不遣“常住性”。“常住性”是所成立法，不遣“常住性”，即为不遣所成立法。由此形成过失。“能成立法‘无质碍’无”，谓“极微”是有质碍的，不具有“无质碍性”，所以能成立法是遣了的。“极微”只遣能立法，未遣所立法，故不足为异法喻依。

②能立不遣，系指异喻依具有能立（因）的性质，不能与因相离而成的过失。《因明入正理论》云：“能立不遣者，谓说‘如业’，但遣所立，不遣能立，彼说‘诸业无质碍故。’”熊十力依窥基《疏》诠释道：“‘能立不遣者’：解第二过，有三：初，牒章（按：指重新提出“能立不遣”过），次，指体（按：指举例），后，释成（按：指解释此例有“能立不遣”过），此初也（按：指这里所说是第一步）。‘谓说如业’：指体（按：指举例）也。”又诠释道：“‘但遣所立’：此释‘所立’无，以彼计‘业是无常’故（故此喻遮遣所立‘声常’也）。”又诠释道：“‘不遣能立，彼说诸业无质碍故’：辩‘能立’有。唯前应言：‘彼说诸业，体是“无常”，“无质碍故”’（‘无质碍’因，‘业’上既有，故此喻不遣‘能立’，是为过也）。”

这里，是释似异法喻的第二种——“能立不遣”。“能立”，“能立法”之略语。异法喻依必须是宗异品兼因异品，亦即必须既遣所立法又遣能立法。若不遣能立法，则成了因同品，而不是因异品，故成过失。其所举例，是沿用前过中声论对胜论所立的比量。“业”，义为动作。一切动作都是“无常”的，即不具有“常住性”，故遣“所立”。“彼说诸业无质碍故”，谓声论与胜论都认许一切动作是“无质碍”的，具有能立法，故曰“不遣能立”。此一异法喻依只是宗异品而不是因异品，只满足了异法喻依条件的一半，故是过失。

③俱不遣，系指异喻依同时具有所立（后陈）与能立

（因）的性质，不能与宗、因相离而成的过失。《因明入正理论》云："俱不遣者，对彼有论，说如虚空。由彼'虚空'不遣'常性'，'无质碍'故，以说虚空是常性故、无质碍故。"熊十力依窥基《疏》诠释道："'俱不遣者'：解第三过。文亦有三，此即牒（按：指重新提出'俱不遣'）也。"又诠释道："'对彼有论，说如虚空'：此指体（按：指举例）也，即声论师对萨婆多等，立'"声常"（宗也），无碍（因也），异喻如空。'"又诠释道：'由彼"虚空"，不遣"常性"，"无质碍"故'：释成（按：指解释'能''所'二'立'皆有）有二：初，明二立者（二立者，能立因与所立宗也。'虚空'喻上，既有宗法'常'义即因中'无碍'义，故不遣二立），后，约计释成。此初也。"又诠释道："'以说"虚空"，是"常性故"、"无质碍"故'：约计释成也。两宗俱计虚空实有，遍常（遍者周遍，常者恒常）无碍，所以二立不遣也。"

这里，是释似异法喻的第三种——"俱不遣"。"俱"，指"所立""能立"二法而言，所以"俱不遣"乃前两种过失的复合。其所用以为异法喻依的，既非宗异品，亦非因异品，与异法喻依所要求的全不符合。其所举例，仍为前二过中声论所立的比量，不过特别提明，敌者必须是有论，方成此过。有论是认许虚空为实有的，此所谓"有空论"。敌者若是"无空论"，则"虚空"是无体，不具有任何性能，一定是既遣所立法，又遣能立法，正可为合格的异法喻依。"以说虚空是常性故、无质碍故"，谓立者与敌者都认许"虚空"是具有"常住性"的，也是具有"无质碍性"的。"由彼'虚空'不遣'常性''无质碍’故”，谓虚空既是“常住”而“无质碍”的，故不遣“常性”，亦不遣“无质碍性”，遂成为“俱不遣”。很明显，“俱不遣”的喻依，既是宗同品，又是因同品，乃名副其实的同法喻依，岂能充作异法喻依呢？

（2）有关异喻体的过失

这是指“不离”和“倒离”二种过失，以下分而述之（序号指续（1））

④不离，系指这样的过失，即异喻体使因与异品互相联系，不能说明它们之间互相排斥的关系，就不能显因的第三相以助因成宗（异喻体的作用，在于说明因与异品相排斥，显因的第三相）。《因明入正理论》云：“不离者，谓说如瓶，见无常性、有质碍性。”熊十力依窥基《疏》诠释道：“‘不离者’，解第四过。文分为二：初，牒章（按：指重新提出‘不离’），后，示法（按：指举例以明）。此初也（按：指这里所说是第一步）。”又诠释道：“‘谓说“如瓶”，见无“常性”，有“质碍性”’：此示法。离者，不相属著义（如‘声常’宗，‘无质碍’因。异喻双离宗、因，应云：“若是无常，见彼质碍”。如此，则将‘质碍’属著‘无常’，返显‘无碍’属著‘常住’，故‘声’‘无碍’，定是其‘常’。今如古师举喻，但云‘如瓶等，见无常性、有质碍性’，此则以‘无常性’与‘有碍性’，各别说之。不显‘无常’属‘有碍性’，即不能明无宗之处，因定非有，何能返显有‘无碍处’定有其‘常’？不令‘常住性’与‘无碍性’互相属著，故为过失。原文晦，不录。《庄严疏》云：‘离者，不相属著也。若言“诸无常者，见彼质碍，如瓶

等”者，此即显“常”宗无处，异品无“常”，与“无碍”因不相属著，即是“离”义。由此返显“声”有“无碍”，定有“常”义更相属著。故异喻须离’。今既但云‘于瓶见“无常性”、“有质碍性”’，此但双显宗、因二无，不明无宗之处，因定非有，故是‘不离’。由此，不能返显‘无质碍’因与‘常’宗更相属著，故是过也）。”

这里，是释似异法喻的第四种——“不离”。“离”，是异法喻体的主要作用，即把宗异品与因同品分离隔绝，以示有宗异品处一定没有因同品。其所用例，即前三过中所用者。《论》文以“谓说如瓶，见无常性、有质碍性”说明“不离”的意义。“瓶”是异法喻依。“见无常性、有质碍性”，意谓举此异法喻依，使人得见其具有“无常性”与“有质碍性”。但如此举示譬喻，只能使人得见“无常性”与“有质碍性”的连合，不能使人得见“无常性”与“无质碍性”的分离隔绝。所以只举异法喻依，不能把“离绝”作用明白无误地表示出来，而必须举示异法喻体，“离绝”作用方可凸显。由此可见，我们不妨说，“不离”就是只说异法喻依，未说异法喻体。异法喻体原是用以辅助同法喻体，从而使同法喻体中所标示的普遍真理益发巩固，即借反面的离绝以加强正面的属著。所以没有异法喻体，不免减弱同法喻体成立宗法的力量。不过，应该着重说明，“不离”作为过失，也只是就比量的法式而言的。因为实际立量时，也与同法喻体一样，尽可省略。

⑤倒离，系指这样的过失，即异喻体不是依“宗无，因非有”的顺序组成，而是把顺序颠倒为先因后宗，而先离因后离

宗，就不能排除因的滥用，不能使宗成立。《因明入正理论》云："倒离者，谓如说言：'诸质碍者皆是无常。'"熊十力依窥基《疏》诠释道："'倒离者'：解第五过。文有二，如前例（按：指和'不离'一样，分'一牒章、二示法'两步）。此初也（这里所说，是第一步'牒章'，重新提出'倒离'）。"又诠释道："'谓如说言："诸质碍者，皆是无常"'：示法。宗因及同喻，皆悉同前。异喻应言："诸无常者，见彼质碍"，即显宗无，因定非有（'常'宗无处，其'无碍'因亦定非有）。返显正因，除其不定及相违滥。亦返显有因宗必随逐（谓返显有'无碍'因，其'常'宗必随逐也）。今既倒云：'诸有质碍，皆是无常'，即以'质碍'因，成'非常'宗。不简因滥，返显于'常'。此有二过，已如前辩（前示喻相中已辩也。）"

这里，是释似异法喻的第五种——"倒离"。异法喻体必须先宗后因，其所举例仍为前四过所说的比量。故在此一比量中，其异法喻体应为"诸无常者，见彼质碍"。今颠倒说作"诸质碍者，皆是无常"，与规定不符，故成过失。异法喻体的任务在于，返显同法喻体，必先宗后因，始能返显先因后宗的同法喻体。"倒离"的结果，其返显所得，不是该比量所应有的同法喻体，返显的作用亦化为乌有。

"倒离"是喻过的第十种，也是宗过、因过、喻过合而言之的第三十三种。《因明入正理论》在"不离者，谓说如瓶，见无常性、有质碍性"之后说："如是等似宗、因、喻言，非正能立。"这是"似能立"的结束语。就是说，宗、因、喻三支，无一不正，方能构成一个"正（真）能立"。假使有一支不正，如上述所讨论的似宗、似因和似喻种种情况，便都不是“正能立”了。

应该看到，因明是十分重视过失论的，因为因明以论诤中的立破之则为主要对象，以“悟他”为目的，这就要求因明把防止过失作为建立“正（真）能立”的论式的必要条件。墨辩亦有自己的过失论，但相比之下，它远不如因明过失论那样精审详赡。我们应该看到，就宗、因、喻三支的三十三过所论及的内容而言，绝大部分都不是什么新出的。只不过是把已经从正面论说的规则、规定，再从反面论列一番，提醒立论者随时随地注意防止，避免“似能立”的出现而已。例如，因明十分强调“因三相”的重要性，从正面条分缕析，令人信服，又从反面分析因过和喻过。从“因”的一方面说，因是贯通于同喻和异喻的。若一因缺失第二相“同品定有性”，同喻便会随应出过；若一因缺失第三相“异品遍无性”，异喻便会随应出过。再从喻的一方面说，喻是显现因相的。同喻前三过病在喻依，若有此三过，因第二相便会随应有缺；异喻前三过亦病在喻依，若有此三过，因第三相便会随应有缺，道理就是这样。

第三章 现量、比量与似现量、似比量

前已述及，新因明学说的轮廓，包括“二量”“二因”“八门”和“两益”。就入门来说，顺着商羯罗主《因明入正理论》“能立与能破，及似唯悟他。现量与比量，及似唯自悟”的次序，论完能立（真能立）与似能立以后，应接论能破与似能破。但作者为讲论方便起见，将现量、比量、似现量和似比量提至前面。应当说明，陈那《因明正理门论》亦按这样的次序，说明这样处理有其合理性。

第一节 现量、比量

《因明入正理论》云：“复次，为自开悟，当知唯有现、比二量。”不容讳言，古因明师都谈论“量”，且种类繁多，除现、比二量外，还有譬喻量、声量、义准量、无体量等。陈那把这些量加以简化，只留现、比二量。既然能量由所量（认识对象）决定，而对象不外自相境与共相境两种，那么，无论何时何地，凡亲自经验到的即为自相；而与概念联系的即为共相。换言之，认识自相的量为现量；认识共相的量为比量。而譬喻量、声量、义准量、无体量都可以归入比量之中。不过，这里虽说现、比二量是“为自开悟”，其实也包括悟他。正如《因明正理门论》所说：“如是应知悟他比量亦不离此得成能立。”

一、现量

《因明入正理论》云：“此中现量谓无分别。若有正智于色等义，离名种等所有分别，现现别转，故名现量。”此处，“正智”，指认识的主体，即能了知自相境的能知心。“义”指境。“色义等”，指色、声、香、味、触诸境。“等”，声、香、味、触。“名种”指概念和范畴。“名”，概念。“种”，范畴。“现现别转”。“现现”，指根根。根与根间无联系，为根根别转，即现现别转。这是说，现量是以正智去认识色、声、香、味等境义的自相，不介入名言（概念）种类（范畴）等主观上的区分，而且五识的见分与相分间的“缘”是各别进行的，各自独立，互不相杂。这种认识就叫做“现量”。可见，现量必须体现当下亲知，无分别，不错乱等要求。商羯罗主定义现量为“无分别”。何谓分别？用现代心理学用语来说，现量即是感觉。现量可以说是纯粹感觉，主要是前五识——眼、耳、鼻、舌、身的活动，也包括与这些识同时而起的意识（俱意）的活动。意识有两种差别，与前五识俱起者，谓之“明了意识”，不与之俱起者，谓之“独头意识”。明了意识与前五识俱起，并助前五识了知其境的自相，前五识缘境的自相，不作任何分别。此即所谓“正智于色等义离名种等所有分别”。例如，眼识缘色，并不起“色”的概念，也不起“红”“白”等概念。如果起了，便不再是现量了。而且，根与根之间互不参与，此所谓“根根别转”“现现别转”。如眼根缘色时与耳根毫无联系，如有联系，就不再是纯粹感觉而成为知觉了。不过，根识了境时，“俱意”必定随之，否则，纯粹感觉便不会产生。（“现量”之释采吕澂《因明入正理论讲解》之说。以下“比量”“似现量”“似比量”“能破”“似能破”亦同，不一一注明）。

二、比量

《因明入正理论》云：“言比量者，谓藉众相而观于义。相有三种，如前所说。由彼为因，于所比义有正智性，了知‘有火’或‘无常’等，是名比量。”此处，“众相”，指因相。因相有三，故名众相。“所比义”，指宗中法，如“有火”“无常”。《入论》说人们谈比量，是借助于因三相而对所立法进行观察、比度，结果产生了正确认识，如由“有烟”之因知道“此山有火”，或由“所作性”之因知道“声是无常”，这就称为“比量”。很显然，这是以常理事例为依据，由记忆、联想、比较、推度等思维活动参加，从而获得新的知识。为了说明正智引出的结果，文中列举两例。一是“了知”“有火”，一是“了知”“无常”。因为“因”有两类，即现量因与比量因。《因明入正理论疏》云：“以其因有现、比不同，果亦两种：‘火’‘无常’别。了火从烟，现量因起，了‘无常’等从‘所作’等，比量因生。”正明此义。以看到烟为依据，推知“此山有火”，其因（依据）是现量因。以“所作性”为依据，推知“声是无常”，其因（依据）是比量因。

三、量果

《因明入正理论》云：“于二量中，即智名果，是证相故。如有作用而显现故，亦名为量。”此处，“二量”，指现量与比量。“即智名果”，谓量果不离量智。量智的活动成就量果。所谓量果，即由能知心（量智）与所知境（自相、共相）相结合而成就的事物。“即”，指就、不离。“证”，指了解正确。“量”，指量果。《入论》说，量果亦称为量。何谓量果？量的过程是用能量（根等）量（衡量）所量（色等）。这一过程必有结果，而这个结果就是量果。《因明入正理论疏》云：“如尺、称等为能量，绢、布等为所量，记数之智为量果。”正明此义。但是，关于何谓量果的问题，当时印度各派有不少人不赞成陈那等人的说法。有人难曰：“汝此二量（现、比），火、无常等为所量；现、比量智为能量，何者为量果？”（见窥基《疏》）此其一难。萨婆多等难曰：“汝大乘中，即智为能量，复何为量果？（同上）此其一难，诸外道难曰：“境为所量，诸识为能量，神我为量果。……汝佛法中，既不立我，何为量果？智即能量故。”（同上）此其一难。这一派主张在知之外，有神我对所量产生了解，所以得量果的是神我。如看见，是神我有见。以上三种难诘，其共同点是：智只能是能量，不能是量果。小乘与外道诸家能量所量外，更立量果。而大乘量论则认为，智为能量（如尺称等），境为所量（如绢布等），而记数之智即为量果，即由能量智，能证自相。不难看出，陈那、商羯罗主所说的量果是指“智”本身而言。即“智”里就包含着能量和量果，而非如小乘与外道诸家那样，于能量所量之外，另立量果。《入论》说：“于二量中，即智名果。”窥基《疏》诠释道：“‘于此二量，即智名果。’即者，不离之义，即用此量智，还为能量果。”显见，此即一身二任之义。“智”为能量，而在衡量之后必有结果。“智”能了解此结果，故而“智”也为量果。《论》文说：“是证相故”，所指正是这个意思。“是证相故”是说二种量（现、比）都以证为相。“以证为相”就是在心上呈现行相，这不是量果又是什么？以现量智证相叫现观；以比量智证相是理论，叫应理。所谓“在心上呈现行相”，就是相分在见分上的反映。“如有作用而显现故”，“如有作用”说的是能量，“而显现故”，说的是所量。大乘认为，诸法作用，非真实有，只相似有，故而用“如”字，意谓象是有作用而显现其相。虽是象，但还是可以叫做“量”的，故而说“亦名为量”。

第二节 似现量、似比量

现量与比量，亦有真似之别，大致可以这样说，违规的现量与比量即为“似现量”与“似比量”。

一、似现量

《因明入正理论》云：“有分别智于义异转，名似现量。谓诸有智了瓶、衣等分别而生，由彼于义不以自相为境界故，名似现量。”“有分别智”，指带有名种等分别之智。“于义异转”，指对自相境不能如实亲证，而有虚妄分别，此为“异转”。此处，“义”，指境。“转”，指生起。“有分别智于义异转”，窥基《疏》诠释道：“有分别智，谓有如前带名种等诸分别起之智。不称实境，别妄解生，名‘于义，异转’，名‘似现量’。”真现量诸识所证，为境之自相，是离名（概念）种（范畴）分别的。但是，在了境时，如果带有名种等，那就不是如事物本身那样去认识了，而是执此为此，执彼为彼，这就叫“别妄解生”，即似现量。就是说，似现量乃缘自相而生分别。譬如说，瓶、衣等由四尘色、香、味、触组成。现量认识瓶、衣等必须“现现”（根根）别转，眼缘色时，耳、鼻、舌、身皆不参与，就是说，不可以因为眼识所见之色境而称之为瓶或衣，因为有瓶、衣之名，就不是现量了。这就是“不称实境，别妄解生”。换言之，真现量智就不可产生瓶、衣等认识。如果有了瓶、衣等认识（“诸有智了瓶、衣等分别而生”），就是“不以自相（四尘）为境界”，而是于此共相瓶、衣假法上转。这便违反了现量“无分别”的定义，不是根根别转，而是与概念相联系了。总之，似现量就是因为不以自相为境界，从而生起名种等分别的缘故。

二、似比量

《因明入正理论》云：“若似因智为先，所起诸似义智，名似比量，似因多种，如先已说。用彼为因，于似所比，诸有智生，不能正解，名似比量。”此处，“似因智”，指根于错误理由的智慧。“似义智”，指对境界作错误了解的智慧。“似因”，因过，共十四种。“有智”，对某种事物的了解。《入论》说，以错误的理由为依据进行推断，结果对境界产生错误的认识。此之谓似比量。如见雾而说为烟，并据此而推断有火，就是似比量。

我们知道，因明中的比量，又有为自比量、为他比量之分。如果目的只是在于自己了解事物而作的比量，是为为自比量，一般来说，仅在自己思维中进行，未必需要有清晰完整的语言表达形式；如果目的在于将知识传给别人，或者提出主张来加以论证的比量，是为为他比量，这是只有凭借语言来表达的，因而必须有清晰完整的论式，即表现为三支作法。这两种比量的不同只是表现在目的和语言表现上，至于性质、成因和方法都是一样的，它们在比度中都是以“因三相”为媒介，为关键。由此可见，只有“真能立”的论式，由于其中的因是三相具足的正因，它所实现的比量才是“真比量”。至于“似能立”的论式，如果仅有宗过，那还未涉及对事物的比度，但如果其中因相有缺，那就不能比度，不能比度而硬作比度，这样“似能立”论式所实现的比量一定是“似比量”。所以，比量的真或似的判定，是不能不涉及因的正或似的。话到此处，我们或可对《入论》给“似比量”所作界说“若似因智为先，所起诸似义智，名似比量。似因多种（指似因十四过），如先已说。用彼为因，于似所比，诸有智生，不能正解，名似比量”，有更深切的理解。

第四章 真能破与似能破

“破”针对“立”而存在，“破”，必须以“立”为前提。“真能破”与“似能立”、“真能立”与“似能破”，都存在着对应关系。不消说，对破者来说为“真能破”，对立者来说则为“似能立”。同样，对立者来说为“真能立”，对破者来说则为“似能破”。

第一节 真能破

《因明入正理论疏》云：“（二者）能破，敌申过量，善斥其非，或妙征（己）宗，故名能破。①”这是说，第二义（开头一颂“能立与能破，及似唯悟他。现量与比量，及似唯自悟”所说“悟”“自悟”八个项目中的第二个）是“能破”。对于论敌的错误论式，要善于揭示其中的过失，或者正确地建

①此有二义：其一，（显过破），显他过，他立不成。其二，（立量破），立量非他，他宗不立。诸论唯彰显他过破，理亦兼有立量征诘。发言申义，证、敌俱明。败彼由言，故名能破。转引自梅德愚：《因明大疏校释》，中华书局 2013 年版，第 43 页。

立论式，成立相反的宗义，显示对方论式之不能成立，所以称为“能破”。换言之，“真能破”必须做到以下两点：其一，“能立”必须有过，即“能立”不真实，而是“似能立”，必须揭破；其二，必须建立正确的论式成立自己的宗义，从而使对方所立宗义，不能成立。显见，能破相当今逻辑学的反驳。能破有两种：一为显过破，二为立量破。“善斥其非”，为“显过破”，相当于今逻辑学的直接反驳。“妙征宗”为立量破，破者不直接揭破似能立的过失，而是自建论式，以自己的真能立去揭破立者的似能立。这是间接反驳。

《因明入正理论》云：“复次，若正显示能立过失，说名‘能破’。谓初能立缺减过性，立宗过性，不成因性，不定因性，相违因性，及喻过性。显示此言，开晓问者，故名能破。”此处，“若正显示能立过失，说名能破”，是对“能破”立界说。“谓初能立缺减过性”至“及喻过性”，是显示“能立”过失，其中“初能立缺减过性”为缺支过，“立宗过性”至“及喻过性”为辨支失，在辨“缺支过”中，商羯罗主为了强调这种过失之重，故而先作说明，所以加了“初”字。在辨缺支失中，有“立宗过性”“不成因性”“不定因性”“相违因性”“喻过性”等数种。

我们先来看“缺支过”，即所谓“缺减过性”。按立量规定，能立应有一定支数，不足者为缺。但对缺支过的具体解释，诸家说法有所不同。窥基《疏》云：“显过破中，古师有说八为能立[①]，缺一有八（按：指八种之中，缺一种的有八种可能情况，下同），缺二有二十八，乃至缺七有八，阙八有一。”[②] 从世亲起，以宗因喻三支为完备，不足者为缺。缺一（指缺因的第一相，下同）有三，缺二有三，缺三有一，合为七。陈那以“一因二喻”为能立，不讲三支，而以是否具足因之三相为是否缺减的标准。窥基《疏》云：“陈那菩萨，因一喻二，说有六过，则因三相六过是也。缺一有三，缺二有三，无缺三者。”[③] 但也有人主张，应有“缺三有一”。玄奘在印度住的那烂陀寺里，有一位名叫贤爱的论师，他的观点与陈那一致，主张除去第七。他认为，如三相俱缺，则不足以立宗，根本谈不上缺不缺。今将《因明入正理论疏》所出七式列下[④]：

1. 缺一有三（缺因的某一相，有三种可能情况）

（1）缺初相。如数论师对声论立量：

宗：声无常，

因：眼所见故，

喻：如瓶、盆（同品），如虚空（异品）。

---

①按：指《瑜伽师地论》等说能立有八种：立宗、辨因、引喻、同类、异类、现量、比量、正教量，引自梅德愚：《因明大疏校释》，中华书局 2013 年版，第 65 页。

②按：指《瑜伽师地论》等说能立有八种：立宗、辨因、引喻、同类、异类、现量、比量、正教量，引自梅德愚：《因明大疏校释》，中华书局 2013 年版，第 65 页。

③按：指《瑜伽师地论》等说能立有八种：立宗、辨因、引喻、同类、异类、现量、比量、正教量，引自梅德愚：《因明大疏校释》，中华书局 2013 年版，第 65 页。

④以下参见吕澂《因明入正理论讲疏》（与陈大齐《因明入正理论悟他门浅释》合订本）第 260 页至第 262 页，中华书局 2007 年版。

此缺因的第一相“遍是宗法性”。“眼所见”与“声”没有关系。

(2) 缺第二相。如声论对萨婆多部立量：

宗：声常，

因：所闻性故，

喻：如虚空（同品），如瓶、盆（异品）。

此缺因的第二相“同品定有性”。“虚空”不具有“所闻性”。

(3) 缺第三相。

宗：声常，

因：所量性故，

喻：如虚空（同品），如瓶、盆（异品）。

此缺因的第三相“异品遍无性”。“瓶、盆”等也是“所量”。

2. 缺二有三（缺因的某二相，也有三种可能情况）

(1) 缺初相与第二相。如声论对佛弟子立量：

宗：声非勤发，

因：眼所见故，

喻：如虚空（同品），如瓶、盆等（异品）。

此缺因的第一相“遍是宗法性”，“眼所见”与“声”无关。又缺因的第二相“同品定有性”，“虚空”非“眼所见”。

(2) 缺初相与第三相，如对佛弟子立量：

宗：我是常，

因：非勤勇无间所发故，

喻：如虚空（同品），如电等（异品）。

此缺因的第一相“遍是宗法性”，佛弟子不认许“我”。又缺因的第三相“异品遍无性”，“电”等亦“非勤勇无间所发”。

（3）缺第二相与第三相。诸“四相违”（法自相相违、法差别相违、有法自相相违和有法差别相违）即缺第二、第三相。因“四相违”刚好“于同品无，于异品有”。

3. 全缺有一（因三相俱缺，有一种可能情况）

如声论对胜论立量：

宗：声常，

因：眼所见故，

喻：如虚空（同品），如盆等（异品）。

此缺因的第一相“遍是宗法性”，“眼所见”与“声”无关。又缺第二相“同品定有性”，“虚空”中没有“眼所见”。还缺第三相“异品遍无性”，“盆等”为“眼所见”。

我们再来看“支失过”。《论》文所说“立宗过性”“不成因性”“不定因性”“相违因性”和“喻过性”五种，都是破“支失”的。“支失过”包括立宗过九种、不成因过四种、不定因过六种、相违因过四种和喻过十种，计三十三种。已详第二章。

用语言把“缺支过”“支失过”显示出来，能开晓问者，就是能破。指过之言可以立量，以表示原来立量的错误，如出“相违决定”过就非立量不可。

第二节 似能破

《因明入正理论疏》云：“（四者）似能破。敌者量圆，妄生弹诘，所申过起，故名似破。［‘此有二义：一者敌无过量，妄生弹诘，十四过类等（按：“十四过类”，又称十四相似过类，是十四种似能破的过失。古因明师对此有详细的研究。陈那在《因明正理门论》中加以整理，总结为十四种，称为十四过类。文轨作《入论疏》，对这部分作了较为详细的说明，后人把这部分拿出来单独流行，名《十四过类疏》，却题为窥基作。《入论》把十四过类略去，只是概括地指出两大类似破：一是立者量圆，妄言有缺。二是宗因喻无过，妄言有过。〕二者，自量有过，谓为破他，伪言为胜，故名似破。'（按：既是"自量有过"，则第二义属于似能立，不当归入似能破。此为窥基之疏，后为其弟子慧沼所弥补，见《续疏》）。"我们知道，古代印度诡辩盛行，"似能立"往往以诡辩的形式出现，本来别人不错，硬说人家错，为了驳斥诡辩，所以当时对"似能破"的研究也就格外注意。例如正理派讲十六句义，其第十五句便是讲"似能立"的。他们把"误难"（错误的辩难）总结为二十四种。后来古因明师在很大程度上采用了他们的说法。有人采用二十种（如龙树《方便心论》），有人采用二十二种（如世亲《如实论》）。陈那归并为十四种，称为"过类"。后人把文轨《入论疏》中对这一部分的讲述独立出来，名《十四过类疏》。不过，仔细推求起来，十四过类并未能超出三十三过的范围。《因明入正理论》云："若不实显能立过言，名似能破，谓于圆满能立显示缺减性言，于无过宗有过宗言，于成就因不成因言，于决定因不定因言，于不相违因相违因言，于无过喻有过喻言。如是言说名似能破，以不能显他宗过失，彼无过故。"这是说，如果不是实实在在地显示能立的过错，换言之，能立本无过，硬说有过，就是"似能破"。具体来说，就是对于原本圆满无缺支的能立，错误地说成有缺减，对于原本不存在过失的宗，错误地说成是存在过失的宗，对于原本能够证成宗义的因，错误地说成是不能证成宗义的因，对于原本能够决定成立宗义的因，错误地说成是不能决定成立宗义的因，对于原本不是相违因（同时违反第二相与第三相），错误地说成是相违因，对于原本没有过失的喻，错误地说成是有过失的喻。所有这些错误的说法，无一例外地构成“似能立”，因为它们都不能显示他宗的过失，说到底是因为他宗都无过失。

第三节　十四过类简述

因明既是辩论的法式，是在证明断案，从而以辩论取得胜利为目的，于是一班缺少真理良心的参辩者，便通过“误难”渠道，自欺欺人般地贩卖假货，践踏真理，取胜以自高。陈那归并出来的十四过类，揭穿了这些无良参辩者的卑鄙伎俩。今分类逐条简述如下。

一、同法相似、异法相似、分别相似、无异相似、可得相似、犹豫相似和义准相似

“颂曰：示现异品故：由同法异立，同法相似；余由异法。分别差别名分别。应一成无异。显所立余因，名可得相似。难义别疑因，故说名犹豫。说异品义故，非爱，名义准。”这十二句颂是说，同法相似、异法相似都是颠倒使用喻依的似破。以异类喻依代替同类喻依从而成立相违之宗的似破，称为“同

法相似”；而以同法喻依代替异法喻依从而成立相违之宗的似破，称为“异法相似”。由分别同法喻依的差别义（不同属性）作为因从而颠倒成立相违之宗的似破，称为“分别相似”。以同法喻依与宗有法在所有属性上皆相同而成无异（包括宗喻无异、宗因无异和二宗无异）的难破，称为“无异相似”。以立论之因，并非唯一正因，还有其他正因的难破，称为“可得相似”。或者增加宗法中的含义使因成为不定因，或者对因法中的含义特别加以选取的难破，称为“犹豫相似”。以倒离的方式来成立为立方所不乐见的相违之宗的难破，称为“义准相似”。

（一）同法相似

《门论》（下同）云：“此中‘示现异品故，由同法异立，同法相似’者，颠倒成立，故名异立。此依作具、作者而说（《集量论》改作‘此依能作因说’）。同法即是相似，故名同法相似。一切摄立中相似过类故。言相似者是不男（《集量论》改作‘不能男’，即中性声）声，能破相应故，或随结颂故。云何同法相似能破？于所作中说能作故，转生起故，作如是说。后随所应亦如是说。今于此中由同法喻颠倒成立，是故说名同法相似。如有成立‘声是无常，勤勇无间所发性故’，此以‘虚空’为异法喻。有显‘虚空’为同法喻，‘无质等故’立‘声为常’，如是即此所说因中‘瓶’应为同法，而异品

‘虚空’说为同法，由是说为同法相似。[1]”

前已述及，以同法喻依来代替异法喻依，从而成立相违之宗，这种似破称为“同法相似”。首句“示现异品故”，总贯同法相似和异法相似两种似破，读时须加注意。第二、三句“由同法异立，同法相似”是说“同法相似”。由下文，我们知道，立方比量为佛家立“声是无常”宗，“勤勇无间所发性故”因，以瓶为同喻，以空为异喻。毫无疑问，这是一个正确比量。但声论却难破说：你们是以“声”与“瓶”都有“勤勇无间所发”因而说“声”与“瓶”一样也是“无常”的。那么依我说“声”与“空”都是“无质碍”的，所以“声”亦与“空”一样是“常住”的。这便是将原量“异法”“虚空”改为破量的“同法”来颠倒成立与原量相矛盾的宗，但原量的“勤勇无间所发”因没有过失，而破量的“无质碍”因却有“俱品一分转”的过失，是不定因。因为这“无质碍”因于“常”的异品（如“乐”）中有，如“乐”是“无常”，“乐”又是“无质碍”，违反了“异品遍无性”，同喻体“诸无质碍皆见无常”当然不能成立，故而敌方的难破是似能破。[2]

---

①此上为《因明正理门论》原文所论“同法相似”相关部分。此下诠解较为简短，以明“同法相似”之涵义为目的，而非句句必释。可参考下面附录《门论》全文译文。下同。

②十四过破立释参考郑伟宏《因明正理门论直解》，复旦大学出版社1996年版。

（二）异法相似

"'余由异法'者，谓异法相似是前同法相似之余。示现异品，由异法喻颠倒而立，二种喻中如前安立瓶为异法，是故说为异法相似。"第四句"余由异法"是说异法相似。前已述及，以同法喻依代替异法喻依，从而成立相违之宗，这种似破称为"异法相似"。立方比量依旧为佛家立"声是无常"宗，"勤勇无间所发性故"因，以瓶为同喻，空为异喻。此量正确。敌方将同法喻依"瓶"作为异法喻依，并以"无质碍"为因，颠倒成立与原量相矛盾的"声是常宗，无质碍故因，异喻如瓶"的破量。在这个难破中，"乐"作为异品，同样有"无质碍"因，违反了"异品遍无性"，异喻体"诸无常者皆有质碍"当然不能成立，故而敌方的难破是似能破。

（三）分别相似

"'分别差别名分别'者，前说示现等故，今说分别差别故，应知分别同法差别。谓如前说，"瓶"为同法。于彼同法有可烧等差别义故，是则瓶应无常；非声，声应是常，不可烧等有差别故。由此分别颠倒所立，是故说名分别相似。"

第五句"分别差别名分别"是说分别相似。前已述及，由分别同法喻依的不同属性为因，从而颠倒成立相违之宗，这种似能破称为"分别相似"。立方立量依旧为佛家立"声是无常"宗，"勤勇无间所发性故"因，以瓶为同喻，空为异喻。此量正确。敌方以同法喻依"瓶"上有"可烧、可见"等属性，

“声”却有“不可烧”“不可见”等属性，便以“不可烧”“不可见”为因，颠倒成立与原量相矛盾的“声是常宗，不可烧（或不可见）故因，异喻如瓶”的破量，但敌方以“不见烧”（或“不可见”）为因证“声常”宗，有不定因过。因为如“空”“不可烧”，为“常”，如“乐”“不可烧”为“无常”。

（四）无异相似

“所言‘应一成无异’者，示现同法前已说故，由此与彼应成一故。彼者是谁？以更不闻异方便故，相邻近故，应知是宗。成无异者，成无异过。即由此言，义可知故，不说其名是谁与谁共成无异。不别说故，即此一切与彼一切。如有说言，若见瓶等有同法故，即令余法亦无别异，一切瓶法声应皆有，是则一切更互法同应成一性。此中抑成无别异过，亦为显示瓶、声差别，不甚异前分别相似，故应别说。若以勤勇无间所发成立无常，欲显俱是非毕竟性，则成宗、因无别异过。抑此令成无别异性，是故说名无异相似。有说此因如能成立所成立法，亦能成立此相违法。由无别异，是故名无异相似。”

第七句“应一成无异”是说“无异相似”。前已述及，以同法喻依与宗有法在所有属性上都相同而成无异来难破，这种宗喻无异、宗因无异和二宗无异统称为“无异相似”。立方立量依旧为佛家立“声是无常”宗，“勤勇无间所法性故”因，以瓶为同喻，空为异喻。

第一种无异相似是指宗、喻无异。敌方有意说“瓶”与“声”既然都有“勤勇无间所发”性和“无常”性，则“声”

亦应有“瓶”的其他一切属性，以致“声”与“瓶”无异。这显然无从成立。因为敌方以两个事物只要有相同属性，则一切属性皆必相同（无异）为理据，这本身就是非理的，故而其难破只能是似能破。

第二种无异相似是指宗、因无异。立方立量只说“勤勇无间所发性”因与“无常”宗有相通关系，并没说“勤勇无间所发性”因完全等同于“无常”宗法。敌方有意说“勤勇无间所发”因证“无常”宗，会造成“勤发……”因完全等同于“无常”宗法，由于宗上之法于空有法上有为立敌所不共许，于是“勤勇无间所发性”因也就变成不共许的似因了。因为敌方以两个事物有相同属性，则两个事物完全相同为理据，这本身就是非理的，故而其难破也只能是似能破。

第三种无异相似是指二宗无异。敌方难破道：“瓶”是“勤发……”“可烧”，所以“声是无常”；“声”是“勤发……”“不可烧”，所以“声是常”。这里，同一个“勤发……”因，证成了“声无常”和“声常”这两个矛盾之宗。显然，敌方“声不可烧”推出“声常”是强词夺理，不能成立。故而其难破，也只能是似能破。

（五）可得相似

“‘显所立余因，名可得相似’者，谓若显示所立宗法，余因可得，是则说名可得相似。谓有说言，如前成立“声是无常”，此非正因，于电、光等由现见等余因可得无常成故。以若离此而得有彼，此非彼因。有余于此别作方便，谓此非彼无常正因，由不遍故，如说‘丛林皆有思虑，有睡眠故’。”

第七、八两句“量所立余因，名可得相似”是说“可得相似”。立方所立如前。前已述及，以立论之因并非唯一正因，还有其他正因的理由来难破，称为“可得相似”。这有两种情况：

第一，可得相似是指敌方认为，“无常”现象如光、电等亦可用“眼可见”等因（余因）证得，所以“勤勇无间所发性”因则非“无常”的正因。其实“声是无常”宗以“勤勇无间所作性”因证得，可以说是有之必然（《墨经·经上》语），无之未必不然。即使用“眼可见”等因（余因）亦可证得，也不能否定“勤勇……”因证得“声无常”宗的事实。因为按佛家对“勤勇……”的看法，“勤勇……”因只通同品“无常”、不通异品“常”，不排斥其他因能显“无常”。故而敌方的难破不能成立，只能是似能破。

第二可得相似是指敌方在余因之外，对“勤勇无间所发性”因从别的切入点再做难破，他们认为，“勤勇”因非“声是无常”宗的正因，由于此因没有遍及宗有法“声”，即未满足“因三相”的第一相“遍是宗法性”，有不成因过。如同说“一切草木悉有神识（思虑），以有眠故。”（其实，此“有眠”因唯在尸利沙树，余树则无。）应知当立方用“勤勇……”因来证宗时，立、敌对诤的是“内声”“无常”而不是“外声”（如风等），因而“勤勇……”因遍及“内声”，无不成因过，故而敌方的难破是站不住脚的，也只能是似能破。

（六）犹豫相似

“‘难义别疑因，故说名犹豫’者，过类相应，故女声说。此中分别宗义别异，因成不定，是故说名犹豫相似；或复分别因义别异，故名犹豫相似过类。谓有说言：如前成立‘声是无常，勤勇无间所发故’，现见‘勤勇无间所发’或显或生，故成犹豫：今所成立为显、为生？是故不应以如是因证无常义。”

第九、十两句“难义别疑因，故说名犹豫”是说“犹豫相似”。立方所立如前。前已述及，或者增加宗法中的含义，使因成为不定因，或者对因法中的含义特别加以选取而形成的似能破，称为“犹豫相似”。这里，敌方难破说，“勤勇无间所发性”因有“显发”和“生成”两种不同的含义，以“勤勇……”因证宗，究竟是如“瓶”那样为“勤勇”所“生”呢，还是如井水那样为“勤勇”所“显”呢？立者没能明确的分别，遂使“声是无常”不能确定究竟为隐显无常抑或生灭无常，因为如以“勤勇……”所显的井水为同法喻依（水本有，经“勤勇”开发才显露为井水），则证成了“隐显”“无常”宗，如以“勤勇……”所生的“瓶”为同法喻依，则证成了“生灭”“无常”宗。所以，“勤勇……”是犹豫因。显见，敌方的难破不能成立。首先，立方所立“声是无常”宗，其立义是确定的，“无常”就是表示灭坏，至于是由“生”引起坏灭抑或由“显”引起坏灭，此非宗之内容。敌方强增宗法内容，妄施难破，自属别有用心。其次，从因上来说，“勤勇……”因无论是“生”抑或“显”，同样引起坏灭。所以“勤勇……”

因不是什么不定因。既然立方宗、因两方面都不存在问题，那么敌方的难破也只能是似能破。

(七) 义准相似

"'说异品义故，非爱名义准'者，谓有说言：若以勤勇无间所发说无常者，义准则应若非勤勇所发诸电光等皆应是常，如是名为义准相似。"

末两句"说异品义故，非爱，名义准"是说"义准相似"。立方所立如前。前已述及，以倒离（正确的异喻表达方式是"宗无因不有"，破斥者都用作"因无宗不有"）的方式来成立为立方所不乐接受的相违之宗，称为"义准相似"。这里，敌方难破说，"若以'勤勇无间所发'说'无常'者，义准则应若非勤勇所发诸电光等皆应是'常'"，就是说，如果立方以"勤勇……"因证"无常"宗，那么准照"诸勤勇所发皆见无常"之理，也可以说"诸非勤勇所发皆见其常"，电、光等既是"非勤勇所发"，所以电、光等是"常"。敌方有意颠倒异喻的主谓顺序，将正确的"宗无因不有"，改换成"因无宗不有"，有"倒离"之过。故而敌方的难破只能是似能破。

二、至非至相似和无因相似

"（颂曰：）若因至不至（指立方之因与宗所立法相通、不相通）、三时（指立方之因无论在宗之前成立、在宗之后成立和与宗同时成立），非爱言，至非至、无因，是名似因阙。"

这四句颂是说，敌方如果认为立方之因无论与宗所立法相通（“至”），抑或不相通（“不至”），立方之因无论在宗之前成立、在宗之后成立和与宗同时成立（“三时”），都有过失。这样的难破理所当然地为立方所不乐接受（‘非爱’）。前者称为“至非至相似”，后者称为“无因相似”。这两种相似过类都属于似缺因过破。

（八）至非至相似

“‘若因至不至、三时，非爱言，至非至、无因’者，于至非至作非爱言，若能立因至所立宗而成立者，无差别故应非所立，如池、海水相合无异；又若不成，应非相至，所立若成，此是谁因？若能立因不至所立，不至，非因无差别故，应不成因。是名为至非至相似。”

“若因至不至……非爱言”是说“至非至相似”。敌方认为，立方之因无论与所立法（宗之后陈）相通抑或不相通都有过失而为立方所不乐接受的难破，称为“至非至相似”。例如敌方难破说，若能立因“至”所立法，则因与宗无异，如同池水流入海中，池水与海水混同后便没有差别一样，因便不成其为因；若能立因“非（即不）至”所立法，因亦不成其为因。因为既然是不至，而所立宗如能成立，既非因之力，此因便无用了。这个“二难推理”之谬误出于一难的假言前提“若能立因至所立法，则因与宗无异”上，因为从能立因至所立法，只能说明因与宗的不相离性，不能断定因与宗没有差别（“无异”）。故而敌方的这种难破也只能是似能破。

（九）无因相似

“又于三时作非爱言，若能立因在所立前，未有所立，此是谁因；若言在后，所立已成，复何须因？若俱时者，因与有因皆不成就，如牛两角。如是名为无因相似。”

“若因……三时，非爱言”是说“无因相似”。这里，敌方放言道：立方之因，无论在宗之前成立，在宗之后成立，抑或与宗同时成立，都有过失。具体说，如果因的成立于宗的证成之前，那么就不知此因是谁家之因；如果因的成立在宗的证成之后，那么宗既成立，此因便没有什么意义了；如果因的成立与宗的证成同时，那么因与宗就不可能有因果关系，这正如牛之两角并峙，没有什么因果关系。所以正因并不存在。这个三难推理之谬误出于虽说因的成立与宗的证成，其关系只有上述三种情况，但“三时”之中至少有一种情况为真，论敌认为，无论在哪一时，都无正因，决不可能存在。如果三时无因能够成立，那么一切因皆非正因，这显然是荒谬的。故而敌方的这种难破也只能是似能破。

三、无说相似、无生相似和所作相似

“颂曰：说前无因故，应无有所立，名无说相似。生无生亦然。所作异少分，显所立不成，名所作相似。多如似宗说。”

这八句颂是说，在因说出口来之前便是没有因。因既然没有，宗当然也就不能成立。敌方这种有过失的反驳，称为“无说相似”。“无生相似”的过失与无说相似相类。由于前述立量

“声是无常”中“瓶”与“声”所具有的“所作性”有些差异，遂使因有“所立不成”过。敌方这种有过失的难破，称为“所作相似”。这三种过类多为似不成过破。

（十）无说相似

“‘说前无因故，应无所立，名无说相似’者，谓有说言：‘如前所立，若由此因证无常性，此未说前都无所有，因无有故，应非无常。’如是名为无所相似。”

前三句“说前无因故，应无有所立，名无说相似”是说“无说相似”。立方所立如前。故敌方放言道：如果用“勤勇无间所发”因来证“声是无常”宗，那么在此因说出口来之前便是没有什么因，既然没有“勤勇……”因，“无常”宗也就不成立。这种称为“无说相似”的难破也只能是似能破。

（十一）无生相似

“‘生无生亦然’者，生前无因，故无所立，亦即说名无生相似。言‘亦然’者，类似声前因无有故，应无所立。今于此中如无所立，应知亦有所立相违。谓有说言如前所立，若如是，声未生已前无有勤勇无间所发，应非无常；又非勤勇无间所发，故应是常。如是名为无生相似。”

第四句“生无生（“生”与“无生”。“生”指声已显发，“无生”指声未显发，声显论之说）亦然”是说“无生相似”。这里，敌方（当为声显派）认为，声音在显发前不存在“勤勇无间所发性”因（即只有在显发时才存在“勤勇……”因），

"勤勇……"因既不存在，"声是无常"宗当然不能成立，此之谓"无生相似"。由于"无生相似"和"无说相似"均用因的不存在来难破立方所立，故以"亦然"予以陈述。敌方所谓声音在显发前不存在"勤勇……"因为错误之论，故而这种称为"无生相似"的难破也只能是似能破。敌论者又难破说，如果立论者之宗不能成立，那么还有相违之宗可以成立。这就是第二无生相似。由于难破者之因有不定过，并非所有的非勤勇发者皆无常，所以相违宗不能成立。

（十二）所作相似

"'所作异少分，显所立不成，名所作相似'者，谓所成立'所作性故，犹如瓶等，声无常'者，若瓶有异所作性，故可是无常何预声事？如是名为所作相似。"

后三句"所作异少分，显所立不成。名所作相似"是说"所作相似"。这里，敌方针对立方所立比量"声无常（宗），所作性故（因），犹如瓶等（喻）"放言道："瓶"的"所作性"与"声"的"所作性"有所不同，"瓶"是经由泥轮作成，而"声"却经由咽脐作成。"瓶"经由泥轮作成，可以是"无常"，不过，这与经由咽脐作成的"声"又有什么相干呢？既然"声"不是经由泥轮作成，因而立方用"瓶"之经由泥轮作成的"所作性"来作因，便有"不成因"过。显然这种难破不能成立，是为似不成因过破。此为第一"所作相似"。（陈那在别处又将"所作相似"细分为三种。上述为第一种。）第二种"所作相似"是说，敌方以"声"的"所作性"不同于"瓶"

的“所作性”为由，致使同品“瓶”上无因难破立方有“相违”过。显然这种难破也不能成立，是为似相违过。第三种“所作相似”是说，敌方进一步声称，“声”之所作不但同品“瓶”上无，异品“常”（如“空”）上亦无，于是所作因便有“不共不定因”过。其实同品“瓶”上有所作因，不是什么“不共不定”。显然这种难破也不能成立，是为似不定因过破。总括言之，立方所立比量只是依据“所作”因法的共相（而不是其自相）来建立。就是说，自然界和人类，有多种多样的“所作性”，“声”只要具备其中的一种“所作性”，便满足了“因三相”第一相“遍是宗法性”的要求，不一定非要具备像“瓶”一样的“所作性”。所以，以上三种所作相似都属“过类”。

四、生过相似

“颂曰：俱许而求因，名生过相似。此于喻设难，名如似喻说。”

“‘俱许而求因，名生过相似’者，谓有难言：‘如前所立，瓶等无常，复何因证？’‘此于喻设难，名如似喻说’，谓瓶等无常俱许成就，而言不成，似喻难故，如似喻说。”

此颂即第十三种相似。四句是说生过相似。这里，立方所立量依旧为“声无常，所作性故，如瓶”。敌方对为立敌双方共许极成的同喻依还要求以因来证成，这种过类称为生过相似。我们知道，“声”之“无常”为不共许法，故而必用共许之“所作性”因予以证成。而作为例证即同喻依之“瓶”上具有“无常”法，本为立敌双方所共许，毋需再次以因予以证成。于是敌方要求纯属有意刁难。故而也只能是似能破。

五、常住相似

“颂曰：无常性恒随，名常住相似。此成常性过，名如宗过说。”

“谓有难言：‘如前所立声是无常，此应常与无常性合，诸法自性恒不舍故，亦应是常。’此即名为常住相似。是似宗过，增益所立无常性故。以于此中都无有别实无常性依此常转，即此自性本无今有，暂有还无，故名无常。即此分位，由自性缘名无常性，如果性等。”

此颂即第十四种相似，四句说常住相似。这里，立方所立如前。敌方以“无常性”常随于“声”提出难破，其实，是将立方之宗“声是无常”偷换为“声之无常性恒随于声”，称为“常住相似”，故而也只能是似能破。

众所周知，古因明五支作法有无穷类比和处处类比两种弊端。陈那的十四过类述敌论者对立论者所立之量的错误反驳，故称似能破。十四过类中同法相似、异法相似、分别相似、无异相似和所作相似等都是针对古因明五分作法的弊病而提出的。陈那将十四过类看得比较重。这从篇幅之长，可以得到印证，而商羯罗主却将十四过类看得比较轻，因为他更看重三十三过。在他看来，十四过类不出三十三过的范围。

第五章　总　结

《因明入正理论》开始云："能立与能破，及似唯悟他。现量与比量，及似唯自悟。"窥基《疏》云："一部（按：指《因明入正理论》这一部分）之中，大文有二：初一颂（按：指四、五、六、七言句式整齐的句子，表示提纲或结语）及长行（按：即散文，对颂而言），标宗随释分。（按：指第一部分是开头一颂以及随后的长行，是标示因明的主旨，并随之加以解释）末后一颂（按：指文末"且止斯事"下之颂：'已宣少句义，为始立方隅。其间理非理，妙辩于余处'），显略指广分（按："略"指《因明入正理论》为初学者讲述了因明的概略之大纲。"广"指因明的详细义理）。初分有二：前之一颂，举类标宗（按：指第一大部分又分两部分：前一部分即开头一颂，举示因明的内容，包括悟他、自悟，悟他和自悟又各有四义，这是"举类标宗"）。后诸长行，随标别释（按：指第二部分是后面的长行，按照颂中标示的纲领，分别如以解释，这是'随标别释'）。条贯义类（按：指此初一颂把因明八义两类有条理地贯穿起来），举标论宗（按：指举示因明论述的主旨），于前所标，随应释故（按：指以下按照此颂所标示的纲领，跟随进行相应的解释)。”……《因明入正理论》结束前云：“且止斯事。”窥基《疏》云：“大文第三，方隅略示，显息烦文。”这是说，这里《入论》所说，是诸长行随标别释这部分的第三个环节，即示略息烦。对于因明，以上只略举一隅，且止斯事，显示不再作更多的解说。窥基《疏》又云：“论斯八义，真似实繁，略辩为入广之由。具显恐无进之惭，故今略说之，云‘且止斯事’。”这是说，论述真能立、似能立、真现量、似现量、真比量、似比量、真能破、似能破这八义，正确的有，错误的也有，内容繁多，这里只是略作说明，作为深入详细研究的入门。如果这里把所有的内容都显示出来，恐怕就没有循序渐进的步骤，所以只是略说纲要，说了句“且止斯事”，以收束上文，并以末颂作为结束语：“已宣少句义，为始方立隅。其间理非理，妙辩于余处。”窥基《疏》云：“一部之中，又分为二，此即第二，显略指广。上二句显略，下二句指广。”《论》及《疏》意谓，以上已经宣讲了简略的意蕴，作为开端之语，虽少亦可收“举一隅而以三隅反”之效。至于其间合理与不合理之处，请参看陈那《因明正理门论》《集量论》、日本明诠《因明大疏导》等典籍，以求进一步体悟辩理的玄妙所在！

叁 附录篇

附录1:《因明入正理论》原文及试译

《因明入正理论》原文[①]

① 能立与能破，及似唯悟他（应读作：能立与能破及似，唯悟他）。现量与比量，及似唯自悟（应读作：现量与比量及似，唯自悟）。如是总摄诸论要义。

② 此中宗等多言，名为能立，由宗因喻多言，开示诸有问者未了义故。此中宗者，谓极成有法，极成能别，差别性故，随自乐为所成立性，是名为宗。如有成立声是无常。

③ 因有三相。何等为三？谓遍是宗法性，同品定有性，异品遍无性。云何名为同品异品？谓所立法均等义品，说名同品。如立无常，瓶等无常，是名同品。异品者，谓于是处无其所立。若有是常，见非所作，如虚空等。此中所作性或勤勇无间所发性，遍是宗法，于同品定有，于异品定无，是无常等因。

④ 喻有二种：一者同法，二者异法。同法者，若于是处

①分段号为笔者所加。

显因同品决定有性，谓若所作，见彼无常，譬如瓶等。异法者，若于是处说所立无，因遍非有，谓若是常，见非所作，如虚空等。此中常言，表非无常，非所作言，表无所作。如有非有，说名非有。

⑤ 已说宗等如是多言，开悟他时，说名能立。如说声无常，是立宗言。所作性故者，是宗法言。若是所作，见彼无常，如瓶等者，是随同品言。若是其常，见非所作，如虚空者，是远离言。唯此三分，说名能立。

⑥ 虽乐成立，由与现量等相违故，名似立宗。谓现量相违，比量相违，自教相违，世间相违，自语相违，能别不极成，所别不极成，俱不极成，相符极成。此中现量相违者，如说声非所闻。比量相违者，如说瓶等是常。自教相违者，如胜论师立声为常。世间相违者，如说怀兔非月，有故。又如说言人顶骨净，众生分故，犹如螺贝。自语相违者，如言我母是其石女。能别不极成者，如佛弟子对数论师，立声灭坏。所别不极成者，如数论师对佛弟子，说我是思。俱不极成者，如胜论师对佛弟子，立我以为和合因缘。相符极成者，如说声是所闻。如是多言，是遣诸法自相门故，不容成故，立无果故，名似立宗过。

⑦ 已说似宗，当说似因。不成、不定及相违，是名似因。不成有四：一两俱不成，二随一不成，三犹豫不成，四所依不成。如成立声为无常等，若言是眼所见性故，两俱不成。所作性故，对声显论，随一不成。于雾等性起疑惑时，为成大种和合火有而有所说，犹豫不成。虚空实有，德所依故，对无空

论，所依不成。不定有六：一共，二不共，三同品一分转、异品遍转，四异品一分转、同品遍转，五俱品一分转，六相违决定。此中共者，如言声常，所量性故。常、无常品，皆共此因，是故不定。为如瓶等，所量性故，声是无常。为如空等，所量性故，声是其常，言不共者，如说声常，所闻性故。常、无常品，皆离此因。常、无常外，余非有故，是犹豫因。此所闻性，其犹何等！同品一分转、异品遍转者，如说声非勤勇无间所发，无常性故。此中非勤勇无间所发宗，以电空等为其同品。此无常性，于电等有，于空等无。非勤勇无间所发宗，以瓶等为异品，于彼遍有。此因以电瓶等为同品，故亦是不定。为如瓶等，无常性故，彼是勤勇无间所发。为如电等，无常性故，彼非勤勇无间所发。异品一分转、同品遍转者，如立宗言：声是勤勇无间所发，无常性故。勤勇无间所发宗，以瓶等为同品，其无常性，于此遍有。以电空等为异品，于彼一分电等是有，空等是无。是故如前，亦为不定。俱品一分转者，如说声常，无质碍故。此中常宗，以虚空极微等为同品。无质碍性，于虚空等有，于极微等无。以瓶乐等为异品。于乐等有，于瓶等无。是故此因，以乐以空为同法故，亦名不定。相违决定者，如立宗言：声是无常，所作性故，譬如瓶等。有立声常，所闻性故，譬如声性。此二皆犹豫因故，俱名不定。相违有四：谓法自相相违因，法差别相违因，有法自相相违因，有法差别相违因等。此中法自相相违因者，如说声常，所作性故，或勤勇无间所发性故。此因唯于异品中有，是故相违。法差别相违因者，如说眼等必为他用，积聚性故，如卧具等。此因如能成立眼等必为他用，如是亦能成立所立法差别相违积聚他用，诸卧具等为积聚他所受用故。有法自相相违因者，如说有性非实非德非业，有一实故，有德业故，如同异性。此因如能成遮实等，如是亦能成遮有性，俱决定故。有法差别相违因者，如即此因，即于前宗有法差别作有缘性，亦能成立与此相违作非有缘性，如遮实等，俱决定故。

⑧ 已说似因，当说似喻。似同法喻有其五种：一能立法不成，二所立法不成，三俱不成，四无合，五倒合。似异法喻亦有五种：一所立不遣，二能立不遣，三俱不遣，四不离，五倒离。能立法不成者，如说声常，无质碍故，诸无质碍，见彼是常，犹如极微。然彼极微，所成立法常性是有，能成立法无质碍无，以诸极微质碍性故。所立法不成者，谓说如觉。然一切觉，能成立法无质碍有，所成立法常住性无，以一切觉皆无常故。俱不成者，复有二种：有及非有。若言如瓶，有俱不成。若说如空，对无空论，无俱不成。无合者，谓于是处无有配合，但于瓶等双现能立所立二法，如言于瓶见所作性及无常性。倒合者，谓应说言：诸所作者皆是无常，而倒说言：诸无常者皆是所作。如是名似同法喻品。似异法中，所立不遣者，且如有言：诸无常者见彼质碍，譬如极微，由于极微所成立法常性不遣，彼立极微是常住故。能成立法无质碍无。能立不遣者，谓说如业，但遣所立，不遣能立，彼说诸业无质碍故。俱不遣者，对彼有论，说如虚空。由彼虚空不遣常性、无质碍故，以说虚空是常性故，无质碍故。不离者，谓说如瓶，见无常性，有质碍性。倒离者，谓如说言，诸质碍者皆是无常。如

是等似宗因喻言，非正能立。

⑨ 复此，为自开悟，当知唯有现、比二量，此中现量谓无分别。若有正智于色等义，离名种等所有分别，现现别传，故名现量。言比量有，谓藉众相而观于义。相有三种，如前已说。由彼为因，于所比义由正智生，了知有火或无常等，是名比量。于二量中，即智名果，是证相故。如有作用而显现故，亦名为量。

⑩ 有分别智于义异转，名似现量。谓诸有智了瓶、衣等分别而生，由彼于义不以自相为境界故。名似现量。若似因智为先，所起诸似义智，名似比量。似因多种，如先已说。用彼为因，于似所比诸有智生，不能正解，名似比量。

⑪ 复次，若正显示能立过失，说名能破。谓初能立缺减过性，立宗过性，不成因性，不定因性，相违因性及喻过性。显示此言，开晓问者，故名能破。若不实显能立过言，名似能破。谓于圆满能立，显示缺减性言。于无过宗，有过宗言。于成就因，不成因言。于决定因，不定因言。于不相违因，相违因言。于无过喻，有过喻言。如是言说，名似能破，以不能显他宗过失，彼无过故。

⑫ 且止斯事。已宣少句义，为始方立隅。其间理非理，妙辨于余处。

《因明入正理论》试译

《入论》由大唐玄奘大师从梵文译成汉文之后，千余年来，为作疏释者，大有人在。但自日本输入百多年来，为作现代汉语翻译者，却少之又少。其原因盖在直译法不能尽显意蕴，意译法又因因明术语众多和古代印度相关背景材料受限，而难以把握尺度。为使读者了解全书概貌，今特采用直译为主、意译为辅的方法，试译如下。请参考辅篇，阅读译文。

① 这里，有必要先将《入论》一书的要义总述一下，而总述用佛家典籍习用的“颂”（偈语）的形式来表达：

《入论》所宣共“八义”，“真”“似”“立”“破”共“现”“比”。

“真”“似”“立”“破”为“悟他”，“真”“似”“现”“比”在“悟己”。

意谓“八义”中的前四义：真能立与真能破以及“似能立”与“似能破”都是言语交流的过程，目的在于使他人了悟。而“八义”中的后四义：（真）现量与（真）比量以及似现量与似比量都是存在于思维之中，目的在于使自己了悟。[当然，“悟他”与“自悟”并非绝对相分，有时会出现你中有我的情形，如（真）能立和（真）能破也属于比量里“悟他”的部分，比量并非完全属于“自悟”。]“颂”文所说，正是综合性地包括此书与其他因明论著所讲论的精要意义。

② 这“八义”之中，用言语来表示的宗、因、喻（“多言”，宗言、因言和喻言），就是立论者提出自己的论题并加以必要的推理论证，以此开示使“诸有问者”（敌论者和证义人）了悟并接受，对立论者来说，宗、因、喻合在一起，这就叫做“能立”。这里，立论者所推崇、所主张的“宗”，其“有法”（主词，如“声是无常”宗的“声”）和“能别”（宾词，如

“声是无常”宗的“无常”）这两个概念的内涵与外延都是立敌双方共同认许的（“极成”，至极成就，而至极成就必定是立敌共许的）。必须知道，此处之“法”，义为属性或性质。如“声是无常”宗，“无常”是“声”的属性，故名“法”。而“声”是具有“无常”这种属性的事物，故名“有法”。它们之间的关系是：“声”是所差别，“无常”是能差别，故名“无常”曰“差别”。可见，可以说宗是“极成能别”对“极成有法”加以“差别”的。这便是“差别性故”的涵义。立论者立宗，目的在于成立自己的主张，而这主张一开始并不为敌论者认许。就是说，它是立论者“随自乐为”，或者说是“顺自违他”的。例如婆罗门系以外的数论、胜论、正理以及佛家，都立“声是无常”为宗，（婆罗门系的声论、吠檀多派则主张“声常”）。

③ 因有三相，是说因有三种表征（“相”，窥基释为“向”“边”，颇费解。今从吕澂《因明纲要》、熊十力《因明大疏删注》释为表征），指第一相“遍是宗法性”、第二相“同品定有性”和第三相“异品遍无性”。“遍是宗法性”（必须说明，此处宗指宗中有法，这样“宗法”指“有法”的属性或性质），是说所有的“有法”都必须具有能别的属性。就是说，因的外延等于或超过“有法”可以，但不足则不可以。如“声是无常”宗，“所作性故”因，“遍是宗法性”是说，所有的“声”都必须具有“所作”这一属性。“同品定有性”，是说在诸多同品中，要求一部分同品有因。至于多少同品有可以不作计较，但一定要有，哪怕只有一个同品有也无不可。此之谓“定有”。如“声是无常”宗，“勤勇无间所发（人的活动）”因。同品很

多，瓶、盆、碗等是同品，是“勤勇无间所发”，有因；电、雨、雾等也是同品，但非“勤勇无间所发”，没有因。“异品遍无性”，是说在异品中完全没有因，哪怕只有一个异品有因也不成。那么什么是同品，什么是异品呢？关于“同品”，《论》文给出的定义是：“谓所立法均等义品，说名同品。”这里，所立法是相对“能立法”而言。“所立法”是宗中法，是立论者所要成立的，如立“声是无常”，此“无常”就是“所立法”。“能立法”是因中法，如“所作性”。“能立法”是能成立“所立法”的，故称“能立法”。“所立法均等义品”大意是具有与所立法由共通性而相似的那种法的，方为同品。如“声是无常”，“瓶等”也是“无常”，瓶可以作为同品。但“声”的“无常”是生灭无常，“瓶等”的“无常”则是成坏无常，“声”“瓶”只在“无常”这一点上“由共通性”而相似。关于异品，《论》文给出的解释是：“异品者，谓于是处无其所立。若有是常，见非所作，如虚空等。”这是说，在某一处所的法，没有所立法的性质的，就是异品，如虚空（虚空是自然存在的，不待造作，所以虚空是“常”。既如此，虚空没有“无常”的性质，故为异品）。这样说来，这里提到的“所作性”或“勤勇无间所发性”，具备了做因的“遍是宗法”“同品定有”和“异品遍无”三个条件，可以成为成立“声是无常”的因。“等”指除了“无常”宗外，还可以立别的宗。

④ 喻有二种，一为同法喻，二为异法喻。所谓同法（喻），是指如在某一处所显示出“同品定有性”。同法应该是这样：若是所作，便会从经验上得知它是无常，譬如瓶等。所

谓异法（喻），是指如在某一处所没有所立法（“无常”）的性质，从而断定完全没有因。异法应该是这样：若是其常，便会从经验上得知它不是所作，譬如虚空等。这里，说“常”是为了否定“无常”（“‘常’言，表‘非无常’”），说“非所作”是为了否定“所作”（“‘非所作’言，表无所作”），为了否定“有”，故说“非有”，并不是真有“非有”（“如有非有，说名非有”）。

⑤ 上面已经说过用言语来表示的宗言、因言、喻言合在一起，都不过为了开示、启发敌论者、证义人的智慧。名之曰能立。不过，这里将“宗言”又称作“立宗言”（要成立的宗体），如说“声是无常”，将‘因言’又称作“宗法言”（成立宗的理由），如说“所作性故”，将“喻言”细分为“随同品言”（于同品定有相随）和“远离言”（与宗、因远离，即异品遍无），前者如说“若是所作，见彼无常，譬如瓶等”，后者如说“若是其常，见非所作，如虚空”。唯有此种三分之法（指“立宗言”“宗法言”“随同品言”和“远离言”），才是真正意义上的能立。

⑥ 虽然立宗是“随自乐为”，但事实上还是有违规的宗存在，比如，由于同立敌共许的现量（感觉经验）等相矛盾的宗就不能成立，名之为“似立宗”。这是指与现量即感觉经验相违悖的“现量相违”、与比量即由经由感觉经验上升为推理而获得的知识相违悖的“比量相违”、与立论者所崇奉的教义相违悖的“自教相违”、与世俗的普通见解相违悖的“世间相违”、立论者前言后语相矛盾的“自语相违”等五种宗和后陈

（能别）不共许的“能别不极成”、前陈（所别）不共许的“所别不极成”、前陈（所别）与后陈（能别）俱不共许的“俱不极成”、立论者与敌论者主张正相符合（因而完全没有必要立宗）的“相符极成”等四种宗，共计九种宗。这里，“现量相违”，可以举“说声非所闻”为例，因为它与感觉经验“声是所闻”恰相矛盾，所以此宗不能成立。“比量相违”，可以举“说瓶等是常”为例，因为从推理可知瓶等不可能常住不坏，所以此宗不能成立。“自教相违”可以举如胜论师立“声为常”为例。胜论师原主张“声是无常”，对胜论师来说，“声为常”与自己原来的主张正相矛盾，所以此宗不能成立。“世间相违”可以举说“怀兔非月，以有体故”和“说言人顶骨净，众生分（是有生命的人的一部分）故，如螺贝”为例，因为这两例都违悖了古代印度人共认的神话或常识，所以此宗不能成立。“自语相违”可以举“言我母是其石女”为例，因为既言“我母”，自含生有儿女之意，再言“石女”，又含女子不能生育之意，前言、后语矛盾，所以此宗不能成立。“能别不极成”，可以举佛弟子对数论师立“声灭坏”为例。因为数论师不讲什么“灭坏”，他们认为一切事物都是从自性转变来的，“有”转变到“无”，“无”转变到“有”，“声”也由转变而来，只是转变，但不是灭坏。所以此宗不能成立。“所别不极成”可以举如数论师对佛弟子说“我是思”为例。数论师主张有神我，神我有意识，会思虑。佛家以“思”为心所有法。可以说，此宗的后陈为双方所共许。但佛家主张“无我”，前陈不为佛家所认许，所以“我是思”对佛弟子来说，是“所别不极成”的似宗。“俱不极成”可以举胜论师对佛弟子立“我以为和合因缘”为例。胜论师主张有个我，认为我能使诸德和合，所以我是和合因缘（《因明入正理论疏》云：“和合因缘者，《十句论》云：‘我云何？’谓是觉、乐、苦、欲、瞋、勤、勇、法、非法等和合因缘，起智为名相我，谓和合性。和合诸德与我合时，我为和合因缘”）。佛弟子既反对抽象的“我”存在，也反对和合因缘，所以胜论师对佛弟子立“我为和合因缘”，此宗能别（后陈）、所别（前陈）皆不极成，不能成立。“相符极成”可以举说“声是所闻”为例。不消说，这个宗体极成，即为立敌双方所共许，立“声是所闻”，不啻说废话！（于是对宗过总结道），以上九种过失（“多言”）中，前五种是违悖获知诸种事物自身实有情况这一正确门径的缘故，第六、七、八三种是不能容许其构成一个真宗，最后一种过失是立宗却得不到应有的效果，所以都名之曰“似立宗”的过失。

⑦ 上面已经说过似宗，下面该说似因。违悖“因三相”的第一相“遍是宗法性”，就会犯下“不成”的过失，违悖“因三相”的第二相“同品定有性”或第三相“异品遍无性”就会犯下“不定”的过失，违悖“因三相”的第二相和第三相，就会犯下“相违”的过失。细说起来，首先，“不成”过有四种，一是立、敌双方都不认许因能周遍宗中前陈的“两俱不成”，二是立、敌中有一方不认许因能周遍宗中前陈的“随一（任何一方）不成”，三是对因本身能否成立尚存疑问的“犹豫不成”，四是宗中前陈不为立、敌共许，致使因失其所依（按第一相规定，因所表明的性质必为所有的前陈所具有，所

以前陈对因便有了所依和能依的关系）的“所依不成”。下面举例说明，如立“声无常”为宗，而以“眼所见故”为因，就不成因义。因为“眼所见”与“声无常”完全没有关系，违背了第一相“遍是宗法性”，犯下“不成”之过。很显然，以“眼所见”为因，立、敌双方都不会认许，故称“两俱不成”。又如胜论师对声显论立“声无常”为宗，以“所作性”为因，就不能成立。因为声显论不认许声为造作而生。故称“随一不成”。又如立“彼处有火”（这里的“火”是“大种和合火”，即燃烧着的火，其中包括风、地等。不是“性火”，性火触处可有，立乃“相符”）宗，理由是“见有烟故”。这必须确知是烟才成，不能犹豫。如成立“火”，于“雾等”事尚犹豫其为雾为蚊、为尘为烟，而遽说为“大种和合”，故称“犹豫不成”。又如胜论立“虚空实有”宗，而以“德所依”为因，对经部就不行，因为经部不认许虚空为实有。如强对经部立“虚空实有”宗，就犯下“有法不极成”之过。有法不极成，因就没有所依，故称“所依不成”。其次，“不定”过有六种，一是由于因的外延过大，使同品和异品中皆有因，从而违悖第三相要求的“共不定”；二是由于因的外延过小，使同品和异品皆无因，从而违悖第二相要求的“不共不定”；三是由于同品的一部分有因，而异品的全部有因，从而违悖第三相要求的“同品一分转、异品遍转”；四是由于异品的一部分有因，而同品的全部有因，从而违悖第三相要求的“异品一分转、同品遍转”；五是由于同品的一部分有因，异品的一部分也有因，从而违悖第二相要求的“俱品一分转”；六是立论者与敌论者各立一宗，两宗相背，但皆具正因的“相违决定”。下面举例说明。这里，“共不定”可以举“言‘声常，所量性故’”为例，立“声是常”宗，而以“所量（认识对象）性”为因，以“如空”（同品）、“如瓶”（异品）为喻。不但“空等”“常”法同品有此因，“瓶等”“无常”法异品也有此因，违悖“异品遍无性”，故为“不定”。还应该看到，“所量性”之因，可以反成异宗：宗，声无常；因，所量性故；喻，如瓶（同品），如空（异品）。“不共不定”可以举“说‘声常，所闻性故’”为例，立“声常”宗，而以“所闻性”为因，以如空（同品）、如瓶（异品）为喻。“所闻性”因在“空等”“常”法同品和瓶等“无常”法异品上都没有，窥基《疏》云：“举因无喻，因何所成?”而除“常”“无常”外，更无其余类法，所以这样的因，称作犹豫（意即疑惑）因，即不定因。“所闻性”之因仅在“声”上有，而在同喻、异喻上皆无，那么，这样的“所闻性”，能用什么来类比呢？“同品一分转、异品遍转”，可以举“说‘声非勤勇无间所发，无常性故’”为例，立“声非勤勇无间所发”宗，以“无常性”为因，以“电、空等”为同品，以“瓶等”为异品。这样，“无常性”因只能在同品“电等”中有，而在同品“空等”中则没有。此之谓“同品一分转”。另外，“无常性”因在异品“瓶等”中却遍有，此之谓“异品遍转”。如果说“同品一分转”不违悖“同品定有性”，那么“异品遍转”则违悖“异品遍无性”，故称“不定”。如果“无常性”因以“电、瓶等”为同法（同品），这对所立宗是否为“勤勇无间所发”，就不能决定，可以构成两个相异的宗：其一，论式为："宗：声是勤勇无间所发，因：无常性故，喻：如瓶等（同品）"；其二，论式为："宗：声非勤勇无间所发，因：无常性故，喻：如电等（同品）"。喻是论证宗的，"瓶、电等"，皆为同喻，但它们却分别论证了两个相反的宗，这同样是"不定"。"异品一分转、同品遍转"可以举"宗：声是勤勇无间所发，因：无常性故，喻：如瓶等（同品），如电、空等（异品）"为例，不难看出，它是在所有的同品中都有因，此之谓"同品遍转"。它又是在异品中部分有因（如电），部分没有因（如空），此之谓"异品一分转"。"同品遍转"违悖"同品定有性"，"异品一分转"又违悖"异品遍无性"，都不行，故是"不定"。显而易见，前因为"无常性"，此处亦用"无常性"，此因可成立"声是勤勇无间所发"宗，亦可成立"声非勤勇无间所发"宗，所以说"是故如前，亦为'不定'"。"俱品一分转"可以举"宗：声常，因：无质碍，喻：如虚空、极微（同品），如瓶、乐（异品）"为例。不难看出，同品的"虚空"有因，而同品的"极微"却没有因，因为极微有"质碍"。异品的"瓶"有因，而同品的"乐"却没有因，因为"乐"（快乐）是精神之物，无质碍。总之，因于同品的一部分有，于异品的一部分也有，"违悖"第三相"异品遍无性"，称为"俱品一分转"，亦为"不定"。当然，如果还是以"无质碍"为因，而把原来的同品与异品并为同品，其论式当作："宗：声常；因：无质碍故，喻：如乐、虚空（同喻）"。我们看到，原来的异品（乐），此处却可以作同品，这也是"不定"。"相违决定"可以举"声是无常，所作性故，譬如瓶等"

和“声常，所闻性故，譬如声性”二宗为例。窥基《疏》云：“具三相因，各自决定，成相违之宗，名‘相违决定’。”这是说，此过是就两个论式之间说的，而不是就因在一个论式内的关系说的。此例前宗为主张“声是无常”的胜论派对主张“声是常住”的声生论所立，其中“所作性”因，是三相俱备，毫无缺失；另外，声生论与胜论派都认许“声性”“可闻”，而是能够“常住”，故声生论对胜论派立后宗，其中“所闻性”因亦三相俱备，毫无缺失。两个论式所立之宗正相反对，而各自的因又各具三相，于是任何一方都无法说服对方。各具三相的两个有效论证合在一处，以抗衡的形态出现，则会使人疑惑双方的论式都不是真能立，而其原因则也在于因的不完全，所以也当作不定因过（其实，这种情况，可以说没有胜负可言，但因明却看作两败俱伤，常将立、敌双方尽作一种谬误的论式。再说，这种“不定”在思维中是不存在的，所以后来的法称把它取消）。又次，相违过有四种，一是因与宗之后陈直接陈述的涵义相违的“法自相相违”，二是因与宗之后陈意许的涵义相违的“法差别相违”，三是因与宗之前陈直接陈述的涵义相违的“有法自相相违”，四是因与宗之前陈意许的涵义相违的“有法差别相违”。下面举例说明。这里，“法自相相违”可以举“说‘声常，所作性故，或勤勇无间所发性故’，[如空（同品），如瓶（异品）]”为例。显见，“所作性”或“勤勇无间所发”因在同品中没有，在异品中有，同时违悖因的第二相“同品定有性”和第三相“异品遍无性”。立论者的言陈是成立“声常”而其所举因正好成立“无常”，故为“法自相相违”。

“法差别相违”可以举“说‘眼等必为他用，积聚性故，如卧具等’”。经验告诉我们，一切积聚而成之物都是供他受用。床席皆积聚而成，皆为他用。于是，眼、耳、鼻、舌、身皆积聚而成，亦应为他所用，其论证式为：宗：眼等必为他用，因：积聚性故，（同）喻：如卧具等。这里，“他”之所指，诸家不同。“他”的涵义有积聚性的“他”和“非积聚性”的“他”两种。数论所说的“他”就是“神我”，当然意许“非积聚性”的“他”，即“神我”，但“非积聚性”的“他”不极成共许，不便明说，使用了一个含糊的概念“他”。佛家反对有“神我”，自然认为“他”是积聚性的。他们用下面的相违决定来出过，其论证式为：宗：眼等必为积聚性他用，因：积聚性故，（同）喻：如卧具等。这是说，数论所举之“因”不但未能证成其所意许的法，反而（被佛家）证成了与意许相反的法。在宗里要成立的是“非积聚性”“他”，而在喻里却用了“积聚性”“他”。把喻体、喻依说全，应该作：若积聚性故，见为积聚他用，如卧具。一句话，“积聚性”因恰好证明为“积聚性”“他”“所用”。“有法自相相违”可以举“说‘有性非实、非德、非业，有一实故，有德、业故，如同异性’”为例。此例可视为以下三个宗的复合：a. 宗：有性非实，因：有一实故，喻：如同异性；b. 宗：有性非德，因：有一德故，喻：如同异性。c. 宗：有性非业，因：有一业故，喻：如同异性。胜论所立之宗，目的不在于成立非实、非德、非业，而是想通过成立所立法（非实、非德、非业）而成立“有性”。但此因（“有一实故”，“有德业故”）除能成立“有性非实”等之外，还能成立“有性非有性”。如《论》文所说：“此因如能成遮实等，如是亦能成遮有性。”“遮实等”即“非实、非德、非业”，“遮有性”即“非有性”。佛家出过的论证式作：宗：汝所言有性非有性，因：有一实故，有德、业故，喻：如同异性。胜论本想用“有一实故，有德业故”来论证“有性”“非实”等。他们还运用了“同异性”为同喻，以为“同异性”“有一实”等而别存，“有性”也“有一实”等，也应别存。但此因既可论证“有性非实、非德、非业”，也可以论证“有性非有性”，这是因为“同异性”“有一实”“非实”等，却非“有性”；同样，“有性”也可以“有一实”“非实”等，却非“有性”。正如窥基《疏》所说：“‘同异’能有于‘一实’等，‘同异’非有性；‘有性’能有于‘一实’等，‘有性’非有性。”“有法差别相违”借用前面的“有法自相相违”因的论证式，立论者在意许上，是想成立“有性”是“作有缘性”（“作有缘性”即作为使人了解为“有”的原因）。如把论证式列出来，应作：宗：有性是作有缘性，因：有一实故，有德业故，喻：如同异性。胜论虽然想立“有性是作有缘性”，实际上把他们所举的因喻合起来，所得的结论是：“有性是作非有缘性。”论证式应作：宗：汝所言有性应作非有缘性，因：有一实故，有德业故，喻：如同异性。这里的因“有一实故，有德业故”可以证明“作有缘性”，而同喻“同异性”，则只能作同异（即“非有”）的缘性，不能作“有”的缘性。（“作非有缘性”即使人了解为“非有”的原因）。

⑧ 上面已经说过似因，下面该说似喻。似喻（喻过）共

有十种，包括似同法喻（同喻过）五种，似异法喻（异喻过）五种。五种似同法喻，一是由于同喻依中缺少能立法（因）的性质而成的“能立法不成”，二是由于同喻依中缺少所立法（后陈）性质而成的“所立法不成”，三是由于同喻依中同时缺少能立法（因）与所立法（后陈）的性质而成的“俱不成（此三种皆为有关同喻依的过失），四是如果同喻体使因与同品不相连合，不能显示它们之间的联系，就不能显因的第二相以助因成宗的“无合”，五是如果把因与宗的位置互易，使因成为宗，宗成为因，结果同喻体非但不能显示“同品定有性”，而且会使证成的命题立、敌共许，违害自己所立之宗的倒合（以上两种皆为有关同喻体的过失）。五种似异法喻，一是由于异喻依具备所立（后陈）的性质，不能与宗相离而成的“所立不遣”，二是由于异喻依具有能立（因）的性质，不能与因相离的“能立不遣”，三是由于异喻依同时具有所立（后陈）与能立（因）的性质，不能与宗、因相离而成的“俱不遣”（以上三种皆为有关异喻依的过失），四是如果异喻体使因与异品互相联系，不能说明它们之间互相排斥的关系，就不能显因的第三相以助因成宗的“不离”，五是异喻体不是按“宗无，因非有”的次序组成，而是把顺序颠倒为先因后宗，先离因后离宗，这就不能排除因的滥用，不能使宗成立的倒离（以上两种皆为有关异喻体的过失）。下面举例说明。“能立法不成”可以举“说‘声常，无质碍故，诸无质碍，见彼是常，犹如极微’”。这里，论证式为：宗：声常，因：无质碍故，喻：诸无质碍，见彼是常，犹如极微。此乃声论师对胜论所立比量。声论师认许“声是常”，而胜论则认许“声无常”，故有争论。声论师论证“声常”的理由是“无质碍”，这一点两家都认许。但声论举“极微”为同喻，犯下“能立法不成”之过，因为古代印度人认为极微是物质的最小单位，是“常住”的，所以《论》文说：“彼极微所成立法常性是有。”但声、胜论计极微“质碍”，故无能立。所以《论》文说：“能成立法‘无质碍’无，以诸极微‘质碍性’故。”“所立法不成”可以举“谓说（宗：声常，因：无质碍故，喻：若无质碍，见彼是常），如觉”为例。这里，“觉”（心、心所法之总名，亦即一切心理活动的总名），是“无质碍”的，具有能立法，所以《论》文说：“一切觉能成立法‘无质碍’有”。但心理活动生灭无常，缺少所立法（常住性），所以《论》文说：“所立法常住性无，以一切觉皆无常故。”“俱不成”，即能立法与所立法均不成。俱不成又分两种：a.“有体俱不成”，即《论》文中所说“有”“有俱不成”。b.“无体俱不成”，即《论》文中所说“非有”“无俱不成”。“有体俱不成”可以举“若言‘（声常，无质碍故，）（同喻）如瓶’”为例。这里，“瓶”既不是“常”，也不是“无质碍”，就是说能立法，所立法俱缺，所以是“俱不成”。“瓶”是实有其物的，所以是“有体俱不成”。“无体俱不成”可以举“若说（‘声常，无质碍故，）（同喻）如空’”为例。这里，对无空论立此量，同喻就缺少能立法和所立法。因为无空论根本不认许“空”的存在。连“空”（同喻）本身尚且不存在，则能立法（“无质碍”）与所立法（“常”）就更无所谈起了。这也是“俱不成”。无空论不认许“空”为实有，所以是“无体俱不成”。“无合”可以举“（声无常，所作性故），（同喻）如于瓶见所作与无常”为例。这是古因明师所用的论式。新因明认为，此论式的宗因皆可，但同喻则犯下“无合”之过。因为这里的同喻喻体并未表明能立法与所立法之间的关系，而只是把它们并列起来（如果喻体作“若是所作，见彼无常”，就能看得出“所作”与“无常”间的必然联系了）。“倒合”可以举“应说言‘（声是无常，所作性故），诸所作者，皆是无常，（如瓶等）’，而倒说言‘（声是无常，所作性故），诸无常者，皆是所作，（如瓶等）’”。这里，按照“说因，宗相随”的次序，应是能立法在前，所立法在后，说作“诸所作者，见彼无常”。倘若次序颠倒，而说成“诸无常者，见彼所作”，则成为倒合。“倒合”之所以为过失，就在于“无常”并非全是“所作”，如“瓶等”“无常”确是“所作”，而“电等”亦“无常”却非所作。于是，对上述似同法喻小结道：“如是名似同法喻品。”下面举似异法喻之例。“所立不遣”可以举“且如有言‘（声常，无质碍故），诸无常者，见彼质碍，譬如极微’”为例。这里，异喻依“极微”“有质碍”，与能立法（“无质碍”）远离，所以《论》文说：“于……能成立法‘无质碍’无。”但“极微”是“常”，与所立法不离，所以《论》文说：“于……所成立法‘常性’不遣。”“能立不遣”可以举“（且如有言‘声常，无质碍故，诸无常者，见彼质碍，）如业”为例。这里，“业”“无常”，与所立法（“常”）远离。但“业”无质碍，与能立法（“无质碍”）不离。所以《论》文说：“谓说‘如业’，但遣所立，不遣能立，彼说诸‘业’，‘无质碍’故。”“俱不遣”可以举“（声常，无质碍故，若是其常，见彼无质碍。）如虚空”为例。这是声论对萨婆多（佛教小乘有部）所立之量。这里，“对彼有论”即对萨婆多部“虚空实有”的主张，可称“有论”。该部所说的“虚空是常，无质碍”，被声论用为异喻例，当然与所立法（“常”）、能立法（“无质碍”）都不离，因而犯下“俱不遣”之过。“不离”可以举“（声常，无质碍故，）见无常性、有质碍性，如瓶”为例。这里，异喻体“无常性”“有质碍性”各自独立，不能显示与宗因远离，从而不能从反面论证“无质碍”与“常”的联系（异喻是从反面论证宗义的）。“倒离”可以举“如说言‘（声常，无质碍故），诸质碍者，皆是无常，（如瓶）’”。这里，异喻体“诸质碍者，皆是无常”虽然表示出与宗（所立法）、因运离，但关系颠倒了。因为并不是一切“有质碍”的东西皆“无常”，如“极微”“有质碍”，但不是“无常”。由于异喻体本身有“倒离”之过，便谈不到从反面论证“无质碍”（因）与“常”（宗）的联系了。

以上是讲论似宗、似因和似喻的种种情况，它们都是似能立（而不是什么真能立）。

⑨ 复次，为使立论者自己得以开悟，有必要了解现量和比量二量［在陈那以前，一般都承认三量：现量、比量和圣教量。陈那认为，作为认识对象的客观事物，不外自相（特殊）和共相（一般）。人之智力循自相亲知事物，所得为现量；人之智力循共相从比度中认识事物，所得为比量。事物既然别无第三相，所以人的认识途径和标准也唯有现、比二量］。商羯罗主定义“现量”为“无分别”，就是说“现量”即是纯粹感

觉，因为它是用认识的主体，如眼、耳、鼻、舌、身五识（正智）去认识色、声、香、味、触等境义的自相，而不介入概念（“名言”）、范畴（“种类”）等主观上的区分，而且五识的见分与相分的缘是各自进行，不相混杂的。如眼识缘色，并不起“色”的概念，而且根与根之间不发生任何联系，所谓根根别转（“现现别转”），如眼根缘色时，耳根决不参与。（如果参与了，就不是纯粹感觉，而与知觉有联系了。）这就叫做现量。人们说“比量”，是借助于前已述及的“因三相”，而对所立法（“所比义”）进行观察比度，结果产生了正确认识（“正智”），如由“有烟”之因知道“此山有火”，或由“所作性”之因知道“声是无常”，很显然，这是以事理事例为依据，由记忆、联想、比较、推度等思维活动参加，从而获得的新知识。这就叫做比量。针对印度各派“智只能是能量，而不能是量果”的质疑，陈那、商羯罗主的回应认为，量果指的就是智本身，《论》文说：“于二量中，即智名果，……即用此量智，还为能量果”，说的正是这个意思。现、比二量都以证为相，即在心上呈现行相。这不能不说是心的作用，似乎有心的作用而显现其相，所以亦叫做量。

⑩ 如果在认识义境时，带有概念（名）、范畴（种）等诸分别生起之智，便不能如事物本来面貌那样去摹写与反映，必然“不称实境，别妄解生”，这叫做“似现量”。似现量缘自相而生分别。如瓶、衣等皆由四尘（色、香、味、触）而成。现量认识事物是“根据别转”，即眼识缘色，耳识缘声，……各识皆不缘余分，所以真现量智不可产生“皆由四尘而成”的

瓶、衣等的认识。如果有了瓶、衣等认识（“诸有智了瓶、衣等分别而生”），就是“不以自相（四尘）为境界”，而是于此共相瓶、衣假法上，所以名曰“似现量”。（“似因智”，指根于错误理由的智慧。“似义智”，指对境界作错误了解的智慧。）以错误的理由为依据进行推断，结果对境界产生错误的认识，这叫做“似比量”。似因计有十四种之多，前已述及。用这些似因，进行似是而非的比度所获得的那些知识，当然不会是什么正确的理解，故而是“似比量”。

⑪ 复次，倘若正确地显示立论者的“能立”过失，这叫做“能破”。这是说确能指出首先是辩缺支过，其次是辩支失过，即“立宗过性”“不成因性”“不定因性”“相违因性”和“喻过性”，用合乎情理的言辞实事求是地显示立论者的缺支过、支失过，以开示晓喻问者，故而名曰“能破”。倘若不能实事求是地显示立论者的能立过失，这叫做“似能破”。这是指立论者之所立原本三支圆满，却硬要说其有缺支过；原本无过宗，却硬要说有过宗；原本是成就因，却硬要说是不成因；原本是决定因，却硬要说是不定因；原本是不相违因，却硬要说是相违因；原本是无过喻，却硬要说是有过喻。诸如此类的显示，名曰“似能破”，这些“显示”都不能显示他人所立之宗的过失，因为这些宗都没有过失。

⑫ 姑且讲论以上“八义”，就此终止。

即以末颂作为收结之语：

略宣因明暂作毕，隅思初一终三立。

个中理否凭谁问，微妙尽向余篇籍。

附录 2:《因明正理门论》原文及试译

《因明正理门论》原文①

① 为欲简持能立、能破义中真实，故造斯论。

②（颂曰：）宗等多言说能立，是中唯随自意乐。为所成立说名宗，非彼相违义能遣。

③“宗等多言说能立”者，由宗、因、喻多言辩说他未了义，故此多言于《论式》等说名能立。又以一言说能立者，为显总成一能立性，由此应知随有所阙名能立过。

④ 言“是中”者，起论端义，或简持义，是宗等中，故名“是中”。所言“唯”者，是简别义，“随自意”显不顾论宗随自意立。“乐”为所立，谓不乐为能成立性，若异此者说所成立，似因、似喻应亦名宗。

⑤ 为显离余立宗过失，故言“非彼相违义能遣”。若非违义，言、声所遣：如立“一切言皆是妄”；或先所立宗义相违，如獯狐子立“声为常”；又若于中由不共故，无有比量，为极

①分段号为笔者所加。

成言相违义遣，如说“怀免非月，有故”；又于有法，即彼所立为此极成现量、比量相违义遣，如有成立“声非所闻”“瓶是常”等。

⑥ 诸有说言宗、因相违名“宗违”者。此非宗过，以于此中立“声为常，一切皆是无常故”者，是喻方便恶立异法，由合喻显“非一切故”。此因非有，以“声”摄在“一切”中故。或是所立一分义故，此义“不成”，名因过失。喻亦有过，由异法喻先显宗无，后说因无。应如是言：“无常一切”，是谓非“非一切义故”；然此倒说“一切无常”，是故此中喻亦有过。如是已说宗及似宗。

⑦ 因与似因，多是宗法。此差别相今当显示：宗法与同品，谓有、非有、俱；于异品各三，有、非有、及二。

⑧ 岂不总以乐所成立合说为宗，云何此中乃言宗者唯取有法。

⑨ 此无有失。以其总声于别亦转，如言“烧衣”，或有宗声唯诠于法。

⑩ 此中宗法，唯取立论及敌论者决定同许，于同品中有、非有等，亦复如是。何以故？今此唯依证了因故，但由智力了所说义；非如生因，由能起用。

⑪ 若尔，既取智为了因，是言便失能成立义。

⑫ 此亦不然，令彼忆念，本极成故，是故此中唯取彼此俱定许义，即为善说。

⑬ 由是若有彼此不同许，定非宗法，如有成立：“声是无常，眼所见故。”又若敌论不同许者，如对显论：“所作性故。”

又若犹豫，如依烟等起疑惑时成立“大种和合火有，以现烟故”。或于是处有法不成，如成立“我，其体周遍，于一切处生乐等故”。如是所说一切品类所有言词皆非能立。于其同品有、非有等，亦随所应当如是说，于当所说因与相违及不定中，唯有共许决定言词说名能立，或名能破。非互不成犹豫言词，复待成故。

⑭ 夫立宗法，理应更以余法为因成立此法。若即成立有法为有，或立为无，如有成立“最胜为有，现见别物有总类故”；或立为“无，不可得故”，其义云何？

⑮ 此中但立“别物定有一因”为宗，不立“最胜”，故无此失。若立为“无”，亦假安立“不可得法”，是故亦无有有法过。

⑯ 若以有法立余有法，或立其法，如以烟立火，或以火立触，其义云何？

⑰ 今于此中非以成立“火”“触”为宗，但为成立此相应物。若不尔者，依烟立火，依火立触，应成宗义一分为因。又于此中非欲成立火、触有性，共知有故。又于此中观所成故，立法、有法，非德、有德，故无有过。

⑱ 重说颂言：有法非成于有法（以下“及法”移下句）及法，此非成有法；但由法故成其法，如是成立于有法。

⑲ 若有成立：“声非是常，业等应常故”。“常应可得故。”如是云何名为宗法？

⑳ 此说彼过，由因、宗门。以有所立，说“应”言故；以先立“常，无形碍故”，后但立宗（等），斥彼因过。

㉑ 若如是立："声是无常，所作非常故，常非所作故。"此复云何？

㉒ 是喻方便。同法、异法，如其次第宣说：其因、宗定随逐，及宗无处定无因故。以于此中由合显示"所作性"因，如是此声定是所作，非非所作，此所作性定是宗法。

㉓ 重说颂言：说因，宗相随，宗无，因不有。依第五显喻。依合故知因。

㉔ 由此已释反破方便，以所作性于无常见故，于常不见故，如是成立"声非是常，应非作故"。是故顺成、反破方便，非别解因，如破数论，我已广辩，故应且止广诤傍论。

㉕ 如是宗法三种差别，谓同品有、非有及俱，先除"及"字。此中若品与所立法邻近均等。说名同品，以一切义皆名品故。若无所立，说名异品。

㉖ 非与同品相违或异：若相违者，应唯简别；若别异者，应无有因。由此道理，"所作性故"能成"无常"及"无我"等，不相违故。

㉗ 若法能成相违所立，是相违过，即名似因。如无违法，相违亦尔，所成法无，定无有故。非如"瓶"等，因成犹豫，于彼展转无中有故，以"所作性"现见离"瓶"于"衣"等有，非离"无常"于"无我"等，此因有故。

㉘ 云何别法于此处转？

㉙ 由彼相似，不说异名，言即是此，故无有失。

㉚ 若不说异，云何此因说名宗法？

㉛ 此中但说定是宗法，不欲说言唯是宗法。

㉜ 若尔，同品亦应名宗？

㉝ 不然，别处说所成故，因必无异，方成比量，故不相似。

㉞ 又此一一各有三种：谓于一切同品有中，于其异品或有、非有及有非有；于其同品非有及俱，各有如是三种差别。

㉟ 若无常宗全无异品，对不立有虚空等论，云何说彼处此无？

㊱ 若彼无有，于彼不转，全无有疑，故无此过。

㊲ 如是合成九种宗法，随其次第略辩其相：谓立“声常，所量性故”；或立“无常，所作性故”；或立“勤勇无间所发，无常性故”；或立为“常，所作性故”；或立为“常，所闻性故”；或立为“常，勤勇无间所发性故”；或“非勤勇无间所发，无常性故”；或立“无常，勤勇无间所发性故”；或立为“常，无触对故”。

㊳ 如是九种，二颂所摄：常、无常、勤勇，恒、住、坚牢性，非勤、迁、不变，由所量等九。所量、作、无常，作性、闻、勇发，无常、勇、无触，依常性等九。

㊴ 如是分别说名为因、相违、不定，故本颂言：于同有及二，在异无是因；翻此名相违，所余皆不定。

㊵ 此中唯有二种名因：谓于同品一切遍有，异品遍无；及于同品通有非有，异品遍无。于初、后三各取中一。

㊶ 复唯二种说名相违，能倒立故，谓于异品有及二种，于其同品一切遍无。第二三中初、后取二。

㊷ 所余五种，因及相违，皆不决定，是疑因义。

㊸ 又于一切因等相中，皆说所说一数同类，勿说二相更互相违共集一处犹为因等；或于一相同作事故，成不遍因。

㊹ 理应四种名不定因，二俱有故。“所闻”云何？

㊺ 由不共故。以若不共，所成立法所有差别，遍摄一切，皆是疑因；唯彼有性彼所摄故，一向离故。

㊻ 诸有皆共，无简别因，此唯于彼俱不相违，是疑因性。若于其中俱分是有，亦是定因，简别余故。是名差别。

㊼ 若对许有声性是常，此应成因。

㊽ 若于尔时无有显示所作性等是无常因，容有此义；然俱可得一义相违，不容有故，是犹豫因，又于此中现、教力胜，故应依此思求决定。

㊾ 摄上颂言：若法是不共、共、决定相违（以上五字为句），遍一切，于彼（以上五字为句）皆是疑因性。邪证法、有法，自性或差别，此成相违因；若无所违害。观宗法审察，若所乐违害，成踌躇颠倒，异此无似因。如是已辩因及似因。

㊿ 喻及似喻，今我当说：说因，宗相随（以上五字为句），宗无，因不有（以上五字为句）。此二名譬喻，余皆此相似。

(51) 喻有二种：同法、异法。同法者，谓立“声无常，勤勇无间所发性故，以诸勤勇无间所发皆见无常，犹如瓶等”；异法者，谓“诸有常性，见非勤勇无间所发，如虚空等”。前是遮、诠，后唯止滥；由合及离比度义故。由是虽对不立实有太虚空等，而得显示无有宗处无因义成。

(52) 复义何缘第一说因宗所随逐，第二说宗无因不有，不说因无宗不有耶？

㉝ 由如是说能显示因同品定有、异品遍无，非颠倒说。

㉞ 又说颂言：应以非作证其常，或以无常成所作，若尔应成非所说（“成非所说”应连下，为成七字句式分为二句）、不遍、非乐等合、离。如是已说二法合、离，顺反两喻。

㉟ 余此相似是似喻义。

㊱ 何谓此余？

㊲ 谓于是处所立、能立及不同品，虽有合、离而颠倒说。或于是处不作合、离，唯现所立、能立俱有，异品俱无。如是二法，或有随一不成、不遣；或有二俱不成、不遣。如立：“声常，无触对故。”同法喻言：“诸无触对见彼皆常，如业。”“……如极微。”“……如瓶等。”异法喻言谓：“诸无常见有触对，如极微。”“……如业。”“……如虚空等。”由此已说同法喻中有法不成，谓对不许常虚空等。

㊳ 为要具二譬喻言词方成能立，为如其因，但随说一？

㊴ 若就正理，应具说二，由是具足显示所立不离其因，以具显示同品定有、异品遍无，能正对治相违、不定。若有于此一分已成，随说一分亦能成立。若如其声，两义同许，俱不须说。或由义准，一能显二。

㊵ 又比量中唯见此理：若所比处此相审定，于余同类念此定有，于彼无处念此遍无，是故，由此生决定解。

㊶ 故本颂言：如自决定已，悕他决定生，说宗法、相应（当连下“所立”，共七字为句）、所立，余远离。

㊷ 为于所比显宗法性，故说因宗；为显于此不相离性，

故说喻言；为显所比，故说宗言。于所比中，除此更无其余支分，由是遮遣余审察等及与合、结。

⑥③ 若尔，喻言应非异分，显因义故。

⑥④ 事虽实尔，然此因言唯为显了是宗法性，非为显了同品、异品，有性、无性，故须别说同、异喻言。

⑥⑤ 若唯因言所诠表义说名为因，斯有何失？

⑥⑥ 复有何德？

⑥⑦ 别说喻分，是名为德。

⑥⑧ 应如世间所说方便，与其因义都不相应。

⑥⑨ 若尔何失？

⑦⓪ 此说但应类所立义，无有功能，非能立义；由彼但说所作性故所类同法，不说能立、所成立义。又因喻别，此有所立同法、异法，终不能显因与所立不相离性，是故但有类所立义，然无功能。

⑦① 何故无能？

⑦② 以同喻中不必宗法、宗义相类，此复余譬所成立故，应成无穷。又不必定有诸品类。非异品中不显无性有所简别能为譬喻。

⑦③ 故说颂言：若因唯所立；或差别相类。譬喻应无穷；及遮遣异品。

⑦④ 世间但显宗、因异品同处有性为异法喻，非宗无处因不有性，故定无能。

⑦⑤ 若唯宗法是因性者，其有不定应亦成因。

⑦⑥ 云何具有所立、能立及异品法，二种譬喻而有此失？

⑦ 若于尔时所立异品非一种类，便有此失，如初、后三各最后喻。

⑧ 故定三相唯为显因。由是道理，虽一切分皆为因，显了所立，然唯一分且说为因。

⑨ 如是略说宗等及似，即此多言说名能立及似能立，随其所应，为开悟他说能立及似能立。

⑩ 为自开悟唯有现量及与比量，彼声、喻等摄在此中，故唯二量。由此能了自、共相故；非离此二别有所量，为了知彼更立余量。

⑪ 故本颂言：现量除分别，余所说因生。

⑫ 此中“现量除分别”者，谓若有智于色等境，远离一切种类、名言、假立、无异、诸门、分别，由不共缘，现、现别转，故名现量。

⑬ 故说颂言：有法非一相，根非一切行。唯内证离言，是色根境界。

⑭ 意地亦有离诸分别，唯证行转。又于贪等诸自证分，诸修定者离教分别，皆是现量。

⑮ 又于此中无别量果；以即此体似义生故，似有用故，假说为量。

⑯ 若于贪等诸自证分亦是现量，何故此中除分别智？

⑰ 不遮此中自证现量，无分别故。

⑱ 但于此中了余境分，不名现量。由此即说忆念、比度、悕求、疑智、惑乱智等，于鹿爱等皆非现量，随先所受分别转故。如是一切世俗有中，瓶等、数等、举等、有性、瓶性等智

皆似现量，于实有中作余行相，假含余义分别转故。

⑧⑨ 已说现量，当说比量。“余所说因生”者，谓智是前智余，从如所说能立因生，是缘彼义。

⑨⓪ 此有二种：谓于所比审观察，智从现量生或比量生；及忆此因与所立宗不相离念，由是成前举所说力，念因同品定有等故。是近及远比度因故，俱名比量。此依此具、作者而说。如是应知悟他比量亦不离此得成能立。

⑨① 故说颂言：一事有多法，相非一切行，唯由简别余，表定能随逐。如是能相者，亦有众多法，唯不越所相，能表示非余。

⑨② 何故此中与前现量别异建立？

⑨③ 为现二门，此处亦应于其比果说为比量，彼处亦应于其现因说为现量，俱不遮止。

⑨④ 已说能立与似能立。

⑨⑤ 当说能破及似能破，颂曰：能破阙等言，似破谓诸类。

⑨⑥ 此中“能破阙等言”者，谓前所说阙等言词诸分过失，彼一一言皆名能破，由彼一一能显前宗非善说故。

⑨⑦ 所言“似破谓诸类”者，诸同法等相似过类名似能破；由彼多分于善比量为迷惑他而施设故，不能显示前宗不善，由彼非理而破斥故，及能破处而施设故，是彼类故，说名过类。若于非理立比量中如是施设，或不了知比量过失，或即为显彼过失门，不名过类。

⑨⑧（颂曰）：示现异品故：由同法异立，同法相似；余（“余”本共下“由余法”为句，为凑足五言，留此）由异法。

分别（“分别”本共下“差别名分别”七字为句，为凑足五言，留此）差别名分别。应一成无异。显所立余因。名可得相似。难义别疑因，故说名犹豫。说异品义故（“故”下“非爱”本属此句，为凑足下句五字，故移下）非爱，名义准。

⑲ 此中“示现异品故：由同法异立，同法相似”者，颠倒成立，故名异立，此依能作因说（原文“作依作者、作具而说”，今据吕澂《集量论释略抄》改）。同法即是相似，故名同法相似。一切摄立中相似过类故。言相似者是不男声，能破相应故，或随结颂故。

⑳ 云何因法相似能破？

㉑ 于所作中说能作故，转生起故，作如是说。后随所应亦如是说。

㉒ 今于此中由同法喻颠倒成立，是故说名同法相似。如有成立“声是无常，勤勇无间所发性故”，此以“虚空”为异法喻。有显“虚空”为同法喻，“无质等故”立“声为常”，如是即此所说因中“瓶”应为同法，而异品“虚空”说为同法，由是说为同法相似。

㉓“余由异法”者，谓异法相似是前同法相似之余。示现异品，由异法喻颠倒而立。二种喻中如前安立瓶为异法，是故说为异法相似。

㉔“分别差别名分别”者，前说“示现”等故，今说“分别差别”故，应知分别同法差别。

㉕ 谓如前说，瓶为同法。于彼同法有可烧等差别义故，是则瓶等应无常；非声，声应是常，不可烧等有差别故。由此

分别颠倒所立，是故说名分别相似。

⑩⑥ 所言“应一成无异”者，示现同法前已说故，由此与彼应成一故。彼者是谁？以更不闻异方便故，相邻近故，应知是宗。“成无异”者，成无异过。即由此言，义可知故，不说其名是谁与谁共成无异。不别说故，即此一切与彼一切。

⑩⑦ 如有说言，若见瓶等有同法故，即令余法亦无别异，一切瓶法声应皆有，是则一切更互法同应成一性。此中抑成无别异过，亦为显示瓶、声差别，不甚异前分别相似，故应别说。

⑩⑧ 若以勤勇无间所发成立无常，欲显俱是非毕竟性，则成宗因无别异过。抑此令成无别异性，是故说名无异相似。

⑩⑨ 有说此因如能成立所成立法，亦能成立此相违法。由无别异，是故说名无异相似。

⑪⓪“显所立余因，名可得相似”者，谓若显示所立宗法，余因可得，是则说名可得相似。

⑪① 谓有说言，如前成立“声是无常”，此非正因，于电、光等由现见等余因可得无常成故。以若离此而得有彼，此非彼因。

⑪② 有余于此别作方便，谓此非彼无常正因，由不遍故，如说“丛林皆有思虑，有睡眠故”。

⑪③“难义别疑因，故说名犹豫”者，过类相应，故女声说。此中分别宗义别异，因成不定，是故说名犹豫相似；或复分别因义别异，故名犹豫相似过类。

⑪④ 谓有说言：“如前所立‘声是无常，勤勇无间所发故’，

现见‘勤勇无间所发’或显、或生，故成犹豫：今所立为显、为生？是故不应以如是因证无常义。”

⑮“说异品义故非爱，名义准”者，谓有说言：若以勤勇无间所发说无常者，义准则应若非勤勇所发诸电、光等皆应是常，如是名为义准相似。

⑯ 应知此中略去后句，是故但名犹豫、义准。

⑰ 复由何义此同法等相似过类异因明师所说次第，似破同故？

⑱ 由此同法等，多疑故似彼。

⑲“多”言为显或有异难及为显似不成因过。

⑳ 此中前四与我所说譬喻方便都不相应，且随世间譬喻方便，虽不显因是决定性，然摄其体，故作是说。

㉑ 由用不定同法等因成立自宗，方便说他亦有此法，由是便成似共不定；或复成似相违决定。

㉒ 若言唯为成立自宗，云何不定得名能破？

㉓ 非即说此以为能破。难不定言，说名不定；于能诠中说所诠故。无有此过。余处亦应如是安立。若所立量有不定过，或复决定同法等因有所成立，即名能破。

㉔ 是等难故，若现见力，比量不能遮遣其性。如有成立“声非所闻，犹如瓶等”，以现见声是所闻故。

㉕ 不应以其是所闻性遮遣无常，非唯不见能遮遣故；若不尔者，亦应遣常。

㉖ 第二无异相似是似不成因过；彼以本无而生增益所立，为作宗、因成一过故。此以本无而生极成因法证灭后无。若即

立彼，可成能破。

⑫⑦ 第三无异相似成立违害所立，难故成似，由可烧等不决定故；若是决定，可成相违。

⑫⑧ 可得相似所立不定，故成其似；若所立因于常亦有，可成能破。

⑫⑨ 第二可得虽是不遍，余类无故，似不成过。若所立无，可名能破。非于此中欲立一切皆是无常。

⑬⓪ 犹豫相似，谓以勤勇无间发得成立灭怀，若以生起增益所立作不定过，此似不定；若于所立不起分别，但简别因生起为难，此似不成。由于此中不欲唯生成立灭坏，若生、若显悉皆灭坏，非不定故。

⑬① 义准相似谓以颠倒不定为难，故似不定。若非勤勇无间所发立常、无常，或唯勤勇无间所发无常非余，可成能破。

⑬② (颂曰：) 若因至不至（应连下“三时”七字为句，以五言为限，“三时”二字推下)、三时，非爱言，至非至、无因，是名似因阙。

⑬③ “若因至不至、三时，非爱言，至非至、无因”者，于至不至作非爱言：“若能立因至所立宗而成立者，无差别故应非所立，如池、海水相合无异；又若不成，应非相至，所立若成，此是谁因？若能立因不至所立，不至非因无差别故，应不成因。”是名为至非至相似。

⑬④ 又于三时作非爱言：“若能立因在所立前，未有所立，此是谁因？若言在后，所立已成，复何须因？若俱时者，因与有因皆不成就，如牛两角。”如是名为无因相似。

⑬5 此中如前次第异者，由俱说名“似因阙”故。所以者何？非理诽拨一切因故。

⑬6 此中何理唯不至同故，虽因相相应亦不名因？如是何理唯在所立前不得因名故，即非能立？

⑬7 又于此中有自害过，遮遣同故，如是且于言因及慧所成立中有似因阙，于义因中有似不成；非理诽拨诸法因故，如前二因于义所立俱非所作、能作性故，不应正理。

⑬8 若以正理而诽拨时，可名能破。

⑬9（颂曰：）说前无因故，应无有所立，名无说相似，生无生亦然。所作异少分，显所立不成，名所作相似。多如似宗说。

⑭0“说前因无故，应无有所立，名无说相似”者，谓有说言：“如前所立，若由此因证无常性，此未说前都无所有；因无有故，应非无常。”如是名为无说相似。

⑭1“生、无生亦然”者，“生前无因，故无所立”，亦即说名无生相似。言“亦然”者，“类例声前因无有故，应无所立”。

⑭2“今于此中如无所立，应知亦有所立相违。”谓有说言如前所立。“若如是，声未生已前无有勤勇无间所发，应非无常；又非勤勇无间所发，故应是常。”如是名为无生相似。

⑭3“所作异少分，显所立不成，名所作相似”者，谓“所成立‘所作性故，犹如瓶等，声无常’者，若瓶有异所作性，故可是无常何预声事？”如是名为所作相似。

⑭4“多如似宗说者”，如是无说相似等多分如似所立说，谓如不成因过。“多”言为显或如似余。

⑭⑤ 今于此中无说相似增益比量，谓于论者所说言词立无常性，难未说前因无有故，此似不成。或似因阙。谓未说前益能立故。若于此中显义无有，又立量时若无言说，可成能破。

⑭⑥ 无生相似，“声未生前”增益所立，难因无故，即名似破。若成立时显此是无，可成能破。

⑭⑦ 若未生前以“非勤勇无间所发”难令是常，义准分故，亦似不定。

⑭⑧ 所作相似乃有三种：若难“瓶等所作性于声上无”，此似不成。

⑭⑨ 若难“声所作性于瓶上无”，此似相违。

⑮⓪ 若难“即此常上亦无，是不共故”，便似不定；或似喻过，引同法故。何以故？唯取总法、建立比量，不取别故，若取别义，决定异故，比量应无。

⑮① (颂曰:) 俱许而求因，名生过相似。此于喻设难，名如似喻说。

⑮②“俱许而求因，名生过相似”者，谓有难言：“如前所立，瓶等无常，复何因证?”

⑮③“此于喻设难，名如似喻说”者，谓瓶等无常俱许成就，而言不成似喻难故，如似喻说。

⑮④ (颂曰:) 无常性恒随，名常住相似。此成常性过，名如宗过说。

⑮⑤ 谓有难言：“如前所立‘声是无常’，此应常与无常性合。诸法自性恒不舍故，亦应是常。”此即名为常住相似。

⑮⑥ 是似宗过。增益所立“无常性”故。以于此中都无有

别实无常性依此常转，即此自性本无今有、暂有还无，故名无常。即此分位，由自性缘名无常性，如果性等。

⑮⑦ 如是过类，足目所说多分。说为似能破性，最极成故，余论所说亦应如是分别成立。即此过类，但由少分方便异故，建立无边差别过类，是故不说。如即此中诸有所说增益、损减、有显、无显、生理、别喻、品类相似等，由此方隅皆应谛察及应遮遣。

⑮⑧ 诸有不善比量方便作如是说，展转流漫，此于余论所说无穷，故不更说。

⑮⑨ 又于负处，旧因明师诸有所说，或有堕在能破中摄，或有极粗，或有非理如诡语类，故此不录。余师宗等所有句义，亦应如是分别建立。如是遍计所执分等皆不应理，违所说相，皆名无智，理极远故。

⑯⓪ 又此类过失言词，我自朋属论式等中多已制伏。

⑯① 又此方隅，我于破古因明论中已具分别，故应且止。

⑯② 为开智人慧毒药，启斯妙义《正理门》。诸有外量所迷者，令越邪途契真义。

《因明正理门论》试译

① 为想择取（“简”，通柬，柬择，选择。“持”，持取）能立、能破的真实意蕴，故而创作本论。

②（首段颂说，）用宗、因、喻的许多话语或文字（“多言”，宗、因、喻的话语）组成的论式称为“能立”。

这其中，建立宗的基本原则是“随自意乐”。

因为只有为自己本意所愿成立的论题才可称正宗。

它们决非那些（“彼”，那。指示代词）与之相违的主张所能遣除的。

③ 首段颂首句所说的“宗等多言说能立”，是说由立论者宗、因、喻的许多话语组成的论式乃论证敌论者一时未能明了的观点或主张，而这由宗、因、喻三支组成的论证式，在世亲《论式》等著作（世亲著有《论式》《论轨》及《论心》等）中称为“能立”。这里，其所以又以单数名词能立来称说三支论式［梵文名词变化有一数、二数、多数三种。“一言”云婆达南，“二言”云婆达泥，“多言”云婆达。陈那以宗、因、喻三支总为能立（即“论式”），故称为“多言”］，是为了显示“宗、因、喻多言”总成一“能立”整体。由此应该知道，在一个“能立”即三支论式中若有任何缺支便称作“能立”有过失。

④ 首段颂第二句（“是中唯随自意乐”者），这里，“是中”有开启论端之义，也有简持之义。是“宗等”中，谓将“宗”从“宗等”中先行举出，所以说“是中”。“是中”下“唯”字也有简持之义，表示将宗与因、喻简别开来。随自意显示不顾论宗，即随自己的意愿成立其宗，（完全不需顾及论敌之意），按自己的意愿来成立宗，并不意味着具有能成立其宗的性质的因、喻亦按自意所乐来确立（因为因、喻须立、敌双方共许极成）。倘使抛弃按自意所乐这一立宗的准则而说立宗之事，那么（不仅因和喻应称宗，）连似因、似喻也应称宗了。

⑤（首段颂第三句“为所成立说名宗”，谓须是为自己所乐意成立的命题才称为正宗（这在第二句的解说中已经附带交代过）。其所以说首段颂第四句“非彼相违义能遣”，是为了显示必须远离其余所立之宗的过失，（就是说，正宗决非那些与之相违的主张所能遣除的。）对于非违义的立量（即正宗）而言，文字或有声言语都要遣除以下五种宗过：（一、自语相违过，）如立“一切话语皆是虚妄的”之宗。（二、自教相违过，）即有立宗与本教派先已立下的宗义相违背的，如虽为胜论派（以獯狐子即鸺鹠为代表人物）分子，却说“声音是永恒的”（声论派先所立量为“声无常”）。（三、世间相违过，）如于立宗过程中，立下与世人共许的观点、主张相违背的似宗，它不存在合乎理性的比量即论式，故而被世间共许极成的、与该似宗相反的理念所破除，如说“怀兔非月（应理解为“月非怀兔”），有故”。（四、现量相违，五、比量相违）即立者于宗上有法（前陈）上赋予早为世人所共许的现量（感觉经验）和比量（推理知识），因而被世人所共许的相反义所遣除，如有成立“声非所闻”（其误人所共知，此为现量相违过）和“瓶等是常”（瓶为所作之物，具有无常性，此为比量相违过）的，等等。

⑥ 有些人（指古因明师和小乘论者）将宗与因相违名为“宗违”过（指古因明师和小乘称因支与宗相违为第六种宗过），其实，此并非宗过，因为其所举之例，是以“声为常”为宗，以“一切皆是无常故”为因，而此因是借助权巧便利（“方便”）却实有倒离错误的异法喻即异喻体（“恶立异法”），

由以合作法组成的同喻体所显示出的因应为“非一切故”（指此异法喻既然有倒离错误，那么正确的离作法应为“诸无常者法是一切”，再据此正确的异法喻反推出同法喻即同喻体为“非一切者法是其常”，由此同法喻合作法可显示，此“声是常”宗，以“非一切故”为因）。但此因不能为宗上有法（“声”）所有，因为“声”已被包含于“一切”之中。或者将它看作是具有“循环论证”性质的宗义一分为因。不过“非一切故”之因也有过失而不能成立，即所谓“不成”因过。不仅如此，此中之喻也有过失，因为异法喻的表述方式是先说宗无，后说因无。应该这样来表述异喻体，即诸无常者是一切。如此便否定了“非一切故”之因。然而上面例中却将异喻体颠倒说成“一切皆是无常故”，因此我们说这其中喻也有过失。以上已经说完正宗和似宗的情理。

⑦ 在各种正因与似因中，涉及的法多数是宗上有法之法。从因法、宗法同品和异品的关系方面来考察，又有各种不同的情况，现在应当予以揭示：宗法（因法）与同品的关系有三种（三句），称为同品有、同品非有和同品有非有（“俱”即“有，非有”）；宗法（因法）与异品的关系同样有三种（三句），称为异品有、异品非有和异品有非有（“及”亦即“有非有”）。前三句与后三句按序排列（前一对后三，前二对后三，前三对后三），便成为三个三句，即所谓“九句因”（第一个三句：同品有、异品有；同品有，异品非有；同品有，异品有非有。第二个三句：同品非有，异品有；同品非有，异品非有；同品非有，异品有非有。第三个三句：同品有非有，异品有；同品有

非有，异品非有；同品有非有，异品有非有）。

⑧ 岂不总是以自己乐所成立的宗依（此指前陈，命题的主词）“有法”和宗依（此指后陈，命题的谓词）“法”组合而成的宗体为宗吗？为什么（“云何”）此处又将宗只说成是宗依“有法”呢？

⑨ 这并没有什么过失。由于“宗”是总名（“总声”），有时可以用来指称其一部分（“于别亦转”，“别”，别宗，即“有法”或“法”。“转”，有，指），如宗上“有法”，这正像烧着衣服的一部分也可称之为烧着衣服一样。有时，也可以用“宗”这一名称专指另一宗依“法”（“宗声”，宗名。“诠”，释，指）。

⑩ 这其中的因法（此处，“宗法”指“因法”而言），既没有犹豫不定，又必须立敌共许，而且在同品中有因或非有因等“九句因”也都是这样。为什么呢？这是由于因法能否成为正因要由敌论者的“智了因”来决定，只有敌论者的智慧了知立论者的义理时，立论者的“言生因”才能转化为敌论者的“智了因”，这不同于生因本身具有如种生芽、启发敌智的作用，（而不须顾及敌论者是否赞同）。

⑪（有人诘难说，）倘使如此，既然以敌论者之智作为了悟之因，那么因言就可以认为是失去了能成立的意义。

⑫（回答道：）这种说法也不对。立论者的因言能使敌论者忆念起因言所含的因义本是立敌双方皆确然共许极成的，因此，在这当中只有选取彼此认许的因言，才是正确的论证（“善说”）。

⑬ 由是以观，倘若出现立敌双方不共许极成的因，则它定非正因（“宗法”，指“因法”而言）。例如有人成立“声是无常，眼所见故”一宗（立敌双方都不会认许“眼所见故”能证成“声是无常”，故有“两俱不成”过）。又倘若是敌论者所不认许的，如对声显论立量“声无常”宗，以“所作性故”为因（声显论只认许“声”为“勤勇无间所发”，而不认许“所作性”因，故有“随一不成”过）。又倘使犹豫而不能决定，如依据远处有烟等（或烟，或雾，或尘土，或蚊群），尚存疑问，便立彼处有“事火”（印度人把火分成两种：一为“性火”，即地、水、火、风“四大”之一；二为事火，即大种和合火）“宗”，“以现烟故”因（此因有“犹豫不成”过）。或在宗中的有法未得立敌双方的共许，故有“所依不成”过，如（数论派对佛弟子）立“我其体周遍”宗，“于一切处生乐等故”因（数论派立“我，其体周遍”宗），此宗上有法“我”乃数论二十五谛之一，大致与“灵魂”相当，为佛家所不取（佛家称之为“补特迦罗”，即“人我”。此有法既不能共许极成，则“于一切处生乐等故”因便失其所依）。正如上面举例说明的那样，一切有“四不成”因过的若干种类（“品类”）的所有言词一概属于“非能立”之列。在同品有、同品非有等九句因中，也随而相应地有是否共许极成的情况存在。应当像下面这样来说（论证与反驳）：在正因中有立敌共许决定言词就称为正确的论证（“能立”）；在相违因和不定因中有立敌共许决定言词就称为正确的反驳（“能破”），它们不同于“自随一不成”因、“他随一不成”（“互不成”即互有不成，亦即“自

随一不成”和“他随一不成”）因和“犹豫不成”因，那是由于这后三种因没有证宗功能，必须另外立量，使用两俱极成因或决定因来证宗方可。

⑭（问者质疑说，）如欲确立宗法（指宗上之法，即宗的后陈）为宗之有法所有，理当另用其余共许极成理由为因来成立此法才可以。若就成立宗之有法存在（“有”）或不存在（“无”）而言，例如数论派成立“自性（自性为数论二十五谛之首，故称‘最胜’）是存在的，由于现见二十三谛总属自性（‘总类’）”，或如佛家成立“（自性）是不存在的，由于它不可得”，（此二情况中的因岂不都是用来论证宗的有法存在或不存在而不是宗上之法，）这又该作何解释呢？

⑮（回答说，）这其中（指数论所举之例）只是立“二十三谛‘别物’定有一总因‘自性’”为宗，并非要成立“自性”为宗有法，故而此处没有什么以共许因法来证宗有法的问题，如果就佛家立“自性是不存在的”之宗而言，乃是假借设立（安立）“（自性）不可得故”之因证成“二十三谛无有一自性因”之宗，故而此处同样没有什么以共许因法来证宗有法的问题。

⑯（问者质疑说，）若以宗上有法为因来成立其余的有法，或以宗上有法为因来成立法，例如“烟有火宗，以是烟故因”（此例为“以有法来成立有法”），或“火有热触，以是火故因”（此例为“以有法来成立法”），此二说法是否可以呢？

⑰（回答说，）现今在这两个实例的宗、因中，并不是以烟为因来成立“有烟立火”的火宗，也并非以火为因来成立

“以火立触”的触宗，而只是以类推立量，即以烟或以火为因来成立与烟、火或火、触相关涉的处所（“相应物”），（如从“有烟处皆有火”出发，可以推出其相应之处：此山有烟，则此山有火；从“有火处必有触热”出发，可以推出其相应之处：此炉有火，则此炉有热触。）如不这样立量，而是像你那样，立“烟有火宗，以有烟故因”，或“火有触宗，以有火故因”，则有以宗义一分为因的过失。此外，在这三支比量中，也并非欲成立“有烟必有火在”或“有火必有热触”两宗，因为这是人所共知的事实。再说立量必须体现针对性，立论者要先观待前敌论者所立为何之后，方可用相应的有法与法组成所需的宗体。[如佛弟子欲立“声是无常”，须先观待前敌论者胜论派所立“声是常”，方立“声是无常”为所立法及有法，而“非如吠世（指胜论派）德句、有德句，不由观待而成”，故而没有过失那样（见神泰《因明正理门论述记》。以下简称《述记》）。胜论派有六句义，即实、德、业、同、异、和合。“德”指“性质”，“有德”即为“实”，“实”为“实体”。作为胜论哲学基本范畴的德句义，其建立毋须观待论敌所立。]

⑱（这里，）再以颂言总结此前所论，不应以有法“烟”成立宗之法“火”（第二“有法”当指宗之法，“有法非成于有法”，此处，“于”用为衬字，无义），亦不应以有法“火”成立宗之法“触”，只应以共许因法成立不共许宗法，如此法与有法既不相离亦兼成立有法（“成立于有法”，即“成立有法”，“于”亦用为衬字）。

⑲（问者质疑说，）假如有人（如胜论派）立“声非是常”

宗，而以“运动（“业”为胜论六句义基本范畴之一，其义为“运动”）应是“恒常”为因（其实运动往来俯仰，非恒常不变，此非宗义之法），或以“（声）应恒常可闻”为因（其实“常应可得”于其“声”上无此因义，原因在于，声虽可闻，但彼此俱不认许声一切时中常为耳识可得），那么此之因怎么能成为宗法呢？

⑳（回答说，）这里是说，胜论所立之量是为了破斥对方（彼，指声论派）比量之失，这一破斥是由声论派所立比量的因与宗为门径来进行的。以立论者先有所立，然后敌论者据以为推，陈说应言以难破（“说应言故”），（而运用归谬法推出的结果又是双方都认为是荒谬的。）这正如对方（声论）先立“（声）常，无形碍故”的比量，胜论不得已，只得后立“声非是常”宗，以破斥其立量中因的过失。

㉑（问者质疑说，）假若（胜论对声论）立这样的量：“声是无常，所作非常故，常非所作故”，如此又怎样呢？

㉒（回答说，）此乃文义完备的喻支，前是同法喻，后是异法喻，它们都是按照规定的顺序来宣说，同法喻先宣说因法，而宗上之法必定随逐；异法喻先宣说宗上之法不出现之处，而因法必定也不出现。因为在此喻支中，由同喻的合作法（先合因，后合宗）显示了“声”上有“所作性”因，这样，此“声”定是“所作”，而决非“非所依”，显见，此“所作性”因必定是宗法（因“所作”，故（声）“无常”）。

㉓ 再说颂言道：同喻体先宣说因法后随逐宗上之法（“说因宗所随”，此句颂说同喻），异喻体先宣说不出现宗上之法之

处，跟述因法必定也不出现（“宗无因不有”，此句颂说异喻），是依据第五转声的因来显示同喻和异喻（“显喻”。按：《述记》云：“喻是初转因声，前云‘所作非常故，常非所作故’者，其‘故’字结喻因法，是第五转因声，依此第五转因声，说同喻、异喻，故云‘显喻’。”）体现了《述记》所说“由同喻顺合（和由异喻反显）方知其因”（即以因证宗）的道理。

㉔（既然前面已述用同喻顺成和异喻返显两个方面的论证才可以达到助因证宗的作用，）由此也就可以说明只用异喻一个方面来取巧立论不能成立（“反破方便”）。（合乎要求的喻支）必须具有同、异二喻，同为一决定解，即同时宣说同喻体“所作性”于“无常”中出现（即“若是所作见彼无常”）和异喻体“所作性”于常中不出现（即“若是其常见非所作”）。而不是像数论那样，竟成立如下立量：“声非是常，应非作故”（应理解为“若是常者应非所作”之省略），（只用一个方面的异喻来取巧立论，以另类的方式）别生决定解因。如我（陈那自指）作破数论立论的六千颂，已经深而广之地予以揭示，故而于本论就暂止广诤傍论。

㉕ 这样，上述宗法（这里，指因法）就存在三种差别情况，它们分别是同品遍有（“同品有”，即互相包含），（同品）遍无有［（同品）非有即互相矛盾］，以及（同品）分有［（同品）及俱，即有非有，亦即真包含］。前述颂中（因字数所限）省说一个“及”字。宗法（“此”）中假如某对象（指事物）与所立法有相同性质（“邻近均等”），而一切属性都称为品物，就把它叫做同品，假如某对象没有所立法的属性，就把它叫做异品。

㉖（上述异品的定义，与古因明师所说）与同品“相违”或“别异”（相别异）有所不同。假如以与“同品相违”来定义异品，（便缩小了异品的范围，）那么只有相反对的概念从同品中分离出来（“简别”），假如以“与同品相别异”来定义异品，（便扩大了异品的范围，）那么当无正因可言了。出于此种道理，“所作性故”能成立“声是无常”宗，也能成立“声是无我”等宗，因为正如《述论》所说，“‘所作性’与‘无我’不相违”，“亦可‘无我’与‘无常’不相违，得同以‘所作性’为因也”。

㉗ 假若因法能成立与所立法相违之法，那么此因就有相违因过，便称为“似因”。（《述记》举例说明之，云：“若因能成相违所立者，如立言‘眼等必为他用，即以积聚故为因，以卧具为同喻’。今‘积聚性’因亦能成立所立‘眼等必为积聚他用’，即此‘积聚他用’是其所立，即此所立与前‘无积聚他用’宗正相违，故名为相违。”）正像因法能成立立论者前立无违之宗一样，同一因法也能成立与前宗相违之宗（“如无违法，相违亦尔。”《述记》云：“僧佉（数论）本立‘必为他用’为正宗，以‘积聚性’为正因，本所立宗名为‘无违’，其‘积聚因’正能成立无违宗，故名无违法。即此‘积聚性’因不但成无违宗，亦能旁成‘眼等必为积聚他用’，即此‘积聚他用’是其所立，与前‘必为他用’宗相反，故名‘相违亦尔’。后宗名为相违，当知前宗名‘无违’也。”）当相违宗的法没有处，其因也一定没有（此所谓“宗无因不有”）。此相违因不同于不定因，（相违因是一种似因，但它是决定因，而不

定因也是一种似因，它却是犹豫因，在异品即无中辗转出现。例如针对“声是无常，所作性故，如瓶等”，有人用“声应是瓶，以所作性故，如瓶”来破斥，用“所作性”因来证宗法“瓶等”，与用“积聚性”因来证“积聚他用”是不相同的。《述记》云：“此因（‘所作性’）即有不空过，故成犹豫。以于彼辗转无中有故。谓若立‘声是瓶’，‘衣等’即为异品，此‘所作性’于无‘瓶’处‘衣’上，亦有故。”或复难云：“声应是衣，所作性故，犹如其衣。唯‘衣’为同品，‘瓶’等即是异品。此‘所作性’于无‘衣’处‘瓶’等上有故，言辗转无中有故。其‘所作性’因既于异品中有，故不定。”）以“声是瓶等”为宗，“所作性”因就成为犹豫因，因为此因在异品中辗转出现。此处的“所作性”不定因在与同品“瓶等”相离的异品“衣等”上有（《述记》云：“若‘声是无常，所作性故，如瓶等无常’，此因非是转彼‘瓶等’无常处，别于余‘无我’上此因亦转，以‘瓶等’若是‘无常’，即是‘无我’。无有离‘无常’外别有‘无我’有‘所作性’也，是故‘所作性’因若证‘无常’，即能旁证‘无我’等。其因决定，非如‘瓶等’，因成犹豫等也”），不同于“无常”宗外的“无我”等（“无我”非异品），因为此因于“无我”等上有。

㉘（问者质疑说，）为什么宗上因法［“别法”，此处指宗法（因），即“所作性”］能在同品“瓶”“衣”等（“别处”，此指同品“瓶”“衣”等）上有呢？

㉙（回答说，）因为它们（“声”的“所作性”和“瓶”“衣”等的“所作性”）很相类似，（不必区分其些许差异，）就

不必用异名了（《述记》云："言'瓶'上'所作性'即是宗体'声'上'所作性'，极相似故。……犹缕贯两花，其缕一头贯此花，一头贯彼花。此亦如是，总一'所作性'，一头是'声'上，一头是'瓶'上，故无有别法于别处转失，以其如一故"），尽可说彼即是此，故而没有过失。

㉚（问者再质疑说，）假如不讨论"声"的"所作性"与"瓶"的"所作性"之不同，为什么要称此"所作性"因为宗上之法呢？（这里，"瓶"不是宗有法，此"所作性"亦当称非宗法才是。）

㉛（回答说，）这其中只是说因法必定是宗上有法之法，而不是想说因法是唯一的宗上有法之法。（假如说了"唯是宗法"，则"瓶等"同品上就不能有此因法了。）

㉜（问者又质疑说，）既是"瓶等"上有"所作性"，可称为因，那么同品"瓶等"上有所立"无常"法，"同品瓶无常"，岂不也可称为宗了吗？（《述记》云："若'所作性'一头是'瓶'上，亦得名因者，亦可其所立'无常'亦一头在同品'瓶'上，亦应名宗，其说正是如此。"）

㉝（回答说，）不是这样。前说"声是无常"宗，以"所作性"为因，此宗立许敌不许，故为正宗（"别处说所成故"）。此因立敌共许（"因必无异"），如此能成立正确的论式。而有人立"瓶是无常"宗，此宗则为立敌共许，不须多此一举，举以成立，换言之"瓶是无常"无所成可言。显见，"声是无常"与"瓶是无常"两宗不相似。

㉞（现在具体解说九句因。）正如《述记》所说："此三一

一为三，故有九种。”就是说，于所有“同品有”因之中，于其异品与因的关系有“有”“非有”和“有非有”三种情况，组成第一个三句：“同品有，异品有”“同品有，异品非有”和“同品有，异品有非有”；于所有“同品非有”因之中，于其异品与因的关系也有“有”“非有”和“有非有”三种情况，组成第二个三句：“同品非有，异品有”“同品非有，异品非有”和“同品非有，异品有非有”；于所有“同品有非有”因之中，于其异品与因的关系同样有“有”“非有”和“有非有”三种情况，组成第三个三句：“同品有非有，异品有”“同品有非有，异品非有”和“同品有非有，异品有非有”。

㉟（问者质疑说，）如果（胜论对小乘经量部）立量：“声是无常，以所作性故，以虚空为异品”，（小乘经量部向持无空论，既不承认虚空的实有，又怎么能说于彼“虚空”处无此“所作性”因呢？

㊱（回答说，）如果（是对小乘经量部立量，）彼“虚空”确非实有，“所作性”因也就不在“虚空”上存在，这完全没有什么困惑，故而没有不定的过失。

㊲ 这样，可以合成以下九种（正或不正）的因法（这里，“宗法”指因法），我们依照前面所述“一一各有三种”的次序，分别举例，对九句因的性相略加辨析：第一句是说立“声常”宗，以“所量性故”为因；第二句是或立“声是无常”宗，以“所作性故”为因；第三句是或立“声”是勤勇无间所发宗”，以“无常性故”为因；第四句是或立“声常”宗，以“所作性故”为因；第五句是或立“声常”宗，以“所闻性故”

为因；第六句是或立“声常”宗，以“勤勇无间所发性故”为因；第七句是或立“声是非勤勇无间所发”宗，以“无常性故”为因；第八句是或立“（内）声无常”宗，以“勤勇无间所发性故”为因；第九句是或立“声常”宗，以“无触对故”为因。

㊳ 像这样的九种因法，可用两个颂来概述，第一个颂为：常、无常、勤勇，恒、住、坚牢性，非勤、迁、不变，由‘所量’等九因即可证得。（此颂列举九个宗，“恒”、“住”、“坚牢性”和“不变”就是“常”宗，而“迁”即是“无常”，“由所量等九”交代九个宗分别以“所量”等因证得）；第二个颂为：所量、作、无常，作性、闻、勇发，无常、勇、无触，依常性等九宗而得成立。（此颂对应上述九宗而分别列举九因，“依常性等九”交代“所量”等九因相应依于上述“常”等九宗。）

㊴ 这样以上所述九句因可以分成因（正因）、相违因和不定因三类。故而本颂概括道：对于正因来说，是同品有或有非有而异品非有（“于同有及二，在异无是因”。即第二、第八两句）；对于相违因来说，恰成反例，是同品无而异品有或有非有（“翻此名相违”。“翻”，反。即第四、第六两句）；对于不定因来说，除正因、相违因之外，其余皆是（“所余皆不定”。即第一、第三、第五、第七、第九五句）。

㊵ 这其中唯有两种称为因（正因）：同品遍有而异品遍无和同品有非有而异品遍无（前为第二种，后为第八种）。即第一个（“初”）三句和第二个（“后”）三句中各取中间一句。

㊶ 又唯有两种称为相违似因，由于它们与正因恰成反例，

是说于异品有或有非有而于其所有同品皆非有。即在第二个三句中取前一句（第四句）和后一句（第六句）。

㊷ 在正因和相违因之外还有五种因，既不能定其为正因，也不能定其为相违因（“因及相违，皆不决定”），乃是疑惑不定之因。

㊸ 又于九句因所概括的各种因均按其类别，各以一总名来称谓，遂成三类因相（正因、相违因和不定因，即正因虽有两种，然可总说为一正因类；相违因亦有两种，然可总说为一相违因类；不定因有五种，然可总说为一不定因类），然而这并不是说可以将互相对立而又出现于同一处的两个因总说为正因（举例来说，如胜论对声论立“声是无常，所作性故，譬如瓶等”），此乃三相俱全的比量，而声论也对胜论立有“声是常，所闻性故，如声性”（例如声的传导性）这一三相不缺的比量。此二互相矛盾的比量如非共集一处，其因无疑皆为正因，可以总说为一正因类。然而假若共集一处，出现两相抗衡的情况，便成为相违决定之因，令人难以决定“声”究竟是“常”还是“无常”了。或者以并非属同一事类的二因合为独一之因，从而成为不定之因（“或于一相同作事故，成不遍因”，过于简略，历来未得谛解。今从沈剑英《因明正理门论译解》之释：“《集量论·为他比量品》对此阐说稍详，其颂云：‘如是二疑因，独亦不决定。’其自释云：‘譬如以“非眼所见性”及“现量性”，说“声非实、非业”，此则不定，故应乐说一性。’由这段阐说可知，陈那是以胜论立‘声非实、非业’宗，‘非眼所见’和‘现量性’因为例，说明若以非属同

一事类的二因（如‘非眼所见’和‘现量性’只是部分外延重合，因为‘非眼所见’的外延中，当还有非现量的部分）合为独一之因（即作‘一数同类’看待），即有因法不能周遍有法‘声’的问题，从而成为不定之因”）。

㊹（问者质疑说，）（在九句因中，）理应只有（第一、第三、第七、第九句所显示的）四种不定因，因为这四种因于同品、异品上都有（“二俱有故”），而第五句“所闻性”因（与同品、异品都相排斥，）为什么也称不定因呢？

㊺（回答说，）“所闻性”之所以为不定因，正是因为它与同品、异品都相排斥（“由不共故”）。因为假如一个因而同品、异品都不具有，那么无论以什么法作为所立法，此因总是疑惑不定的。显见，“所闻性”因唯“声”所有（“唯彼有性彼所摄故”。“彼”，指声。“有性”，指“所作性”），它们外延同一（即二者为同一关系），于是缺少“同品定有性”这一相（“一向离故”。“向”，面，边，相。“离”，缺少）。

㊻（不共不定因与同异品皆相违，而共不定因与同异品皆不相违。因此，）凡有立因若于同品异品共有（“诸有皆共”。“诸”，凡），就成为不能简除异品的因（“无简别因”），如立“声常，所量性故”，由于“所量”外延过大，竟包摄了全部同品和全部异品，这便于同异二品均不相排斥（“于彼俱不相违”，“彼”，指同异二品），因而是犹豫不定因。若或同品或异品各有一分有因（“若于其中俱分是有”，“俱分”，“俱悉分有”，又称“俱品一分转”，即在不定因的九句因第三句“同品有，异品有非有”、第七句“同品有非有，异品有”和第九句

“同品有非有，异品有非有”中，都存在同品或异品一分有、一分没有的情况），只要相应地对同、异品一分有因的情况加以简别，原来的不定因就成为正因或相违因，此则简别后因与原不定因的差别。

㊼（问者质疑说，）（你说不共因总是不定因，详上㊺条，）假若（声生论）对主张“声性为常”者（如胜论）立论，由于双方都以声性为同品，同品有而异品非有，那么“所作性”因不就成为正因了吗（“此应成因”。“因”，正因）?（所以说不共因亦非总是不定因。）

㊽（回答说，）假如在声论立量之时，胜论竟不能以“所作性”因来成立“声无常”宗，那么“所闻性”因就可以成立（“容有此义”）。然而立敌两方各得一因证成相违之宗（“然俱可得一义相违”），由于此二相违宗不能并存（“不容有故”），故而二因皆为犹豫不定之因。还有主张在这当中（不以仿照下棋那样，定先行棋者为输而后行棋者为赢），就以合乎感觉经验和世间至实可信之理者为胜（“现”，现量，指感觉经验；“教”，至教，指一切时间所有言教之合其理者）。因而应依如此标准来思虑其事而决定胜负。

㊾ 总括上述，用三个颂来作结。（一颂说，）假若因法为不共不定（“不共”，即不共不定因）、共不定（“共”，即共不定因）四种，决定相违（即相违决定因，总上共计六种），如此六种遍法界一切诸法（“遍一切”），于彼一切于诸法，此六法是疑惑不定之因（“于彼皆是疑因性”）。（二颂说，）假若因法颠倒成立有法自相（“邪证”，颠倒成立。“法、有法”，组成

宗的法和有法），或颠倒成立有法差别（“自性”，自相，与“差别”相对。“自性”与“差别”的相对，即言陈与意许的相对，言陈是言语表示之义，意许是言语没有表示之义，即意中所许之义），或颠倒成立法自相，或颠倒成立法差别，那么此因便成为相违之因，不过此因并非宗过，应与五相违过直接影响宗的建立区别开来（《述记》云：“若前因法，能邪倒证法自性、差别；有法自性、差别，然不违害宗，如宗五过故，或相违因非宗过也”），就是说相违因并不是宗过，而是因过。（三颂说）留意观察立论者之因（“宗法”，此处即因法），假如发现其乐于成立的宗体（论式）遭遇因的违害，那么此因便成不定因（“踌躇”）或相违因（“颠倒”），除开不定与相违二因，别无似因。到此我们已辨析完正因与似因。

㊿ 正喻与似喻，是现在我当说的问题。先说因法，宗上之法必定随逐（如“法所作者皆是无常”，此同法喻），宗上之法如无，则因法亦必定（如“法常住者即非所作”，此异法喻）无（此异法喻）。这两种就是正喻，其余所谓喻皆貌似而实非。

51 喻有两种：同法喻和异法喻。所谓同法喻，（举例来说，）如立“声是无常”宗，“勤勇无间所发性故”为因，以“诸勤勇无间所发皆是无常，犹如瓶等”为同喻；所谓异法喻，以“诸有常住，见非勤勇无间所发，如虚空等”为异喻。前（同法喻）是在喻支中先对同喻亦遮（即遣，遣除）亦诠（即释，解释），遣余诠此，即既遣除了矛盾概念，又解释了自身。后（异法喻）是在喻支中后对异喻只遮不诠，即只遣除了矛盾概念，而并未解释自身，以制止似因滥入（止滥）的作用。显然，同喻是用宗、因相合的渠道，从正面来证成其宗（“合”，顺合，从正面类推求证），异喻却是用使宗、因远离的渠道，从反面来证成其宗（“离”，远离，从反面类推求证）。由此，即使是不认许太虚空为实有的小乘经量部，也可以通过把太虚空作为异喻依的方式，同样能够显示无有宗处无因（“宗无因不有”）之规律的成立。

㊾（问者质疑说，）又是何种原因说，第一是同喻体说“因宗所随”，第二是异喻体说“宗无因不有”，而不说“因无宗不有”?

㊿（回答说，）由于如此说可以显示因三相“第二相”“同品定有性”和第三相“异品遍无性”，而不能颠倒过来说。

[54]（更以四句颂文来解释同、异喻体如不依“说因宗所随，宗无因不有”的合乎理性的顺序会出现什么过失，如果违序，）应成为以“非所作性”来证成“常住”，或以“无常”来证成“所作性”，即异喻为“诸非所作皆是常故”，同喻为“诸无常皆是所作故”。假若这样来组织同、异喻体的结构，那么能立因、喻所能成立的当然不会是立论者原本要成立的宗（“如尔应成非所说”），以九句因第八句“同品有非有，异品非有”的不遍因来组织颠倒的同、异喻的“等合离”（即按异喻顺序来组成同喻，按同喻顺序来组成异喻。“合”，同喻；“离”，异喻，“等”，类）形成，会出现“不遍”（“电等”是“非勤勇无间的发”，但“电等”不是常，同样，“电等”是“无常”，但“非勤勇无间所发”）和“非乐”（以“非勤勇无间所发”证“常”和以“无常”证“所作”，都为立论者所不乐

为）这两方面的问题。这样我们已经宣说了二法：同喻合作法和异喻离作法以及二喻：同喻顺成和异喻反成（“合”，合作法；“离”，离作法。“顺”，顺成之同喻；“反”，反成之异喻）。

㊺ 其余与此相类似的都表示是有过失譬喻（似喻）之义。

㊻（问者说，）此外的（似喻）指哪些？

㊼（回答说，此外的似喻可以分成似同法喻和似异法喻两大类，它们在喻体上各有两种过失，而在喻依上各有三种过失。罗列出十种来。）是说于有法（“是处”，指有法，非宗上有法，乃泛指同喻依“瓶等”和异喻依“虚空等”处）上体现出来的所立法（宗法）、能立法（因法）和不同品（异品，含宗异品和因异品），它们虽然有同喻体表现为合，有异喻体表现为离，但由于颠倒了同喻的先因后宗和异喻的先宗后因的顺序，[就造成了“倒合”（同喻体必须先因后宗，即先说能立法，后说所立法。如颠倒过来，就成为似喻）和“倒离”（异喻依上既无所立法又无能立法，即远离所立法处也没有能立法。如不按“宗无因不有”来组织异喻，也就成为似喻）的过失。] 或在同、异喻处不对合作法的同喻体和离作法的异喻体加以陈述。只是通过同喻依显示所立和能立都有，只是通过异喻依显示所立、能立俱无。在这两种同、异喻上，或者同喻依有随不成（含所立法不成和能立法不成）过和异喻依有随一不遣（含所立法不遣和能立法不遣）过，或者同喻依有俱不成（既有所立法不成，又有能立法不成）过和异喻依有俱不遣（既不远离所立法，又不远离能立法）过。例如立“声常，无触对故”之宗，其同法喻说，“诸无触对见彼皆常，如业（对

"声常"宗和"无触对"因而言，此为所立法不成，因为"业"指运动，运动"无触对性"，但非"常住"），如极微（对"声常"宗和"无触对"因而言，此为能立法不成，因为"极微"之物虽至微，但有触对，没有"无触对性"，而有"常住"性），如瓶等（对"声常"宗和"无触对"因而言，此为俱不成，因为"瓶等"既没有"无触对性"，又非"常住"）；异法喻说，"诸无常见有触对，如极微（对"声常"宗和"无触对"因而言，此为所立法不遣，因为"极微"是"常住"，即所立法不遣，而没有无触对性，即能立法已遣），如业（对"声常"宗和"无触对性"因而言，此为能立法不遣，因为"业"非常住，即所立法已遣，而"无触对"，即不遣能立法。），如虚空（对"声常"宗和"无触对"因而言，此为俱不遣，因为"虚空"既是"常住"，又是"无触对"，所立、能立二法都不遣。）（"虚空"既然不遣"常住"，又不遣"无触对"，实际上它是同喻依。）但如将"虚空"当作同喻依，遇到敌方恰巧是小乘经部无空论者（不承认"虚空"为实有），便会形成有法（这里，"有法"指喻依）不极成的过失，因为无空论者不认许宗法"常住"中有"虚空"这一喻依。这一点在上面宣说同法喻时就已经指出。（总括而言，此处在陈那答语中，罗列了十种似喻，其中五种是有关同喻的，它们分别是倒合、无合、能立法不成、所立法不成和俱不成；另外五种是有关异喻的，它们分别是倒离、不离、能立法不遣、所立法不遣和俱不遣。）

㊳（问者说，）是必须具有同、异二种譬喻的言词一并陈述出来方可充当能立呢（两句首字"为"可解作"是"，用作

选择连词。“为……为……”即“是……是……”，亦即“或是……或是……”)，还是可以如同“所作”“勤勇”二因可随不同情况只说其中之一呢?

⑲(回答说，)就因明的基本理论和规范形式而言(“正理”)，同、异二喻应该一并陈述出来，由此才能充分显示宗法与因法之间的不相离关系，并从而全面显示“因三相”第二相“同品定有性”和第三相“异品遍无性”，真正对治并去除相违、不定之过。假若对方于同喻或异喻已经了解其中之一，那么跟随具体情况只说另一亦可起到喻作为助能立的作用。假若敌论者、证义者依据所作性因，就领悟了立论者所立为敌、证所共许的“声是无常”为真，既然宗、因二义已为立、敌双方共许极成，(说明二喻之义亦已明瞭，)于是同、异二喻就可省略。或立论者只说一喻，而此一喻便可显示二喻之义，能使敌、证了悟宗义，只说一喻即可(窥基《大疏》云:“‘声’为有法，‘所作性’因，依此‘声’有，若敌、证等闻此宗、因，如其‘声’上‘两义同许’，即解因上二喻之义，同、异二喻俱不须说，或立论者已说一喻，‘义准’‘显二’，敌、证生解，但为说一”，正是这样的意思)。

⑳ 如果得知在自悟门的推理(为自比量)和悟他门的论证(为他比量)中唯有此“因三相”之理，即如果在所有宗上有法都有因法(“所比”，指宗上有法。“此相”，指因相。“审定”二字，或作“定遍”，日僧凤潭《因明论疏瑞源记》如是说)，(此即第一相“遍是宗法性”。)又在宗有法之外，与所立法同类的对象一定有因(“余”，指除宗有法之外)，(此即第二

相“同品定有性”。）并且（在宗有法之外，）凡无所立法的对象普遍没有因，（此即第三相“异品遍无性”。）那么，实现了此三条因的规则，便能产生确定的解悟（“由此生决定解”）。

㉛ 故而根本颂言说（本，指根本），如果经由为自比量已经确然获得自悟，便希望用以作为他比量使敌、证解悟（“悕”，希望），只要以因和喻来证成宗义（“宗法”，此处指因。“相应”，此处指喻，“所立”，指宗），除此三支之外没有其他支分（“远离”，谓不存在）。

㉜ 为了在宗有法上显示因法，所以说因支（“所比”，这里指宗上有法）；为了显示因法与宗法的不相离性，所以说喻支；为了显示要论证的问题（“所比”，这里指宗），所以说宗支。在整个论式的论证中，除宗、因、喻三支外，不需要其他任何支分，由此就排除了（外道、小乘与古因明师于论证与反驳前所加的）审察支和五支论式中的合、结二支（“审察”，指审察支，嵩岳定宾《理门论疏》云：“外道，小乘及古师等于立破前加审察支。……”）

㉝（问者说，）若是这样，就不应在因支之外，独立出一个喻支，因为依你所说“二喻即因”（陈那认为，同、异喻并陈“以具显示同品定有，异品遍无”。见窥基《大疏》），喻是用来显示因的后二相的。（不消说，也可以与五分作法中的合、结二支一样，略去不说。）

㉞（回答说，）事情虽然确乎如此，然而这因支只是为了明确显示第一相“遍是宗法性”，而不是为了明确显示第二相“同品定有性”和第三相“异品遍无性”，所以还须另外再说关

于同、异喻的话。

⑥⑤（问者说，）假若唯将因支所陈述（诠表）的意义称为因，而不将喻视为因的一部分，这又有什么不妥呢？

⑥⑥（陈那以反问口气回答说，）又有什么好处呢（“德”，通“得”，长处，好处）？

⑥⑦（问者答其反问说，）将因与喻作为不同的部分分别加以表述，这本身就是好处。

⑥⑧（陈那又答问者说，）（这样）就应如同世间外道如胜论所说的权宜解释那样（《智周入论后记》释“世间外道”为胜论。“方便”，权宜）。（因外别有二喻，）不能体现“同品定有”和“异品遍无”二相（“不相应”，指与“同品定有性”和“异品遍无性”无所对应）。

⑥⑨（问者说，）即使像世间外道那样，（在因外别有同、异二喻。）又有什么不妥？

⑦⓪（回答说，）（窥基《大疏》云：“谓诸古师同外道说：‘声无常宗，所作性因，同喻如瓶，异喻如空’不极成文。陈那难意，若说‘瓶’体、‘空’体为喻，但应以‘瓶’类于所立‘无常’之义，既喻不言‘诸所作者皆是无常’，举‘瓶’证‘声’，无有功能，其喻便非能立之义。”）显然，上述诸古师与世间外道的比量中，以“瓶”“空”为同、异喻体，只是以“瓶”有“无常”之义，类同于所立法“无常”之义，这（在陈那看来，）是“无有功能，非能立义”。他们只说“所作性故”因，举“瓶”类“声”同有所立法“无常”，而不说能立“诸所作者皆是（所立）无常”。又将喻从因义中分别出来，

同喻“瓶”虽有所立法“无常”，而异喻“空”有非所立法“常”，终亦不能显示因与所立法的不相离性，故而只有类同的所立法之义，然而没有证宗的功能（“无功能”）。

⑦①（问者说，）何故没有证宗的功能？

⑦②（回答说，）以“瓶”为同喻体，不必以宗法（“所作”）及宗义（“无常”）相类及，（即不言“诸所作者皆是无常”，）这样，只以例证为喻体，就须回答一连串的余譬得以成立的原因（古师虽有“瓶”喻，但比喻仍不见边，不决定，仍为疑问之喻。窥基《大疏》说：“他若有问：‘瓶复如何无常？’复言：‘如灯。’如是辗转应成无穷，是‘无能’义。我若喻言‘诸所作者皆是无常，譬如瓶等’，既以宗法宗义相类，总遍一切瓶、灯等尽，不须更问，故非无穷成有能也”），陷入了无穷类比。（如果说了“诸所作者皆是无常”，显示了因法与宗法的不相离性，）又可以规避在“瓶”与“声”的诸种属性上处处类比的弊病，而（古师）将不显“异品遍无性”的那种所谓简别称为异喻是不能成立的（“无性”，“异品遍无性”之略语。古师以“空”为异喻体，“空”有“常”性，有“非所作性”，可以说简除了宗无常法和因所作法。但未显示全体异品无因，即未显示“异品遍无性”。因而不能返显同喻“说因宗所随”的公例。因此，这种不显示“异品遍无性”的简别不能成为正确的异喻）。

⑦③ 陈那因而总结所述，可以下面的颂来指陈古师的错误：假若依从古师唯将因支所陈述的意义称为因（“若唯因言所诠表义为因”）的话，那么同喻“瓶”只是同于宗的差别法即无

常法（宗体的主词为前陈，表“自相”，谓词为后陈，表“差别”），会陷入无穷类比的论证之中，或者在异喻“空”上出现虽遣除了宗“无常”性和因“所作”性，但止滥不尽，造成由于不显示“异品遍无性”而成为不正确的异喻的弊病（“遮遣”，简别，排除）。

⑭（再说，）世间外道将只有同处有空，即既有宗异品“常性”，又有因异品非“所作性”的喻体“空”称为异法喻，这同我（陈那自指）所说的“宗无因不有”的异法喻是不同的，故而决定其无证宗功能（“无能”）。

⑮（又说，）假若唯以宗法性（即“遍是宗法性”）为因，（而将“同品定有性”“异品遍无性”说为喻而非因，）那么违反“同品定有”“异品遍无”的不定因亦应是正因了。（《集量论·观喻似喻品》云：“若唯宗法性为因故喻是异分者，因既唯宗法，不定应成因，此即似因亦应得成”，正是说这样的意思。）

⑯（问者说，）为什么同喻一并具有所立法和能立法，同时异喻亦一并具有宗同品和因同品（“及异品法”，指异喻亦具有宗、因同品），而同、异二喻还会有不定因的过失呢？

⑰（回答说，）假若于古师立量之时（“尔时”），出现“异品有非有”（“异品非一种类”）的场合，便有不定因的过失，例如九句因前三句的最后一句即第三句（“同品有，异品有非有”）和后三句的最后一句即第九句（“同品有非有，异品有非有”）这两句为不定因（其实，从九句因罗列的情况来看，第一句“同品有，异品有”、第七句“同品有非有，异品有”也

都因异品不合因相而有不定之失。除上述异品有或有非有而成不定之外，同品不合因相同样会形成不定，如第五句“同品非有，异品非有”。这里，陈那偏重在异品上说不定之过，并以“异品有非有”为例，只说到上述二种）。

⑱（接着说，）所以立定“因三相”唯为完整显示因的性质和样态。正是由于这一道理，虽说同、异喻二分同因一分一样，都为因或能为因，它们共同证成宗义。然而这里还是只取其中显示“遍是宗法性”的一分称作因。

⑲（于是，对八门中能立门和似能立门宣说已毕，作结道，）这样，上面已经略说了正宗、正因、正喻三支及似宗、似因、似喻三支，就是这些正、似宗、因、喻的话语（“多言”，宗、因、喻的话语）称为能立和似能立。因为必须随时因应对方的种种论辩情势，为启发他们的正智而宣说种种能立和似能立情况。

⑳（自此段起宣说现、比二量。）为使自己开悟的知识唯有感觉知识和推理知识（“现量”，指感觉知识；“比量”，指推理知识）。那些古因明师和正理派等所主张的圣教量、譬喻量等已包含其中（“彼”，用作指示代词，指那、那些。“声”，声量，即圣教量。“喻”，譬喻量，“摄”，含摄，包含），所以唯有现、比二量。由此二量就能达到了知自相与共相（现量能了知自相，比量能了知共相）的目的，并非离此二相另外还有什么认识对象，为着了知它们还要再立别量。

㉑ 故而此处陈那另一根本颂道，感觉知识（“现量”）是离开了分别的认识（即以没有达到“分别”的程度为“现量”

的界限。“除”，离开，或未达到)，而推理知识（“比量”，相对于“现量”而言，称“余”）是借助“因三相”产生的认识(即一达到或超过“分别”的程度便可以成为比量了)。

㉜ 这其中“现量除分别”句是说，假若能知之心缘虑色、声、香、味、触等外境时，必是远离或不可介入一切种类（指概念的属种关系)、名言（即名词，指概念的语词形式)、假立(佛家认为，诸法本皆无名，假与立名，故称假立)、无异（指反映事物共相，能贯通诸法的概念，即外延相对较大的上位概念，因其较多地抽象出了事物的共同属性，故名)、诸门（指印度各哲学派别所立诸范畴，如数论二十三谛、胜论六句义等)、分别［指有分别现量与比量。佛家只承认无分别现量(无思维现量)，而将分别现量（有思维现量）视作似现量（虚假的感觉知识）或比量］等思维活动，而五识由眼、耳、鼻、舌、身的“见分”（能知之心）缘虑五境色、声、香、味、触的相分（外境）是分别进行、互不相杂的，故名感觉知识(现量)。

㉝ 故而宣说下颂，（以进一步阐述“五识现量”之义:)一个事物容有不止一种的属性（“有法”，此处不是定指宗上有法。有法是体，法是义，相当于现代逻辑的事物与属性。熊十力《因明大疏删注》云：“有法，谓‘色等’是有体法。‘色等’之上有‘所作’‘无常’等义。其义非一，云‘非一相’。”即明此义)，感官只能感知自相而不能感知共相（“根”，五根，指感觉器官眼、耳、鼻、舌、身。五根只行于“色等”有法的自相上，不行于“色等”有法的共相“所作”“无常”等上)，

就是说，是以五识所具有的“见分”（能知之心）缘虑“相分”（外境），而且远离了名词概念的（《删注》云：“能缘亲得所缘法体，能所不分，冥会而证，名为‘内证’。此虽明证，然不起言诠，故说‘离言’。”即明此义），而这种内证离名言的自相，方为色根之所行之范围（“是色根境界”）。

㊹（大乘所说现量有如下四种：五识身、五俱意、诸自证、修定者，五识现量已如上述。此段宣说后三种现量。）第六意识中与五识同起的五俱意识（“意地”，又称心地。即第六意识。佛教认为，意识是支配一身之所和发生万物之处，故称意地。现量虽是纯粹的感觉，主要是前五识的活动，但根与境发生作用时，也有一部分第六识与前五识同时而起，这部分意识称“俱意”），五俱意也是离开一切名言分别的（五识与外界接触，留影像在第六识上，而五俱意感觉量则唯在知得对象自相的影像上产生），它只是证知心内影像而已（“证”，证受。“行”，行相）。此外，还有诸种自证分（陈那认为，一切心识上已经包含认识的主体和外境即见分与相分。不过还有一个作为心识自体的自证分。自证分是见分和相分所依的自体，它有维系见分和相分关系的作用，尽管见分缘贪、瞋、痴三种有所分别，为非量，但自证分仍以见分的自相为所缘而离分别），还有修习禅定之人于禅定中所生智慧（“修定者”，指修习禅定之人。他们得定后所缘虑的现量称“定心现量”或“定中现量”），同样离开了闻慧和思慧对教义的分别。这里的三种量与前已述及五根所得之量皆为现量。

㊺ 另外，在感觉量（“现量”）和推理量（“比量”）中无

别量果，其量果不离量智（《入论》云："于二量中，即智名果。"正明此义），因为所量和能量都不离自证分［"即"，近，不离。"此体"，即自体，亦即自证分，自证分是见分（能知之心）和相分（外境）所依的自体］，所量（相分）境于能量（见分）智上假现影像，能量智缘虑所量境，似有取境的作用，一个作为心识自体的自证分上既然有此能量、所量之义，故见分、相分和自证分均可称为量［《庄严疏》云："此（能量与所量）二量体无实作用，但所量境相于能量心上显现，假名为量，譬如众色于镜上现，假说镜照。……既于证相（指自证分）一心之上有此能量、所量之义，故此证相果亦名为量。"正明此义］。

㊻（问者质疑说，）如你所说陷贪、瞋、痴三毒的诸自证分也是现量，那么思维分别岂不也成了现量，可为什么又说现量应离开思维的分别活动呢？

㊼（回答说，）虽然见分缘虑相分时陷入贪、瞋、痴三毒之中而有分别，不再是现量，然而这并不排除自证分作为现量的存在（"遮"，遮遣，排除。"此中"，这其中，指贪、瞋、痴中），因为自证分所缘总是见分的自相，它总是无分别的［《集量论·现量品》云："彼于境义有贪爱等虽非现量，然说自证则无过失，此等（指见分的自相）亦显现故。"正明此义］。

㊽ 只有对自相境（不能如实了知），了别彼为共相境，才不称为现量（"了余境分"，《入论》作"于义异转"，异转，指对自相境不能如实了知，而妄生分别，即于所缘境中作共相境之解）。由此而要说及"忆念"（指过去）、"比度"（即比较，

指现在）、“悕术”（“悕”，读为希。指未来）、“疑智”（指不能决定过去、现在、未来之事）和“惑乱智”等，如鹿热渴时误以阴焰为水（即为“惑乱智”之例）。以上五种皆非现量（即似现量），是因为它们都是有分别于先前所领受的境义而生起（“转”，生起，产生）。这样上述的这一切世俗所有的似现量[按：这里，从慧沼说“是假非真，名世俗有”（见窥基《大疏》）。此外，陈那将“世俗有”特立为第六种似现量，《集量论·现量品》云：“错乱智、俗有智、比量及所生（即比量智，比度、比量所生智）、念（即忆念）、欲（即希求）似现量，谓于阳焰等。”可证，而法尊法师所编译的《集量论略解》（以下简称《略解》）说，陈那将似现量说为七种，即在上述六种之外又加“有翳膜”（由眼疾而产生的视觉上的迷乱）。陈那并对这七种似现量分别作了说明，云：“此说七种似现量，前六种是有分别，第七种是无分别……”]，胜论派是用“瓶等”（实体，指实句义）、“数等”（属性，指德句义）、“举等”（行为，指业句义）、有性（范畴，即大有句）和“瓶性（同异性，指同、异句义）显示的。因为胜论六句义都由名言、种类等来表述，故为似现量。很明显，它们都是出现了在心识缘“瓶、衣”等实物时超越了自相之限阈，假含了“瓶、衣”等的共相而生起了分别的弊病（按：《略解》云：“……此说七种似现量，前六种是有分别，第七种是无分别、迷乱心，如见阳焰误为水之有分别迷乱心。世俗心，如见瓶、衣等物，认为有瓶、衣等实体之心。瓶、衣等唯是由分别心所假立，是世俗约定俗成之声义，其实体自相并无所谓瓶、衣等名。故此等心就世俗说，是不错误，是正确智。但约实体观，则属虚妄，是分别心，是似现量……)”。

⑲ 上面已经说过现量和似现量，接下来应该宣说比量了。前面根本颂言中的后一句“余所说因生”，是说比量智是在现量智的基础上生起的［“谓智是前智余”，是说比量智（“智”）乃是由现量智（“前智”）所生之结果（“余”）］，此比量智由如前所说的三相具足的正因（“能立因”）所生起，并以此来缘虑其共相境，(方为真比量)。

⑳ 引生比量智的原因（远因与近因）有二种：其一，在审察宗上有法与法的关系时，比量智从现量因生或比量因生［详上 60 条“若所比处，此相审定”之释。吕澂、释印沧：《因明正理门论证文》(以下略称《证文》)，云：“‘谓于所比’二句，按前文‘若所比处，此相审定’句，应是宗法智。”］“所比”既为宗上有法，“若所比处，比相审定”当即第一相“遍是宗法性”。因法是宗上有法之法，故而“审观察智”是宗法智。今举例二则证明之。一则：“宗：此山有火，因：有烟故；同喻：如灶。”这里，“有烟”即“从现量生”之因，由亲见（此山）“有烟”而推知“此山有火”，是为现量因。又一则：“宗：声是无常，因：所作性故，同喻：如瓶。”这里，“所作性”即从“比量生”之因，知道“无常”乃据“所作性”推得，(而非亲见，) 是为比量因。当然，二则都是远因；而忆起因法与宗上之法间的不相离关系（“同品定有”和“异品遍无”）的“念”是近因。此“念”能使前举远因（现量因或比量因）所生之智有增上之力（弘强之力），因为此“念”是推

度者依据“因三相”来忆念的。这里近因和远因无不经由比较而成为因的，所以都称为“比量”。近因与远因的不同是依照各自与比量智的亲疏关系来加以区分的（“此依作具、作者而说”。窥基《大疏》载慧沼疏解云：“如似伐树，斧等为‘作具’，人为‘作者’。彼树得倒，人为近因，斧为远因。”另说人为远因，斧为近因）。这样，大家应可了知，旨在悟他的比量也不能离开这远因和近因显示的因三相来建立正确的论式（“能立”）。

⑨①因此还须用颂言形式［来显示推理量（比量）的若干特点］：一种宗法往往有多种差别相，一种因法不能与一切行相都不相离。（“一事”，此处指宗法。“相”，指因法。“行”，行相。《唯识述记》云：“相谓相状，行（于）境之相状，名为行相。”）只有通过简除宗异品（《集量论略解》云：“以彼极成之有法，有多种法义。其因非能成立彼一切差别义皆能了知。……不了达何等？曰：如以烟比知有火时，不能比知火之燃烧情况及热度等诸差别义，于彼有错乱故。”），来显表因宗之定相随逐的公例。如像这样，因法也可以多种多样（“能相”，此处指因），只有不超越所立法范围，方能显示因不于宗异品上有而得以立宗。“不越所相”，指不超越所立法的范围。（“所相”，此处指宗法，即所立法。“非余”，即不是多余，亦即不是不能立，能得立宗。《新疏》云：“不越所相，能得立宗。所量、所知，越无常品，宽遍常品，不能表宗。”正明此义）。

⑨②（问者质疑说，）为什么这其中（指比量的宣说）与此前所述现量（在因、果方面）有所不同呢［“别异建立”，别有

不同的论说（“建立”），指现量但明果（而不说因），比量但明因（而不说果）]？

⑬（回答说，）为了显现现量（感觉量）和比量（推理量）二门之差别不同（此处，宣说比量时重点阐述因的作用而不说量果）实际上此处亦应从其量果来说比量；（前面宣说现量时则重点强调它的量果而不说其因，）实际上彼处现量的果也有所由产生的因，因和量果互不排斥才好（“遮止”，遮遣，排斥）。

⑭ 以上已宣说了论证（“能立”）和论证的过失（“似能立”）。

⑮ 现在应该宣说反驳（“能破”，梵语 Dāṣaṇạ之意译）和有过失的能破（“似能破”，梵语 Dāṣaṇābuāsa 之意译）。有颂言道，能破是对犯有缺减等过失的论证而言的（“阙”，同缺，指缺减等过失）。似能破是指“同法相似”等诸种过类。

⑯ 上面颂中“能破阙等言”一句，是说此前所说支缺和支失等诸种过失，论者一一加以破斥者，都称为“能破”，由于它能一一显示对方所立论式的错误说法（“非善”，不良，错误）。

⑰ 上面颂中“似破谓诸类”一句，是说同法相似等十四种过类都名之为“似能破”（难破，有过失的反驳）；由于它多数是对于本无过失的正确论证（“善比量”）出于迷惑他人（论敌者和义证者）的考量而故意设置，不能显示论敌在论证方面有何错误（“不善”），正是由于它是以谬误之“理”来进行反驳的，是反使自己沦为所破对象（“能破处”）而故意设置，但（在表面上）又与反驳相类，故而名为“过类”。假若它虽是对有过失的论证予以破难，但又未能从实了知该论证之过失，或者不了知如何才能方便破斥（“或即为显彼过失门”句意难解。

《斠疏》云："此有二种：一不了知彼过性相，举无理难；二不了知能破方便，故为显过，举难无理。"《斠疏》亦将此句解为"言之方便"。今取此说），（虽也是一种过失，）但不称为"过类"（"施设"，指故意设置）。

⑱（兹先概说前七种过类）颂言道：以异法喻依为同法喻依或以同法喻依为异法喻依，即由异法喻依来代替同法喻依而颠倒成立相违之宗（矛盾论题），（这种颠倒成立的难破）名为"同法相似"。而由同法喻依来代替异法喻依以难破颠倒成立相违之法，则为"异法相似"。由分别同法喻依的差别义（不同属性）作为因而颠倒成立相违之宗，为"分别相似"。以同法喻依与宗有法在所有属性上都相同而成无异来难破，这种宗喻无异、宗因无异和二宗无异统称为"无异相似"。以立论之因并非唯一正因，还有其他正因来难破，称为可得相似。或是增加宗法中的含义令因成为不定因，或是对因法中的含义特别加以选取而形成的似能破，称为"犹豫相似"。以倒离的方式来难破而为立者所不乐见，称为"义准相似"。

⑲ 上面颂中"示现异品故，由同法异立，同法相似"，是说"同法相似"和"异法相似"均在喻依的颠倒使用上出现错误，"同法相似"是以异法喻依为同法喻依，并且改换因法，从而颠倒成立相违之宗，故而名为"异立"，这是依据（范围宽泛的）"能作因"来予以难破的（"能作因"，亦称无障因，即某事物对任一事物的产生只要不起阻碍作用，即为其能作因）。用异法喻依改换同法喻依，这就是相似，故而称为"同法相似"。"同法相似"等一切过类是从难破者横加给立论者论

式的过失中得名的（《新疏》云：“‘相似过类’于‘能立’设，故云‘立中’。”）。“相似”（Samā）在梵文中是中性声（“不男声”），（其尾转声即应与所形容之字相同，如下举“同法相似能破”云云，与能破相应，即形容彼），因为要与“能破”（Dūsaṇa ṇa）这个中性词相应（故此“相似”亦应中性声为Samam）。或与“结颂”的短韵相应（“结颂”，此“相似”末声当颂中第五韵，应为短韵，不能用他声字）。

⑽（问者说，）何谓“同法相似能破”？

⑾（回答说，）［前述“同法相似”是从能诠（“能作”）得所诠（“所作”）名，］“同法相似能破”则是从所诠立能诠名（“所作”，即所诠，“能作”即能诠，能显义理为能诠，所显义理为所诠）。由此辗转立名而有这样的名称（“转生起故”）。下面诸种过类（如“异法相似”和“异法相似能破”）亦应这样辗转而立名（“后随所应亦如是说”）。

⑿ 今于这其中是由异法喻依代换同法喻依而颠倒成立相违之宗，故而称之为同法相似。例如有成立“声是无常”宗者（如佛家），以“勤勇无间所发故”为因，此正能立以“虚空”为异法喻。而作为破斥的一方（如声论）却故意以“虚空”作为同法喻，且另立“无质碍等故”为因，意欲证成“声为常”宗，这样按本来（佛家）所说以“勤勇无间所发故”因来组织论式，“瓶”应为同法喻依（因为“瓶”与“声”一样，有“所作性”，是“非常”的），而在破斥的一方（声论）为破斥而建立的论式中，却将异法喻依（“异品”）“虚空”说为同法喻依“瓶”，认为“声”与“虚空”都“无质碍”，故可以“虚

空”为同类喻依证得“声是常”。由此，这种过类称之为“同法相似”。

⑩③ 颂中“余由异法”句，意谓宣说“示现异品”的第一种情况“同法相似”，接下来便是第二种情况“异法相似”。由同法喻依取代“异法喻依”，（并另立别的因）而颠倒成立相违之宗。在立敌两种不同的喻中，如像前述安立同法相似的实例一样，破斥者以佛家的同法喻依“瓶”作为自己论式的异法喻依而取代“空”，故而这种过失称之为“异法相似”。

⑩④ 颂中“分别差别名分别”句，意谓前面宣说两种似破是经由示现异品（以异法喻依取代同法喻依或以同法喻依取代异法喻依）来体现破斥，现在说的这种似破应知是经由分别差别义，即同法喻依上的其他不同属性来体现。

⑩⑤ 这是说，实例如前所说，“瓶”仍为同法喻依。破斥者认为，在那同法喻依上另有“可烧”“可见”等属性，所以“瓶”应为“无常”；这不同于“声”，“声”应为“常”，因为“声”有“不可烧”“不可见”的差别。经由如此的分别显示出来的差别拿来作为因而颠倒成立相违之宗，名之为“分别相似”。

⑩⑥ 颂中“应一成无异”句，意谓此处所说同法，前面所举实例已经说到，且无二故（“此”为同法喻依“瓶”，“彼”为宗有法“声”，敌论者煞有介事地破斥说，既然“声”与“瓶”在“勤发”这一属性上相同，就应在一切属性上相同，既然“声”与“瓶”在一切属性上都应相同，那么“瓶”与“声”应成一体），即“瓶”与“声”就是完全相同的东西，

“彼”何所指，由于一切事物都必有某相同点，有某相同点，一切事物必在一切属性上完全相同而成为一体，也就不再存在什么异品和异法喻依需要遮遣了，而由“瓶”与宗有法“声”相似之故，可知“彼”指宗有法“声”。同法喻依与宗有法“声”在一切属性上都相同而成为所谓“无异”，这就是“无异相似”之过。就是说，由这“差异”之言可以知道“瓶”与“声”上的一切义（即一切属性）都应相同，不须细说是谁（哪个）与谁（哪个）成了“无异”。正是由于不用另作细说，故而就统说这一切与那一切相同就可以了。

⑩⑦ 此段接续上段，论无异相似的第一种情况，即宗喻无异。如果有人说，“瓶”与“声”都有同法，“瓶”有“勤发性”和“无常性”，“声”亦有“勤发性”，从而可推知“声”亦有“无常性”，敌论者便破斥说，这就使在“无常”以外的其他一切属性也没有差异，“瓶”上的其他一切法（属性）如可烧、可见、非可闻等。“声”都应具有，反过来，“声”的一切法（属性）如不可烧、不可见、是所闻等，“瓶”亦都应具有（“更互法同”），使“声”与“瓶”成同一体性。这其中表现为抑止正能立的成立，从而使其论式的宗喻构成无差别之过，实际上还是为了显示“瓶”与“声”（在可烧、可见、可闻等方面）的差别，虽不太异于前述的“分别相似”，但因为无异相似是从另外的角度来对立论者进行破斥，所以还是应当别立过类。

⑩⑧（此段论无异相似的第二种情况，即宗因无异。）（敌论者毫无道理地认为，）假如立论者以“勤勇无间所发性故”因

证成“声是无常”宗，想显示“勤勇无间所发性”因与“声是无常”宗都是不具有至极的常住性（“非毕竟性”），就会构成宗、因完全相同而无别异之过。敌论者抑止正能立，使其具有宗因无别异性的过失，故而名之为“无异相似”。

⑲（此段论无异相似的第三种情况，即二宗相似。）（敌论者毫无道理地认为，）有人说（“声无常，勤发性故，如瓶”中，）此“勤发”因如能成立“（声）无常”宗法（“所成立法”），则此因亦能成立与“无常”相矛盾的“（声）常”宗法。由同一个“勤发”因能成立两个互相矛盾之宗［“瓶”是“勤发”、可烧，所以“（声）无常”；“声”是“勤发”、不可烧，所以“（声）常”］，由此构成的过失，名之为“无异相似”。

⑩ 颂中“显所立余因，名可得相似”句，意谓（敌论者毫无道理地认为，）假若立论者所立之宗法，也可以利用其余原因来证成，（则其原本所用之因便不正确，）这种似能破名之为“可得相似”。

⑪（可得相似可分二种。此段举例说明第一种。）如果有人如前所述那样，以“勤发”因来成立“声是无常”宗，（那么敌论者毫无道理地认为，）此勤发因并非正因，因为电、光等自然现象皆可由现时即见证得其“无常性”（“现见”，现时即见，即现量所得，“余因”，指“勤发”以外之因，如电、光等）。倘使离却“勤发”因而仍存在“无常”之物，当然足证“勤发”因并非“声是无常”的正因（“以若离此而得有彼，此非彼因”。“此”，指“勤发”因；“彼”，指“声是无常”宗）。

⑫（第二种可得相似，是指）有敌论者在余因之外（“余

于此”）更从别种角度来对“勤发”因再作破斥，说什么立论者的“勤发”因非彼“无常”宗的正因（“谓此非彼无常正因”，“此”，指“勤发”因。“彼”，指“声是无常”宗），因为此“勤发”因未能遍及宗有法“声”（“由不遍故”），如像说“一切草木皆有思虑，是由于有睡眠之故”那样。（其实，应予申明，立论者以“勤发”因证成“声是无常”宗时，立敌对诤之宗是“内声无常”，故“勤发”因是遍及内声的，无不成因过。）

⑬ 颂中“难义别疑因，故说名犹豫”句，（是指敌论者对立论者的宗义和因作了不同的解释，遂使立论者之因成为疑因。）这里，“相似”“过类”二词应在梵文语法上相应，“过类”ati 为女声字，此“相似”也当作女声字 Sama。这其中，敌论者或增加宗法中所包含的意义（“分别宗义别异”），从而使因成为不定，故而名之为犹豫相似；或又对因义作分别，譬如说因义有“生”“显”之不同，（“或复分别因义别异”），因此名之为犹豫相似过类。

⑭（此段举例说明犹豫相似。）是说，有敌论者毫无道理地破斥道，好像前述所立“声是无常，勤勇无间所发性故”，人们现见“勤勇无间所发”因有显发和生成两种不同的含义，因而成为犹豫之因，这就使“声是无常”成为不能确定其为隐、显“无常”抑或生、灭“无常”之宗。所以不应该用这样的因来证成“声是无常”宗。

⑮ 颂中“说异品义故，非爱，名义准”二句，是说有敌论者毫无道理地破斥道，假若以“勤勇无间所发性”因来证

“声是无常”宗，那么以此义为准予以推导，就可以说如是非“勤勇无间所发性”如电、光等，皆应具有“常”性，此种似能破，名之为“义准相似”。

⑯ 应该知道，关于“犹豫相似”和“义准相似”的颂文，都省去了“相似”二字（其实，颂文关于“同法相似”和“可得相似”，有后句专表过名外，其余五种“异法相似”“分别相似”“无异相似”以及“犹豫相似”“义准相似”都作了省略）。

⑰（问者说，）“同法相似”等七种过类的顺序与正理论的古因明师所说不同，而过类名称与古师所说又相同，这又是何种道理呢？

⑱（陈那回答说，）由于同法相似等七种过类多半属于似不定破，故而放于一处宣说。

⑲（陈那就此解释说，）所谓“多”，是要显示（上述七种难破虽多半为似不定因），但除此之外还有“异难”，即还有其他类型的似能破（如在“可得相似”中，其第一“可得相似”虽为似不定因破，然第二“可得相似”却是似不成因破。又如在“无异相似”中，其第一、第三“无异相似”为似不定因破，而第二“无异可得”却是似不成因破。“或有异难”，“异难”就会导致似不成因破）。

⑳ 这其中（指七种相似）前四种，敌论者（以古因明师的五支作法为破斥对象，）所说与我（陈那自指）的三支作法在喻支上有很大的不同（“不相应”），他们的论式是因随世间外道而建立（如胜论等，仅以喻依为喻而不设喻体），虽然未能显示因的“同品定有、异品遍无”的决定性作用，并举出了

正确的喻依，也就反映了因、宗间某种一定的联系（“摄其体”），所以敌论者对此也横加破斥，故而出现了上述几种似能破。

⑫(此段判定同法相似和异法相似。)敌论者用原来的异法喻依“空”取代同法喻依“瓶”，或用原来的同法喻依“瓶”取代异法喻依“空”，且用不定因“无质碍故”取代立论者的正因“勤发故”，企图成立自己的宗义“声常”（“不定同法”，由于“诸无碍者皆见其常”不能成立），例如“乐等”“无质碍”，但“乐等”为无常，所以有“无质碍”因，“常”宗未必随逐，故称。当立论者说敌论者以“无质碍”因来成立“声常”有不定因过时，敌论者便（以攻为守，）反斥立论者以“瓶”之“无常”与“声”之“无常”相类比同样有不定过，用这种手法造成彼此共有不定的假象。（显见，这种反驳是错误的，因为立论者所用的因并非真的共不定因。）或（敌论者破斥说，）立、敌双方用各自的因证成了各自的宗，即立论者用因法喻依“瓶”的“无常”证成“声是无常”，敌论者也“方便”地用异法喻依“空”的“无质碍”证成“声常”，因而双方的因（即“勤发”因和“无质碍”因）都有相违决定因过。显见，这一反驳同样是错误的，因为“勤发”因三相具足，可以证成“声是无常”宗，而“无质碍”因是不定因（例如“乐”虽“无质碍”却为“无常”，）故而敌论者所谓相违决定并非真正的相违决定，而只能是似相违决定，即错误的相违决定。

⑫(问者说，)假若（敌论者出相违决定量）只是为了成

立自己的宗（“若言”，敌论者出相违决定之言）（而不是为了破斥立论者所立之宗，然而，即使如此，其因亦有不定过，）为什么这种有不定过的论式还名为能破呢？

⑫③（回答说，）并非即以此相违决定为能破（“非即说此以为能破”，“此”，指相违决定）。敌论者难破说，立论者与敌论者彼此共有不定之过，（其实，立论者的论证并无过失，故而唯敌论者的论证能够说为不定，）因此将其难破名之为不定。称其为不定，是从其因、喻所表述的含义作出的。只能说敌论者有不定因故而是似能破，不能说其还有相违决定的似能破。（“能诠”，指敌论者的因、喻，“所诠”，指敌论者的因、喻所表达的含义）。在其余似能破（如缺减过破、不成因过破等）的立名上也应依此种方式来处理。如果立论者的论式确乎有不定过，而有时敌论者的同法喻依或异法喻依以及因没有过失，确能成立自宗，这样的难破则名之为真能破（此处，“或”“复”均用为连接词）。

⑫④（此段以“无异相似”的第一种情况为例统说前四种相似以违反现量为共同点。）“同法相似”“异法相似”“分别相似”和“无异相似”无一不是难破立论者所立宗（“声是无常”），当现量知强而有力地形成时，敌论者立量“声非所闻，犹如瓶等”，用以难破立论者立量“声是无常，勤发性故”，企图将“声”“瓶”一切属性都相同的错误说法（即“无异相似”）无端地加于立论者头上（此比量力显然处于劣势），这并不遮遣声之所闻的现量，因为声音是可以凭听闻感觉得到的（“现见力”，现量表现出来的力量。“比量”，此处指敌论者之

量。）（这一点谁也不能否认。）

⑫（此段从无异相似的第一种情况返显分别相似之为误难的实质。）不应该以“声”有“所闻性”而“瓶”无“所闻性”来排除（“遮遣”）“声”的“无常”性（不应以其是所闻性遮遣“无常”），因为并非只有“瓶”上不见排除“声无常”的“所闻性”。（“能遮遣”，指敌论者用以排除“声无常”的“所闻性”）（在敌论者用以证成“声常”的同法喻依“空”上同样不见有“所闻性”，故而不可依据“瓶”无“所闻性”来排除“声无常”。）假若不是这样，（而是以“分别相似”的方式来进行难破，）那么也应该排除（从“空”的“常”性来类比“声”的）“常”性（“亦应遣常”）。

⑬（此段判定“无异相似”的第二种情况。佛家立：“声无常，所作性故，犹如瓶等。”此量中因法“所作”与宗法“无常”都有“无常”性，但有生与灭的不同。“所作”指本无然后生，“无常”指已生然后灭。）无异相似的第二种情况是似不成因过破。因为敌论者故意将本无而生这一为“勤发”因所有而为“无常”宗法所无的属性，强加到“无常”宗法上，使得“无常”宗法与“勤发”因成为一体构成的过失（“宗、因成一过故”）。其实立论者是以从本无而生出这一为立、敌双方共许的“所作性”因法来证成已生之物灭后无有的宗法“无常”的，故并未犯不成因过（“此以本无而生极成因法证灭后无”）。假如立论者的比量真如敌论者所说，是以“无常”证“无常”，则敌论者的反驳可得成立（“若即立彼，可成能破”）。

⑭（此段判定“无异相似”的第三种情况。）“无异相似”

的第三种情况是说，依据立论者之因也可以成立与原来的宗相矛盾的宗，例如以“勤发”因既可成立“声无常”宗，也可成立“声常”宗（“成立违害所立”），这便成为似能破（“难故成似”，由不决定因难破，而成相似。“似”，似能破）。因为敌论者据以难破的“瓶”“可烧制”而“声”不“可烧制”乃是不定之因。（如说“声”由于不可烧制而“常住”，然不可烧也通及于“乐”，“乐”却“无常”，可知敌论者所据之因并非正因，而为不定因。）当然，假若敌论者使用决定因，可陷立论者于相违决定因过，（而这种难破就是真能破。）

⑫⑧（此段判定第一“可得相似”。）第一“可得相似”是说，敌论者认为，立论者所持的“勤发”因在“瓶等”“无常”上有，而在“电等”“无常”上无，即“勤发”因在所立法（宗法）上有无不定，是不定因，即它不是证成“声是无常”宗的唯一的因，因为其他的因如“可现见”等亦能证成“无常”宗（例如“电、光”的“无常”即非成于“勤发”因，而可以“现见”因得以成立）。显见，敌论者的此种破斥是不能成立的（因为因的第二相只要求“同品定有”因，不要求“同品遍有”因），故而是似不定因过破。假如立论者“勤发”之因通及于异品“常性”之物，则敌论者的破斥可成为真能破。

⑫⑨（此段判定第二可得相似。）第二“可得相似”是说，敌论者虽以立论者所持“勤发”因未能遍及宗上有法从而违反因的第一相予以难破，其依据则为“外声”（如风等）“非勤发”。而此处立敌对诤者乃是“内声无常”宗，“勤发”因是遍于“内声”而无于“外声”的，实现了“遍是宗法性”（“余类

无”，指“勤发”因于“外声”无。“余”，指“内声”以外的“外声”），有似不成因过。假如宗有法“内声”不为“勤发”因所遍及，那么敌论者的难破，可称为“真能破”。应知立论者在这其中并非要用“勤发”因来证成“一切声皆是无常”宗，（佛家另以“所作性”因证成一切“声皆是无常”宗）。

⑬⓪（此段判定“犹豫相似”的两种情况。）“犹豫相似”是说立论者以“勤勇无间所发”因证得“声是无常”（此“无常”为“灭坏”“无常”）宗，（原本“无常”宗义只有“坏灭”之义而无其他“生起”之义，）而敌论者硬是将“生起”之义强加于“无常”上，致使“无常”上有“生起”和“坏灭”两种差别意义，并以此难破立论者，此“勤发”因究竟是成立“生起”“无常”还是“灭坏”“无常”，企图陷立论者于犹豫不定因过中。但这种所谓“不定因”过显然不能成立，倒反是敌论者有似不定因过。假若敌论者不在“无常”宗法上分别出“生起”之义，而只是在“勤发”因中简别出“生起”之义予以难破，企图陷立论者于不成因过中，然而立论者并无不成因过，倒反是敌论者有似不成因过［《庄严疏》云：“‘不成过’者，汝言‘勤发’为约‘生’故名发，为约‘显’故名发，若约‘生’，‘勤发’即‘声’‘瓶’等上成，‘井水’上不成（按：井水本有于地下，经‘勤勇’的开发始显露，故井水非生成）；若约‘显’，‘勤发’即‘井水’上成，‘声’‘瓶’上不成”］。由于这其中立论者的‘勤发’因并非只是以“生起”之义来成立“灭坏”“无常”，或者用“生起”之义或者用“显发”之义皆可证成“坏灭”“无常”，故而不存在什么不定的过失。

⑬¹（此段判定“义准相似”。）是说“义准相似”是敌论者运用歪曲的义准量来颠倒（即以倒离的方式来义准成难），制造立论者之因不定的假象，故而为似不定因过破。假如立论者是以非“勤发”因来成立“声是常”宗或“声是无常”宗，或者立论方以“勤发”因是证成“无常”宗的唯一之因，而其余的因都不能证成“无常”宗（“或唯勤勇无间所发非余”），则敌论者的反驳可得成立。

⑬²（此段颂文概说“至非至相似”和“无因相似”。）颂文说，如果立论者所持之因无论是与宗有法相通（“至”）还是不相通（“不至”），又立论者所持之因无论是在宗之前、后成立，或与宗同时成立都有过失。这样的难破均为立论者所不乐接受之言。前者名之为“至不至相似”，后者名之为“无因相似”，它们都属于似缺因过破。

⑬³颂中“若因至不至、三时，非爱言，至非至无因”三句，意谓敌论者以立论者所持之因无论是与宗法相通还是不相通，都存在过失的过破，使立论者不乐接受。如果立论者之因通于宗法上（“若能立因至所立宗而成立”），那么因与宗法就没有什么差异，能立因与所立宗相同了，因也就不成为能立了，这像池水流入海中，池水与海水相合之后便无分彼此，合为一体了；敌论者又难破说，假如能立法不与所立相合无异，应为不相至。在这种情况下，若宗可得成立，则此因既非本宗之因，又是谁的因呢？若能立法不与所立法相通，则此不至与非因没有什么差异，有不成因过。不消说，上述敌论者以至、非至对立论者予以难破都是无理攀扯，（完全没有意义，）这名

之为“至非至相似”。

⑬④（此段承上颂文释无因相似。）颂文说，敌论者以因在三时（因或说在宗前，或说在宗后，或与宗同时）说都有过失对立论者予以难破，为立论者所不乐接受。敌论者认为，假若作为证宗依凭的因说在宗之前，那么在宗尚未陈述出来之时，此因是证何宗之因呢？假若说在宗已被证成之后，那么宗已成立，又何须用因来成立它。假若二者同时说出（即因与宗同时被确立），那么“因”与“有因”之宗，便如同牛之双角并立（而同时生长，相互之间断无任何关系。）敌论者的此种难破名之为“无因相似”。

⑬⑤ 这其中（指上述第八“至非至相似”和第九“无因相似”）二过，其次序之所以与《正理经》和《如实论》等古师所说有所不同（《正理经》先后之次为“到相似”“不到相似”“无因相似”。《如实论》则为“至不至难”“无因难”，二难虽接续，但均属第一类“颠倒难”），是由于二者都属于“似因缺”类。为什么说是如此呢？当然是皆不按常理来破斥立论者的一切正因所致（“诽拨”，破斥）。

⑬⑥（陈那反诘敌论者说，）这其中（指“至非至相似”和“无因相似”两种过类），敌论者究竟依据何种道理说立论者所持之“勤发”因与“眼见”这种不至因相同（“唯不至同故”，以“勤发”因与“眼见”因同为不至因。“唯”，以），并据此说即使满足“因三相”的因也不能名之为正因？同样，敌论者又是依据何种道理，说因在宗证成之前不得称为因，就将它斥

之为非论据（“非能立”，即非因，非论据）？

⑬⑦（此段为陈那反诘敌论者之后，接下来指出上述二过的错误。）又在这其中（指“至非至相似”和“无因相似”）都有违害敌论自身的弊病。如立论要被排斥，则敌论也要被排斥（“遮遣同故”。“遮遣”，排除、排斥）。这样就形成立论者用言生因和智生因来成立宗的正能立中，难破者居然用似因缺过破来非难之（“如是且于言因及慧所成立中有似因缺”，“言因”“言生因”略语，与“义生因”相对。“慧”指智生因），对其义生因（“义因”）破斥为似不成因，因为难破者毫无道理地排斥了一切事物和现象得以形成的原因（“诸法因”，指诸法为因，因由诸法成就，“诸法”泛指一切事物和现象），难破者还认为上述立论者的言、义二因于所成立之宗义无因果关系。这种难破亦与正理完全不相应。

⑬⑧（陈那接着说，）当然，假如敌论者以真确之理进行破斥，那么可以名之为真能破。

⑬⑨（此段为颂文，概述“无说相似”“无生相似”和“所作相似”。）颂文说，由于因未说出之前只能认为因还没有，因既没有，宗（“所立”）自然也不能成立。敌论者这种难破，名为“无说相似”。（以上说第十种过类“无说相似”。）“无生相似”的难破与“无说相似”相类似。（此说第十一种过类“无生相似”。）因为“瓶”与“声”所具有的“所作性”有些差异，致使因有所立不成过。敌论者这种难破名为“所作相似”。（以上说第十二种过类所作相似）。以上三种过类多为似不成过破。

⑭⓪（此段释颂文第一、第二和第三句，即宣说“无说相似”。）颂文说，“说前无因故，应无有所立，名无说相似”三句是说，有敌论者说，立论者之论，如前所述，假若由此“勤勇所发”因来证“声是无常”宗，那么在此“勤发”因说出之前，什么因也没有，既然没有因，应知“无常”宗亦不成立。这样的难破名之为“无说相似”。

⑭①（此段释颂文第四句，即宣说第一“无生相似”。）颂文说，“生，无生相似”句是说，敌论者声显论（吕澂《因明纲要》认为是声显论出难。“生、无生”解作“生”及“无生”。“生”为“声”已显发，“无生”指“声”未显发）破斥说，声未显生前无“勤勇所发”之因，这也就是“无生相似”过类了。说“亦然”者，是敌论者认为“可以用‘无说相似’类比‘无生相似’，因为声显生前因不存在，宗也就不能成立（“因无有故，应无所立”）。

⑭②（此段续说第二“无生相似”。）敌论者又难破说，今在这其中如立论者所立之宗不能成立，应知亦有与之相违之宗可得成立。例如有佛家建立了如前述的比量，即以“声是无常”为宗，以“勤发”故为因，声显论便以第一无生相难，如你所说，“声”已显生者，由“勤勇无间所发”，可使其“无常”。若是这样，则声未显生之前便无。“勤勇无间所发声应是非无常发”，同时，在此基础上，声显论若进一步出相违决定量云：“声常（宗）声未生前非勤勇无间所发故（因）”，这便是第一无生相似了。像这样有过失的难破名之为第二“无生相似。”

⑭（此段释颂文第五、第六和第七三句，即宣说“所作相似”。）颂文说“所作少异分，显所立不成，名所作相似”三句是说，敌论者认为，立论者所成立的“所作性故，犹如瓶等，声无常”的论式中，此“瓶”之（绳轮）“所作”有异于“声”之（咽脐）“所作”，所以“瓶”之可有“无常”与“声”有何相干？像这样的难破名之为“所作相似”。

⑭（此段释颂文第八句，即宣说“多如似宗说”。）颂文第八句“多如似宗说”是说，上述无说相似等第三种过类（无说相似有三种，第一“所作相似”是似随一不成因过破，第二“所作相似”是似相违因过破，第三所作相似是似不共不定因过破，或似喻过破），多半是涉宗上有法不能为因所遍及，敌论者认为这称为不成因，（所以是似不成因过破。）说“多”，是为显示除多半是似不成因过破外，还有一些似不定因破（如第二“无生相似”和第三“所作相似”）或似相违因破（如第二“所作相似”，“如似余”，指似不定因过和似相违过）。

⑮（此段判定“无说相似”。）“无说相似”是指敌论者于这其中（指立论者的论证中）故意加进了“未说（勤勇无间所发）前”这一层与原论证无关的意思来予以难破的，即在立论者论证“声是无常”时，敌论者破斥说，如果以“勤勇”因可以证明“声是无常”宗，则在未说“勤勇”因之前，因即不存在，既然“勤勇”因未说前非有，便不能遍及宗上之法，故有“不成”过（“两俱不成”或“随一不成”，）其实，（立论者的“勤勇”因即使在未说之前，宗、因之间本来存在的不可离关

系是既定的事实，不容抹杀，）敌论者以“不成”过难破，只不过是似不成过破而已。或者是似因缺过破，这是在立论者的论证中增加了未说（勤勇无间所发）前这一层意思的缘故。当然，如立论者在论证时不能真正显示其因义，甚或在立量时就不说因言支（“若于此中显义无有，又立量时若无言说”），（便是似能立，）这时，敌论者的难破就是真能破。

⑭⑥（此段判定第一“无生相似”。）（第一）“无生相似”，是敌论者故意以“声未生前”“勤勇”因便不存在这一层意思强加给立论者，由于敌论者这种破斥立论者的理由不存在（“难因无故”），就将它名之为似破。当然，若立论者用因证“无常”宗时，却显示出所用“勤勇所发”因于宗有法上无或缺因言支，则敌论者的难破就成为真能破（“若成立时显此是无，可成能破。”“显示此无”，显示出立论者所用“勤勇所发”因于宗有法上无或缺因言支）。

⑭⑦（此段判定第二“所作相似”。）第二“无生相似”是敌论者以“声未生前”出难后，更以“非勤勇无间所发”为理由难破之，欲令“声常”之宗得以成立（立论者从“勤勇所发”因推得“声无常”宗义，而敌论者谓，若依“勤勇所发”可立“声无常”，则“声未生前”不曾依“勤勇所发”因，“声”便应为“常”。）这种反推的方法是不正确的义准法［正确的义准相当于假言异质换位推理：（$p\rightarrow q\longleftrightarrow\overline{q}\rightarrow\overline{p}$），现在却是只异质而未换位（从 $p\rightarrow q$ 推出$\overline{p}\rightarrow\overline{q}$），故而为“似义准”而已］，从而导致结果的多样化，当然也是似不定过破（“义准分故，亦

似不定”，“分”，指难破者依前述义准相似，用无因即非“勤发”因来证“常”宗）。

⑱（此段交代有三种所作相似并判定第一所作相似。）“所作相似”有三种，若立论者论证说，“声无常，所作性故，如瓶”，敌论者便难破说，“瓶”是绳轮“所作”，“声”则是咽脐所作，瓶之“所作性”于“声”上无，这是第一“所作相似”。显见，这种“所作相似”是似不成因过破。

⑲（此段判定第二所作相似。）若敌论者难破说，“声”之“所作性”于“瓶等”上无有，以致使同品瓶无因，这是第二“所作相似”，它是将同品排斥在因外的似相违因过破［因明之立量，所取因法乃就整体而言，而不擅作分别，故敌论者将“所作因”又分别为咽脐所作和绳轮所作。其实“瓶”有“所作性”，此“所作”因乃整体因，而非分别因。九句因中相违因有两个条件，即同品无因而异品有因，这样的因证成相违之宗。这里，敌论者以分别因有异而将原本是“声”的同品的“瓶”推至“同品无”一方，以为同品“瓶”无“所作性”（即有绳轮“所作性”）是相违因过，其实是敌论者的难破者有似相违因过］。

⑳（此段判定第三“所作相似”。）敌论者若进一步难破说，不仅同品“瓶”上无此咽脐所作因，即此异品“常住”上亦无咽脐所作因，这样，因就于同品和异品上皆非有。故此因有“不共不定”过（其实瓶有“所作”因，非“不共不定”）。这就是第三“所作相似”。显然，这是似不定因过破（“常”，

指异品。“不共”，指“不共不定”）。也可以将第三所作相似看作是似喻过破，因为第三所作相似涉及同品瓶上无此咽脐的作用的问题，这在敌论者看来是能立法不成过。其实，这只能是似能立不成过（“引同法”，引发到同品与因法不合的问题）。这是为什么呢？这是因为立论者只从因法的总体（共相）上而不是从因法的差别（自相）上来立量。如果选取“所作”因法的差别义，那么就不能依据“瓶”“所作”决定“瓶”“无常”来推论“声”亦“所作”“声”亦“无常”，正确的比量应无法建立。

⑮(此颂说第十三相似即“生过相似”。）破难者对为立、敌双方共许的同喻依还要求以因予以证成，这种毫无道理的破斥，名之为“生过相似”。因为这是敌论者对立论者的同喻依设置破难，故而为喻过破（即似所立不成）。

⑯(此就上述颂文前二句举例解释颂文。）“俱许而求因，名生过相似”是说，有人难破道，如前所立的（“声是无常”宗，通过“所作性故”予以证成，）然其同喻依“瓶”上的“无常”性，又通过何因予以证成呢？这种难破即为“生过相似”。(因为“声”之为“无常”实乃立许而敌不许。故而须通过“所作性”因予以证成；而“瓶”之为“无常”原本立敌共许，毋须再通过什么因予以证成。所以说生过相似是敌论者的横生过难手段。)

⑰(此段就上述颂文后二句判定“生过相似”。）“此于喻设难，名如似喻说”是说，敌论者虽于同喻依“瓶等”设难，

然同喻依“瓶”之为“无常”原本立敌共许，毋须另以因法予以证成，故而其所指斥的所谓由于同喻依无因以证而有“所立法不成”的喻过，乃是似喻过破（“不成似喻”指所立法不成的喻过）。

⑭ 此颂说第十四相似即“常住相似”。敌论者以“无常”性恒需随附于“声”来对立论者加以难破，名之为“常住相似”。这是将立论者之宗“声是无常”偷换成“声之无常性恒随于声”，故而名之为似宗过破。

⑮（此段释“常住相似”。）有敌论者难破道，如前所立“声是无常”，由此可知，“无常”之声即应与自己的“无常”性恒常相合不舍。这是因为一切事物与其自性悉皆恒常相合不舍，故而“声”亦应为“常”。这种以“声”与“无常”恒常相合不舍而反立“声常”的难破，便名之为“常住相似”。

⑯（此段判定“常住相似”。）“常住相似”是似宗过破，因为它是在立论者所立“声是无常”宗中故意增加了恒常实有的“无常”性。由于这其中（指有法声中）完全（“都”）没（无）有什么实有的无常性依存于有法声为常转（恒有）不舍，换言之，立论者所说“声”之自性是指“本无今有、暂有还无”的一种非永恒状态，故名“无常”。而且还可以从事物生灭变化的时分（“分”）和地位（“位”）上来分析“无常”性与“声”体的关系，“声”的“无常”性乃是基于声之自体的生灭变化而言的（“即此分位，由自性缘名‘无常’性”），正犹如“果性”（从因而生，决不可能有什么离因之果一样，也不会有

舍离“声”自体的恒常实有的“无常”性)。

⑮⑦ 此段对十四过类作总结，说明十四过类与《正理经》及其他外道著作中所述过类的联系与区别。像上述这些(十四种)过类，都是似能破，其中多半是依据足目在《正理经》所说的误难整理而来，将它们说作似能破，已获得普遍的赞同。因此其他学派对过类的宣说都应像我(陈那自指)所论的这样来建构(“余论所说亦应如是分别成立”)。由于以往各家所列过类每每仅依据某些细小的差别便加以分立(“即此过类，但由少分方便异故”，“即此过类”，指前之所指“余论所说”。“少分方便”，指古因明师仅凭某些细小的差别，便加以分立)，这样就可以建立无数的过类，故而为我所不取(“是故不说”)。例如就这其中(如正理论等)所说的增益相似、损减相似、有显相似(即要证相似)、无显相似(即非要证相似)、生理相似(即可能相似)、别喻相似(即反喻相似)、品类相似(即问题相似)等，都为我所不说。从此一方面(“方隅”)可知，其他种种过类，都应详加审察且一一删订(“由此方隅皆应谛察及应遮遣”。“方隅”，单一方面，一个角度。“谛”，详悉。“遮遣”，排除，删订)。

⑮⑧ 足目在《正理经》中将诸种似能破按上述方法(“少分方便异”即细小的差别)分立而析为二十四种误难(按：《正理经》第五卷专论误难和负处，所说误难有二十四种)，并且辗转流布，而此种误难后来更为其他学派不加限制地衍生开来。这里不再加以评说了。

⑮⑨［此段概述他（陈那）对诸古因师所说负处的看法。］另外关于负处一事，往昔的古因明师们有诸种宣说，他们所说的负处（“负处”，又名堕负，即过失，能破的对象），或原为论式残缺（“堕在能破中摄”，指有的堕负是真能破的对象，即缺减过或支过），成为能破的对象，或分类极其粗疏不当，或作非理之释，如同诡辩之类，故而为我所不取录（“故此不录”）。古师和胜论等一切外道所说宗、因、喻等的言和义当亦是这样以虚妄的分别建立起来，这些虚妄分别的认识，即所谓“遍计所执性”［“遍计所执分”即遍计所执自性，又称“遍计所执性”，指世俗之人的认识，因为一般人以万物为各有自性和差别的客观存在。大乘瑜伽行宗认为，凡夫周遍计度（普遍观察思量）一切法（事物），故名“遍计”，为此遍计之妄情所迷执者，谓之“所执性”］，而此遍计之妄情，（计无我为我，报无法为法，实为虚妄之相而实际体性是无，）它们都不与真理相应和，有违于所说事物的自相，而非（排除一切情念分别的）真如之智，而名为无智，不用说，离开真理实在太远了。

⑯⓪况且此类被因明家说为负处的有过失的言词，我大都纳入三支作法的宗、因、喻论式的过失论中加以宣说（而使大家接受），可以说问题已经处置了（“朋属”，归属。“论式”，指三支论式）。

⑯①此外，这一方面（“方隅”）的事，我（陈那自指）在其他破古因明论的论述中皆已全面辨析，故而应该就此结束（我的论述。“具分别”，具足分别，全面辨析）。

⑯ 这全文之末段颂是说，为给世上智人打开智慧之门，便须像使用猛药制毒一样，创作此书《正理门论》以宣说精妙义理，诸凡为外道立量所迷惑者，本论可令其越过邪途而契合于真如之意。

主要参考文献

1. 吕澂：《因明纲要》，中华书局 2006 年版。

2. 吕澂：《因明入正理论讲解》，中华书局 2007 年版。

3. 虞愚：《因明学》，中华书局 2006 年版。

4. 陈大齐：《因明入正理论悟他门浅释》，中华书局 2007 年版。

5. 陈大齐：《因明大疏蠡测》，中华书局 2006 年版。

6. 熊十力：《因明大疏删注》，上海古籍出版社 2019 年版。

7. 熊十力：《唯识学概论》，上海古籍出版社 2019 年版。

8. 陈望道：《因明学概略》，中华书局 2006 年版。

9. 石村：《因明述要》，中华书局 2006 年版。

10. 梅德愚：《因明大疏校释》（上、下），中华书局 2013 年版。

11. 许地山：《陈那以前中观派与瑜伽派之因明》，中华书局 2006 年版。

12. 释水月：《古因明要解》，中华书局 2006 年版。

13. 郑伟宏：《因明正理门论直解》，复旦大学出版社 1996 年版。

14. 郑伟宏：《佛家逻辑通论》，复旦大学出版社 1996 年版。

15. 郑伟宏：《汉传佛教因明研究》，中华书局 2017 年版。

16. 沈剑英：《因明正理门论译解》，中华书局2007年版。

17. 姚南强：《因明学说史纲要》，上海三联书店2000年版。

18. 姚南强：《因明论稿》，上海人民出版社2013年版。

19. 汤用彤：《印度哲学史》，新世界出版社2017年版。

20. （唐）玄奘、辩机原著，季羡林等校注：《大唐西域记校注》，中华书局2000年版。

21. （唐）义净著，王邦维校注：《大唐西域求法高僧传校注》，中华书局2020年版。

22. 周文英：《中国逻辑史》，山西教育出版社2004年版。

23. 周云之、刘培育：《先秦逻辑史》，中国社会科学出版社1984年版。

24. 温公颐：《中国逻辑史教程》，上海人民出版社1988年版。

25. 章太炎：《国故论衡》，商务印书馆2016年版。

26. 梁启超：《墨子学案》，《墨子大全》第二十六册，北京图书馆出版社2003年版。

27. 胡适：《先秦名学史》，安徽教育出版社1999年版。

28. 傅季重：《哲学大辞典》（逻辑学卷），上海辞书出版社1988年版。

29. 金岳霖：《形式逻辑》，人民出版社2005年版。

30. ［俄］舍尔巴茨基：《佛教逻辑》，宋立道译，商务印书馆2007年版。